农业农村实用技术丛书

U0322072

食品安全
生产管理关键技术问答

◎ 田兴国　吕建秋　主编

中国农业科学技术出版社

图书在版编目（CIP）数据

食品安全生产管理关键技术问答 / 田兴国，吕建秋主编 . —北京：
中国农业科学技术出版社，2019. 3

ISBN 978-7-5116-4038-3

Ⅰ. ①食… Ⅱ. ①田… ②吕… Ⅲ. ①食品安全—生产管理—问题解答
Ⅳ. ①TS201.6-44

中国版本图书馆 CIP 数据核字（2019）第 022998 号

责任编辑	崔改泵　李　华
责任校对	贾海霞
出 版 者	中国农业科学技术出版社
	北京市中关村南大街12号　　邮编：100081
电　　话	（010）82109708（编辑室）　（010）82109702（发行部）
	（010）82109709（读者服务部）
传　　真	（010）82106650
网　　址	http: // www.castp.cn
经 销 者	各地新华书店
印 刷 者	北京富泰印刷有限责任公司
开　　本	710mm×1 000mm　1/16
印　　张	15.75
字　　数	318千字
版　　次	2019年3月第1版　　2019年3月第1次印刷
定　　价	82.00元

《食品安全生产管理关键技术问答》

编 委 会

主　　编：田兴国　　吕建秋

副主编：杜　冰　　谌国莲

编　　委：高向阳　黄　苇　徐小艳　戚镇科

黎　攀　伍怡斐　黄志钰　吕秋洁

林咏珊　杜方敏　向　诚　王时玉

卢瑞琴　王泳欣　周邵章　黄健星

曾　蓓　姚　缀　向　诚

前　言

"民以食为天，食以安为先"。 食品是人类生存和社会发展的物质基础之一，人们在享受美食的同时，食品安全问题却也时常出现在人们的视野中。食品是否安全关系到千家万户的身体健康和生命安全。近年来，我国食品安全事件频频发生，使得食品安全这一关乎国民生计和经济发展的问题日益成为国人关注的焦点。目前，国家有关部门在不断加强技术监管的同时，也加大了对制假、售假等违法行为的处罚和食品安全知识宣传力度。面对时有发生的食品安全问题，作为消费者的我们不能视而不见，更不能心存侥幸、听天由命；应积极参与保卫食品安全的行动。在日常生活中，我们应该花更多的时间去学习一些科学、实用的食品安全相关知识，以免在遇到问题时无所适从、后悔莫及。

本书以通俗的文字、易懂的道理、生动的图片、丰富的说明，较为科学、权威、系统地介绍了与人们息息相关的食品安全基本知识和法律法规知识；同时还涉及人们日常生活中一些食品安全小常识、小技巧，内容主要包括食品安全监管、掺假鉴别、营养卫生、储藏保鲜、包装加工等生产管理技术，并以问答的形式对主要问题和知识点进行了阐述，希望能为广大消费者提供有效的指导。

在本书编写过程中，得到了广东省食品安全青少年科技教育基地（华南农业大学）和华南农业大学食品安全科普基地的大力支持，在此表示衷心的感谢！本书参考的文献内容较多，在此一并向原作者表示诚挚的谢意！由于编者写作和表达各有特点，因而本书写作风格各异。在统稿过程中，本书保留了每位作者的个性。限于编者的水平，书中难免存在不当之处，恳请同行和读者批评指正。

编者
2019年2月

目　　录

1. 什么是食品？

食品，看似简单的两个字，但是按不同的领域分类却有很多意思。简单的如《新华字典》里解释，食品即可直接经口摄食的食物，包括可生食的和经加工后方可食用的食物。1994年《食品工业基本术语》（GB/T 15091—1994）对食品的定义则为：可供人类食用或饮用的物质，包括加工食品、半成品和未加工食品，不包括烟草或只作药品用的物质。那么比较权威的有关食品安全的食品定义是什么呢？根据2015年最新修订的《中华人民共和国食品安全法》，食品是指各种供人食用或者饮用的成品和原料以及按照传统既是食品又是中药材的物品，但是不包括以治疗为目的的物品。从食品卫生立法和管理的角度，广义的食品概念还涉及所生产食品的原料，食品原料种植、养殖过程接触的物质和环境，食品的添加物质，所有直接或间接接触食品的包装材料、设施以及影响食品原有品质的环境。

美味食品

★百度图片，网址链接：http://p3.ifengimg.com/cmpp/2016/06/08/10/0eb1abe5-aeba-4f40-be92-b8a57678d4e3_size37_w500_h324.jpg

（编撰人：杜冰；审核人：杜冰）

2. 如何识别食品标签？

食品标签是指预包装食品容器上的文字、图形、符号，以及一切说明物。食品标签可以从以下7个重点内容上进行学习和了解。

（1）看食品类别，明白到底是什么。标签上会标明食品的类别，类别的名称必须是国家许可的规范名称，能反映出食品的本质。例如，一盒饮料上注明"咖啡乳"，那它究竟是一种饮料还是一种牛奶产品？如果标签上的"食品类别"项目注明"调味牛奶"，就是在牛奶当中加了点咖啡和糖，而不是水里面加了糖、增稠剂、咖啡和少量牛奶。如果是后者，那么在食品类别上就属于"乳饮料"，而不属于牛奶了。

（2）看配料表，含量大的原料排在前。食品的营养品质，取决于原料及其比例。按法规要求，含量最大的原料应当排在第一位，含量最少的原料排在最后一位。

（3）看食品添加剂，排名不分先后。按国家标准，食品中所使用的所有食品添加剂都须在配料表中注明，即便消费者不认识也没关系。通常消费者会看到"食品添加剂："或"食品添加剂（）"的字样，而冒号后面或括号里面的内容就是食品添加剂。因为添加剂的使用量都非常小，低于1%，所以它们"排名不分先后"。

（4）看营养成分表，不要被误导。按我国食品标签相关法规，2013年1月1日以后出厂的每一种产品都必须注明5个基本营养数据，包括食品中所含的能量（俗称热量或卡路里）、蛋白质含量、脂肪含量、碳水化合物含量和钠含量，以及这些含量占一日营养供应参考值（NRV）的比例。

（5）看产品重量、净含量或固形物含量。有些产品看起来可能便宜，但如果按净含量来算，很可能反而比其他同类产品贵。

（6）看生产日期和保质期。

（7）看认证标志和产地信息。很多食品的包装上有各种质量认证标志，比如有机食品标志、绿色食品标志、无公害食品标志、原产地标志、ISO认证标志、QS标志等。

营养成分表

（编撰人：杜冰；审核人：杜冰）

3. 什么是食品的理化指标？

食品理化检测是依据食品的物理、化学和物理化学的基本理论和国家食品安全标准，运用分析的手段，对各类食品（包括原料、辅助材料、半成品及成品）

的成分和含量进行检测，以保证产品的质量合格。理化指标包括营养指标、成分含量的指标，也包括重金属指标、农药残留、兽药残留等。

（1）食品营养成分及功能性成分分析。水分、蛋白质、脂肪、碳水化合物、维生素、矿物质元素、灰分、密度、酸度、过氧化值、酸价等。

（2）食品中污染物质的分析。霉菌毒素、残留农药、重金属、亚硝胺、3,4-苯丙芘、多氯联苯等。

食品的理化指标应根据食品本身的性质而确定，例如牛奶饮料，除了检测蛋白质的含量外，也应该检测饮料中的脂肪含量，防止牛奶饮料中加入植物蛋白而冒充牛奶添加。而干制蔬菜类就应该测水分，而不必重点关注蛋白质含量等。

各种牛奶的检测结果

	天露纯牛奶	圣湖纯牛奶	托伦宝全脂灭菌纯牛奶	夏进纯牛奶	金典纯牛奶	蒙牛纯牛奶	青海湖纯牛奶
蛋白质	3.2g/100ml	2.9g/100ml	3.2g/100ml	3.2g/100ml	3.9g/100ml	3.6g/100ml	3.3g/100ml
脂肪	4.0g/100ml	4.2g/100ml	3.9g/100ml	4.3g/100ml	4.6g/100ml	4.2g/100ml	3.5g/100ml
环己基氨基磺酸钠（甜蜜素）	未检出	未检出	未检出	未检出	未检出	未检出	未检出
乙酰磺胺酸钾（安赛蜜）	未检出	未检出	未检出	未检出	未检出	未检出	未检出
苯甲酸	未检出	未检出	未检出	未检出	未检出	未检出	未检出
山梨酸	未检出	未检出	未检出	未检出	未检出	未检出	未检出
糖精钠	未检出	未检出	未检出	未检出	未检出	未检出	未检出
净含量	235g	225g	220ml	250ml	261ml	200ml	222g
单价	2.4元	2.3元	2元	3元	6元	2.5元	2.5元

★人民网，网址链接：http://qh.people.com.cn/n/2014/1210/c346768-23178121.html

（编撰人：杜冰；审核人：杜冰）

4. 什么是食品的卫生指标?

食品的卫生指标指涉及产品卫生质量的指标，包括微生物指标、重金属指标、农药残留、兽药残留等。

（1）微生物指标。涉及产品微生物含量的指标，一般包括菌落总数、大肠菌群数和致病菌3项指标，有的还包括霉菌指标（cfu/g）。

菌落总数是指食品检样在严格规定的条件下（样品处理、培养基及其pH值、培养温度与时间、计数方法等）培养后，单位质量（g）、容积（ml）或表面积（cm²）上所生成的细菌菌落总数。大肠菌群数用每100ml或每100g食品检样中大肠菌群最可能数（MPN）表示。致病菌指标一般规定为"不得检出"，常见的致病菌主要是肠道致病菌和致病性球菌，如沙门氏菌、金黄色葡萄球菌、志贺氏菌等。

（2）重金属指标。主要检测铅、镉、砷、铬、汞等是否符合限量标准。

（3）农药残留。农药残留指农药使用后残存于生物体、农产品和环境中的微量农药原体、有毒代谢物、降解物和杂质的总称，农药残留应符合相关的限量标准。

（4）兽药残留。食品动物用药后，动物产品的任何食用部分中与所有药物有关的物质的检测，包括原型药物和其代谢产物应符合相关的限量标准。

兽药

★千图网，网址链接：http://www.58pic.com/psd/14170425.html

（编撰人：杜冰；审核人：杜冰）

5. 什么是食品感官鉴别？其基本方法有哪些？

食品感官鉴别是通过人的眼、鼻、嘴和手对食品和食品原料的外观和颜色、气味、味道、形状，即色、香、味、形进行检查和辨别，对食品的质量状况作出客观评价，以区分正常和不正常的食品和食品原料以及食品质量的优劣。

食品感官鉴别的基本方法是：通过眼睛查看食品的外观、颜色、形状；通过鼻子闻食品的气味；通过嘴（包括唇和舌头）品尝食品的味道；通过手感觉食品的性状，并协助眼、鼻、嘴检查食品的颜色、气味、味道。

食品感官鉴别是在没有实验室检验食品的情况下最直接的食品质量鉴别手段，不但适用于专业人员对食品质量的初步鉴别，也适用于广大消费者对食品质量的直接鉴定，为选购、使用和食用合格、安全的食品提供感官把关的手段。

食品感官鉴定

★中国温州网，网址链接：http://www.wenzhou.gov.cn/art/2016/11/1/art_1217829_2573943.html

（编撰人：杜冰；审核人：杜冰）

6. 什么叫农药？有哪些分类方法？

1997年我国颁布的《农药管理条例》第一次对农药作出了定义：农药是指用于预防、消灭或者控制危害农业、林业的病、虫、草和其他有害生物，以及有目的地调节植物、昆虫生长的化学合成或者来源于生物、其他天然物质的一种物质或者几种物质的混合物及其制剂。

农药包括用于不同目的、场所的下列各类：① 预防、消灭或者控制危害农、林业的病、虫、草、鼠、软体动物等有害生物的农药。② 预防、消灭或者控制仓储病、虫、鼠和其他有害生物的农药。③ 调节植物、昆虫生长的农药。④ 用于农、林业产品防腐或者保鲜的农药。⑤ 预防、消灭或者控制蚊、蝇、蜚蠊、鼠和其他有害生物的农药。⑥ 预防、消灭或者控制危害河流堤坝、铁路、机场、建筑物和其他场所的有害生物的农药。

具体来说，根据农药的性质分类，可分为化学农药、微生物农药和植物性农药。根据农药的用途分类，可分为杀虫剂、杀菌剂、杀螨剂、除草剂、植物生长调节剂、杀线虫剂、杀鼠剂等。其中，杀虫剂应用最广、用量最大，也是毒性较大的一类农药，根据其化学成分可分为有机氯杀虫剂、有机磷杀虫剂、氨基甲酸酯类杀虫剂、拟除虫菊酯类杀虫剂及沙蚕毒类杀虫剂等。

农药喷洒

★好农资招商网，网址链接：http://www.haonongzi.com/news/20160316/14526.html

（编撰人：杜冰；审核人：杜冰）

7. 什么是生物防治？

生物防治是指利用有益生物及其产物控制有害生物种群数量的一种防治技术。根据生物之间的相互关系，针对性地增加有益生物种群数量，从而取得控制有害生物的效果。

生物防治的途径主要包含以下几条：保护有益生物、引进有益生物、有益生物的人工繁殖与释放、生物产物的开发利用。

生物防治利用了生物物种间的相互关系，以一种或一类生物抑制另一种或另一类生物。其最大的优点是不污染环境，是农药等非生物防治病虫害方法所不能比的。

目前生物防治技术已经得到较好的推广和应用。据相关报道，在美国，利用苏云金杆菌防治落叶松叶蜂、舞毒蛾、云杉芽卷叶蛾；在苏联，利用核型多角体病毒和颗粒体病毒防治美国白蛾等均获得较好的成效。

茶树病虫害的防治

★吾谷新闻，网址链接：http://news.wugu.com.cn/article/1077946.html

（编撰人：黎攀；审核人：杜冰）

8. 什么是化学防治?

化学防治是指用化学农药的方法防治农作物害虫、病菌、线虫、螨虫、杂草以及其他害虫的一种方法。其在病虫害防治中占据重要地位,具有以下特点。

(1)高效。少量药剂就能有效的防治很多重要害虫。

(2)速效。在发生大规模病虫害时,使用杀虫剂能够在短期内使得虫害得到一定程度的抑制。

(3)特效。有部分害虫无法使用其他防治方法进行防治,仅能采用具有针对性的特定的杀虫剂。

尽管化学防治具有上述优势,但其仍具有不足,主要包括以下方面。

(1)容易产生抗药性。长期广泛使用化学杀虫剂,会使得某些害虫容易产生不同程度的抗药性,加大防治难度。

(2)杀死害虫天敌,破坏平衡。有部分缺乏针对性的杀虫剂,除了杀灭害虫,也会杀灭其他生物,如害虫天敌,打乱自然平衡。

(3)污染环境,损害健康。有些农药难以分解,容易对土壤、水源等造成污染,同时不恰当的使用农药,容易造成农药残留,影响人体健康。

(编撰人:杜冰;审核人:杜冰)

9. 什么是农业防治?

农业防治是指通过培育健壮植物,增强植物抗性、耐害和自身补偿能力等适宜的栽培措施降低有害生物种群数量、减少其侵染可能性或避免有害生物为害的一种植物保护措施。农业防治最大的优点是不需要过多的额外投入,且易与其他措施相配套。

农业防治的主要措施和技术包含以下几个方面:合理安排作物布局、轮作与间作、设置诱虫植物、清洁残留及草坪区、翻耕幼虫。

与其他防治手段相比,农业防治的特点包括:无须增加额外成本;无破坏生态平衡、污染环境等副作用;防治效果具有累积性等。但由于其一般具有预防作用,应用上常受地区、劳动力和季节的限制,效果不如药剂防治明显。

(编撰人:杜冰;审核人:杜冰)

10. 什么是绿色防控?

　　绿色防控是指以保护农作物安全生产、减少化学农药使用为目标,采取生态控制、生物防治、物理防治等环境友好型措施来控制有害生物的行为。

　　绿色防控从农田生态系统整体出发,以农业防治为基础,积极保护利用自然天敌,恶化病虫的生存条件,提高农作物抗病虫能力,在必要时合理地使用化学农药,将病虫为害损失降到最低限度。绿色防控包括以下方面:生态调控技术、生物防治技术、理化诱控技术、科学用药技术。

　　绿色防控具有以下优势:①持续控制病虫灾害,保障农业生产安全。②保护生物多样性,降低病虫害暴发概率。③促进标准化生产,提升农产品质量安全水平。④降低农药使用风险,保护生态环境。

　　总的来说,绿色防控是农业生态保护,保证农业生产安全的重要手段。

有机农业

　　★农业信息网,网址链接: http://www.agri.cn/V20/ZX/qgxxlb_1/hunan/201509/
t20150918_4833450.htm

　　　　　　　　　　　　　　　　(编撰人: 杜冰; 审核人: 杜冰)

11. 食品常用的塑料包装材料有哪些类型? 使用塑料袋的注意事项有哪些?

　　为了保持食品的质量、性状、形态、卫生等,食品在储运、销售过程中需要进行包装,有外包装、内包装、个体包装等,包装材料多种多样,有植物叶片、竹器、陶瓷、木材、纸制品、金属、玻璃、树脂等,但广泛使用的是各类塑料包装材料,很多直接与食品接触,因此,从食品卫生学和食品安全角度考虑,对直接接触食品的包装材料必须给予密切关注,主要的塑料包装材料见下表。

　　不要用有颜色的塑料袋装食物,尤其是熟食和含油脂较多的食物,学会辨别回收塑料袋,非正规厂家生产的、有特殊气味的塑料袋不要用,最好使用标明有"食品用"字样的塑料袋。

主要的塑料包装材料

缩写	塑料名称	释放的单体
LDPE	低密度聚乙烯	乙烯
HDPE	高密度聚乙烯	乙烯
PP	聚丙烯	丙烯
PS	聚苯乙烯	苯乙烯、苯同系物
EPS	发泡聚苯乙烯	苯乙烯
PVC	聚氯乙烯	氯乙烯
PVDC	聚偏氯乙烯	偏氯乙烯
PET	聚对苯二甲酸乙二醇酯	酞酸酯
PC	聚碳酸酯	双酚A、碳酰氯
AS	AS树脂	苯乙烯、丙烯腈
ABS	ABS树脂	苯乙烯、丙烯腈、丁二烯
PA	尼龙	己内酰胺等
MF	密胺树脂	甲醛、密胺
UF	脲树脂	甲醛、尿素
FR	氟树脂	
EVA	EVA树脂	
PMMA	聚甲基丙烯酸树脂	甲基丙烯酸
PMP	聚甲基戊烯树脂	
PB-1	聚丁烯-1-树脂	
BDR	聚丁二烯树脂	
PT	赛珞玢	
PVA	聚乙烯醇	
PF	聚砜	
PU	聚氨酯树脂	二异氰酸酯类
PF	酚醛树脂	甲醛、苯酚

塑料包装葡萄

塑料包装烤鸭

★塑料包装葡萄塑料网，网址链接：http://suliao.huangye88.com/xinxi/128775184.html
★塑料包装烤鸭产品网，网址链接：http://www.cpooo.com/products/4551714.html

（编撰人：田兴国，徐小艳，谌国莲；审核人：谌国莲）

12. 选购食品有哪些基本原则?

要买到质量、卫生合格的食品,需要消费者了解各类食品的一些特点、性状和基本的加工方法,另外要坚持以下总原则:①选对场所。购买食品最好到规范的食品专营店及有信誉的大超市,这些地方进货渠道可靠,另外也可以到郊区一些有机食品生产基地、龙头企业购买或采摘。②看清标识。购买食品时要留心包装上的标识并仔细阅读,如生产日期、有效期、营养成分、厂家、厂址、电话、产品标准等。③认清食品的优劣。掌握所购食品质量的有关知识,对食品的艳丽色泽、美白、低价、形状和大小、味道、脆性、黏性、弹性、浓稠度、硬度、油腻性等感官要留心,不可过度追求鲜艳和味道。④拒绝假冒伪劣食物。包装模糊,颜色、形状、味道不正常,超过保质期的食品不要买,这类食物不仅质量不好,营养价值不高,有的还具有毒性。⑤全新上市的食物要慎购。这类食物没有经过消费历程,其安全性还有待检验。⑥慎买促销品,要留意其保质期、留意是否是经过重新包装的食品。

袋装食物(戚镇科 摄)

盒装食物(戚镇科 摄)

瓶装食物(戚镇科 摄)

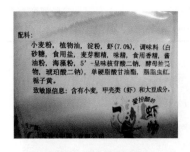
配料表(戚镇科 摄)

营养成分表(戚镇科 摄)

(编撰人:田兴国,徐小艳,谌国莲;审核人:谌国莲)

13. 包装食品"进口"之前须哪"十看"?

市场上食品的种类繁多，琳琅满目，能满足不同消费者的需要和嗜好，然而，如果买到假冒伪劣食品，不但满足不了我们的口福，还会对身体有害，很多包装食品有的看不见内容物，有的只能看见一部分，也很难闻到气味，更品尝不了。因此包装食品入口之前需"十看"。

（1）一看。食品是否有厂名、厂址，厂名和厂址是否一致，进口的包装食品应标注原产国或者地区的中文名称。

（2）二看。食品包装上是否标注产品标准编号，即使有标准编号，还要看是什么标准，是否准确有效。

（3）三看。产品是否有生产日期和保质期、保存期，如果没有就不能购买和食用。

（4）四看。食品是否标注净含量、固形物含量和质量等级，特殊营养食品还要标注热量、营养素，饮料酒水食品应标注原汁量。

（5）五看。食品商标及商标是否注册。印有商品条形码的食品，要看其条码印制是否规范，电脑识读的条码是否与其一致。

（6）六看。食品标签是否经当地质量技术监督部门审查认可，是否标注食品标签认可备案编号。

（7）七看。食品是否标注配料表，配料与食品内在质量是否一致。

（8）八看。进口食品是否加贴CIQ（中国出入境检验检疫的英文缩写）标志，还可向商家索要检验检疫证明。进口的酒类、饮料类、乳制品类、糖果巧克力、罐头类、坚果炒货类、定型包装的食用油类都要加贴CIQ标志。

（9）九看。是否具有生产许可证编号。食用酒精、食用香精香料、奶粉、食用盐、白酒都要标注许可证编号。

（10）十看。食品是否变色变味，有浑浊物和杂质，标识是否清晰、简要、醒目产品介绍是否有失实或弄虚作假现象，转基因产品是否有标识。

（编撰人：田兴国，徐小艳，谌国莲；审核人：谌国莲）

14. 哪些水果不宜空腹吃?

部分不宜空腹吃的水果如下表所示。

部分不宜空腹吃的水果

水果	原因
柑橘	柑橘中含有很多有机酸，空腹食用容易刺激胃黏膜，导致脾胃满闷，吐酸水
香蕉	香蕉中含有大量的镁，空腹食用可能会导致人体的镁含量过高，破坏钙镁平衡，从而对心血管产生抑制作用
柿子	柿子中含有的柿胶酚、单宁酸和鞣红素，在空腹的状态下食用，胃酸可能会促使上述物质形成胃柿石，严重时甚至可能引起胃幽门堵塞，形成柿石症，出现腹泻、恶心、呕吐、疼痛等症状
番茄	番茄中也同样含有果胶和柿酚素，与空腹食用柿子类似
山楂	山楂具有消食的作用，空腹食用不仅耗气，而且容易增加饥饿感，对于胃病患者还有加重胃病的风险
荔枝/甘蔗	空腹食用大量荔枝或甘蔗，会因体内渗入过量高糖分而发生"高渗性昏迷"，并且容易出现头晕、恶心、心慌、腹泻、出冷汗、无力、脸色苍白等症状

（编撰人：杜冰；审核人：杜冰）

15. 什么是水果感官鉴别要点？

水果的感官鉴别方法主要是看、闻、尝、摸等通过感觉器官达到。

（1）外观。首先看果品的成熟度和是否具有该品种应有的色泽及形态特征；其次看果型是否端正，个头大小是否基本一致；然后看果品表面是否清洁新鲜，有无病虫害和机械损伤等，即大小、形状、色泽、均匀性等。

（2）风味。不同水果中含有的糖、酸、氨基酸、糖苷类、单宁、醛、酯等不尽相同，辨别果品是否带有本品种所特有的芳香味，有时候果品的变质可以通过其气味的不良改变直接鉴别出来，像坚果的哈喇味和西瓜的馊味等，都是很好的特征。

（3）口尝。口尝不但能感知果品的滋味是否正常，还能感觉到果肉的质地是否良好，能辨别组织的老嫩程度、纤维的多少、汁液的多少等。

（4）营养。不同水果中含有的维生素、矿物质、蛋白质、碳水化合物等不同。

（编撰人：杜冰；审核人：杜冰）

16. 吃水果是否多多益善？

水果是指多汁且味觉主要为甜味和酸味、可食用的植物果实，水果能为人们提供丰富的营养物质，如维生素、矿物质、膳食纤维等；水果中的有机酸还能刺激人体消化腺分泌，增进食欲，有利于食物的消化；另外，水果中还含有黄酮类物质、芳香物质、香豆素、D-柠檬萜等植物化学物质，它们在保护人体健康和预防诸如心血管疾病和癌症等慢性疾病方面有重要的作用。

吃水果现在已成为很多人每天的"必修课"，但吃水果并不是多多益善，首先水果的含糖量较高，糖分摄入过多可能导致糖代谢紊乱，对血糖、血压、血脂都不利，也可能与长痘痘有关。另外，有些水果含有某种物质的量较高，过量摄入会对人体产生或轻或重的危害。例如，香蕉中含有较多的镁、钾等元素，若在短时间摄入过多，就会引起血液中镁、钾含量急剧增加，造成体内元素的比例失调。多吃香蕉还会因胃酸分泌大大减少而引起胃肠功能紊乱和情绪波动过大；柿子中含有一定数量的单宁（鞣酸），单宁有很强的收敛作用，在胃内易与胃酸结合，从而凝固成块，鞣酸与蛋白质结合易产生沉淀，故不宜久吃多食，特别是空腹吃未去皮的柿子。

吃太多水果还可能导致其他各种各样的问题。医学专家指出，吃水果应适度。按照《中国居民膳食指南》推荐，成人每天应吃200～400g水果，相当于1个苹果+1个橘子的量，或者1个橙子+1个猕猴桃的量。对于特殊人群如孕妇、老人、糖尿病和"三高"患者等则应在医嘱下合理摄食水果。除了应该注意摄入量之外，吃水果还要注意多样水果搭配吃，空腹时太酸的不要吃，晚餐后不要大量吃。

（编撰人：杜冰；审核人：杜冰）

17. 水果不宜与哪些海鲜同食？

海鲜一般是指鱼、虾、蟹等海产品，这类食物含有丰富的蛋白质、维生素和钙等营养物质，且味道鲜美，是很多人都喜欢吃的食物。在聚餐时，海鲜常常会出现在餐桌上，尤其是在沿海城市更是从不缺少海鲜产品。但许多人吃了海鲜之后就吃水果，以便缓解油腻感，但专家研究后发现边吃海鲜边吃水果，容易造成腹泻，危害身体健康。

众所周知，水果中不仅含有许多营养成分，还会有较多的鞣酸，海产品中的鱼、虾、蟹等含有丰富的蛋白质及钙等营养物质。若两者同时食用，不但妨碍蛋白质在人体内的消化吸收，而且水果中的鞣酸很容易与海鲜中的钙结合，形成一种不易消化的钙盐。这种钙盐能刺激肠胃，引起食道不适，产生诸如腹痛、恶心、呕吐等症状。

例如，葡萄、石榴、山楂、柿子等富含鞣酸的水果与海产品同食引起不适，重者胃肠出血，轻者出现呕吐、头晕、恶心和腹痛、腹泻等症状。防止上述问题的发生，方法很简单，就是在食用海产品时，不要同时吃水果，至少要2h后再吃水果为宜。

常见的不宜与水果同食的海鲜如下。

（1）虾。虾等软壳类食物含有浓度较高的五价砷化合物，与服用的"维生素C"反应，转变为有毒的三价砷，这就是人们俗称的砒霜！砒霜能麻痹毛细血管，抑制巯基酶的活性，并使心、肝、肾、肠充血，上皮细胞坏死，毛细血管扩张。为慎重起见，在服用"维生素C"期间，应当忌食虾。

（2）鱼。水果的维生素C会对鱼肉中营养成分的吸收产生抑制作用。

（3）蟹。很多人都知道柿子、梨不能和螃蟹同食。因为从食物药性看，梨、柿、蟹皆为寒性，寒凉伤脾胃，体质虚寒者尤应忌之；另外，柿中含鞣酸，蟹肉富含蛋白，二者相遇，凝固为鞣酸蛋白，不易消化且妨碍消化功能，使食物滞留于肠内发酵，会出现呕吐、腹痛、腹泻等食物中毒现象，容易引起"胃柿团病"。

海鲜与水果

★昵图网，网址链接：http://www.nipic.com/show/1/56/5677156kf6294d59.html

（编撰人：杜冰；审核人：杜冰）

18. 为什么饭后不宜马上吃水果?

我们日常生活中为什么不能饭后马上吃蔬果呢？主要是因为食品的主要成分是脂肪、糖和蛋白质等，而这些食物在胃里的滞留时间大致为：糖类为1h左右，蛋白质为2～3h，脂肪为5～6h。

当你在餐后马上进食水果时，消化慢的淀粉、蛋白质和脂肪会影响消化快的水果，这些东西要在胃部停留一两小时或更长时间，跟消化液产生化学作用，分解后才进入小肠吸收，水果被阻碍前进停滞胃内，不利于水果的消化吸收。

水果的主要成分是果糖，在胃内的高温下产生发酵反应甚至腐败变化，会生成酒精及毒素，出现胀气、便秘等症状，给消化道带来不良影响，引起种种疾病，包括胃灼热、消化不良、肚痛等。

水果中还含有类黄酮化合物，如果没能及时地进入小肠消化吸收，被食物阻隔在胃内后，经胃内的细菌作用转化为二羟苯甲酸，而摄入的蔬菜中含有硫氰酸盐，在这两种化学物质作用下，干扰甲状腺功能，可导致非碘性甲状腺肿。

推荐3个时间点吃水果：①早餐前吃水果，开胃醒胃易吸收。但胃肠功能不好者建议不要吃。②上午10点，补充能量。适合选用果糖和葡萄糖含量较高的水果，如西瓜、葡萄、香蕉、梨和苹果等。③午餐后1h左右，助消化。适合吃菠萝、猕猴桃、橘子和山楂等有机酸含量多的水果。

（编撰人：杜冰；审核人：杜冰）

19. 为什么吃水果也会过敏？

水果属于我国十类主要过敏食物之一，水果过敏的发生与人体遗传、环境、水果种类等因素相关。引发过敏反应的水果种类分布广泛，常见于苹果、桃等蔷薇科水果以及菠萝、杧果等。

水果过敏是人的免疫系统（由免疫球蛋白IgE介导）对水果中的一些蛋白成分（过敏原，主要为病程相关蛋白、抑制蛋白和一些酶类物质）发生的过激反应而导致的病理损伤。

发病机制：水果中的某些成分被已致敏的免疫细胞识别与结合后，产生特殊的免疫反应，刺激免疫系统产生抗体，抗体会促使肥大细胞释放组胺，导致机体生理紊乱，损害人体组织，引发过敏症状。当致敏的免疫细胞再次接触相同的水果或含有交叉抗原的水果时，会重复发生类似反应。

常见水果过敏症状可分为轻微的口腔过敏综合征和较严重的全身系统性反应。前者症状仅出现在口腔周围，发病轻微，表现为发痒、肿胀等。后者可在多种器官中观察到，例如皮肤（局部或全身荨麻疹，遗传性过敏湿疹）、胃肠道（腹部绞痛、腹泻、呕吐）、鼻和肺（鼻炎和哮喘）、心血管系统（过敏性休克）等。

（编撰人：杜冰；审核人：杜冰）

20. 吃含激素的水果是否使孩子性早熟?

（1）水果成熟的原因。水果本身含有一种激素——乙烯来使水果成熟。现代人们为了让水果成熟得更快，会用乙烯气体或植物乙烯来促进水果成熟。

（2）催熟的水果不会使儿童性早熟。儿童性成熟是受性激素调节，乙烯和乙烯利是植物激素，都不能在人体内起性激素的作用，也不参与性激素的合成，因此不会能导致儿童性早熟。植物激素和动物激素是完全不同的两类物质。植物细胞只能接收植物激素传递的生长发育的信号，人体的细胞膜上没有接收植物激素的信号分子的装置，因此不会接收植物激素的信号使细胞发生相应的生理活动。

（3）食用催熟水果不会影响人体健康。生长调节剂的使用量和时间我国都有严格要求。所有在我国批准使用的植物生长调节剂，都经过安全性评价，只要在规定范围内使用，是可以确保食用安全的。

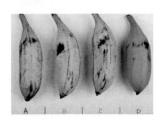

A至D，浓度由高到无

香蕉用不同浓度乙烯利浸泡后放置48h后的对比

★39健康网，网址链接: http://news.39.net/xwzt/csj/

（编撰人: 伍怡斐; 审核人: 黄苇）

21. 怎么识别催熟水果和自然熟水果?

成熟的水果色、香、味俱佳，颜色自然，味道香甜，有些果农为了卖个好价钱，会在水果空档期提前采摘，或者怕太熟在运输过程中造成破烂，会在水果还不成熟时就开始采摘，再用乙烯等催熟剂催熟，也有人喜欢酸味会选择买未成熟水果，因而，市场上经常可见未到成熟期而采摘下来的各类水果，其实，吃这种未成熟的水果，对身体是不利的，未成熟的梅子、李子、杏子等水果含草酸、苯甲酸等成分，在人体中很难被氧化，结果经代谢以后形成的产物仍呈酸性，催熟的水果香气很淡，一般分量较重。有一些水果未成熟时含有毒素，人吃后容易中毒。被乙烯催熟的杧果，吃到嘴里感觉苦涩，甚至灼烧感，自然成熟的杧果，外观颜色不会很均匀，香味浓郁，而催熟的杧果多数在小头顶尖处呈现翠绿色，其他部位果皮均发黄；自然成熟的西红柿，果实圆整光滑，果肉红色，果籽土黄色，催熟的西红柿，外表红彤彤，少见绿色，外观不圆整，顶部会凸出，捏起来硬邦邦的，果肉无籽或果籽呈绿色，果肉少汁；使用了植物激素的黄瓜，一般瓜身会变粗变直，顶花色泽鲜艳不易脱落，刺细长扎手，而正常成熟的黄瓜，顶花会枯萎，自然脱落，外形比较弯，个头也不大；催熟的香蕉表皮嫩黄，看相好，但其果肉硬朗苦涩，吃起来不甜、不香；自然成熟的西瓜，瓜皮花色深亮，条纹清晰，瓜蒂老结，黑籽红瓤，而催熟的西瓜瓜皮颜色鲜嫩，条纹浅淡，瓜蒂发青，瓜子不饱满或白色籽粒；反季节水果一般都使用催熟剂。

黄瓜（戚镇科 摄）　　番茄（戚镇科 摄）　　　　　杧果

★爱看美文网，网址链接：http://www.ak186.com/jiankang/201810/74743.html

（编撰人：田兴国，徐小艳，谌国莲；审核人：谌国莲）

22. 为什么吃有黑斑的甘薯易中毒？

甘薯黑斑病又称黑疤病，俗称"黑膏药"病，是我国甘薯产区为害普遍且严重的病害之一，主要为害薯苗、薯块，在育苗期、生长期和收获储藏期都能发生，引起死苗、烂床、烂窖等；此外，病薯产生的有毒物质常引起人、畜中毒。研究表明，甘薯黑斑病是由甘薯长喙壳菌引起的。甘薯长喙壳菌是一种为害严重的危险病原体，也是一个分布广泛的土壤习居菌。甘薯长喙壳菌侵染木本或草本寄主植物常引起植株的木质部变褐、枯萎、坏死，叶片和果实溃疡、腐烂，最终导致整株死亡。

受到黑斑病菌污染的红薯表皮会呈褐色或黑色斑点。黑斑病菌会排出含有番薯酮和番薯酮醇的毒素，这些毒素会使生红薯变硬、发苦，用水煮、蒸或用火烤等均不能杀灭，进入人体后会损害肝脏。因食用黑斑红薯而发生急性中毒的患者会出现呕吐、腹泻等症状，严重者会发高烧、气喘、抽搐、吐血、昏迷，甚至死亡。如发现误食黑斑红薯中毒，应立即催吐、导泻，并尽快送往最近的医院诊治。

（编撰人：杜冰；审核人：杜冰）

23. 为什么霉变甘蔗不能吃?

甘蔗清甜解暑,清明前后是食用旺季。但购买甘蔗时要留意,也不要随意购买来路不明的甘蔗汁,小心霉变甘蔗引发中毒。

1972年在我国首次报道变质甘蔗中毒事件,而且多发于儿童。1984年证明节菱孢霉菌(Arlhrinium spp.)是其致病微生物,1986年又进一步证实节菱孢霉菌产生的3-硝基丙酸(3-NPA)是主要的致病物质。3-NPA是一种强烈的嗜神经系统毒素,毒性强且毒力稳定,加热或用消毒剂处理后毒力不减。中毒症状表现为呕吐、眩晕、抽搐、昏迷甚至死亡,幸存者也往往留下严重后遗症。

甘蔗新鲜时,甘蔗节菱孢霉的侵染率仅为0.7% ~ 1.5%,但经过3个月的储藏,侵染率可达34% ~ 56%。尤其在不良的条件下长期储存,如过冬,侵染率会大大提升,其他微生物也会大量繁殖,发生霉变。霉变甘蔗中毒常发生在初春季节,2—3月为发病高峰期。发生霉变的甘蔗质地比较软,瓤部的色泽比正常甘蔗深,一般呈浅棕色,闻起来有霉味。

甘蔗

★搜狐,网址链接: http://img.mp.itc.cn/upload/20170327/20b1bcf031534451bfa9b02662fe4174_th.jpg

(编撰人: 杜冰; 审核人: 杜冰)

24. 为什么开车时不宜多吃香蕉和荔枝?

驾车吃荔枝危险,吃一颗酒驾,吃三颗醉驾。检测酒精含量超过20mg/100ml则属于酒后驾驶,超过80mg/100ml则属于醉酒驾驶。交警曾进行过测试,吃下三颗荔枝立即进行酒精含量检测,结果最高达102mg/100ml,相当于喝了二两半白酒或三瓶啤酒,但5min后检测值又变为零。因为荔枝含糖量高,在口腔酶和微生物的作用下糖分会发酵分解成酒精,被误认为酒驾。

更严重的是,开车大量食用荔枝易导致发生交通事故。空腹大量食用荔枝会引起低血糖。荔枝所含的糖是果糖,这种果糖进入人体后,很快就会进入血液,但果糖只能通过肝脏内一系列转化酶的催化变成葡萄糖后，才能转变为糖元贮存，以供身体利用。如果过多的果糖进入血液，肝内转化酶一时难以应付，果糖就会充斥于血液内，无法转为葡萄糖。大量荔枝肉进入胃肠道，荔枝所含的大量水分会稀释消化液，引起食欲不振及消化不良，造成暂时性低血糖症。而司机发生低血糖是很危险的，当血糖浓度低于80mg/100ml时，会出现心慌、手抖、头晕、出汗、烦躁、焦虑、全身无力，或过度兴奋或反应迟钝、注意力不集中等，甚至发生抽搐和昏迷。因此开车时不宜多吃荔枝。

另外，开车时也不宜多吃香蕉。开车劳累，人体会消耗大量的热量，热量主要来源于食物中的糖类，香蕉含糖量极高，是补充糖类的理想食物。但香蕉含有大量的镁，当空腹大量食用时，血镁大幅度增加，会对心血管系统产生抑制作用。人体体液中镁、钙比值改变，会出现明显的感觉麻木、肌肉麻痹、嗜睡乏力的现象。在这种情况下开车最容易发生交通事故。国外调查发现，开车嗜食香蕉，25%的人中途出现肢体麻木感，33%的人有嗜睡现象，19%的人曾发生过交通意外。因此，开车时不要空腹大量食用香蕉，更不可用香蕉充饥。

（编撰人：杜冰；审核人：杜冰）

25. 为什么吃鲜菠萝前一定要用盐水泡？

菠萝，又称凤梨，是著名的热带水果，因其果实汁多、酸甜可口、营养丰富、风味独特而备受青睐。菠萝可鲜食，也可作菜肴，亦适于加工成罐头食品和饮料。此外，菠萝还可药用，果实具有清热解暑，消食止泻等功效，主治中暑、肾炎、肠炎、腹泻、支气管炎、消化不良等症。

民间食用菠萝，一般都先泡盐水，不泡盐水吃，容易导致嘴唇红肿甚至口腔溃疡。主要原因是菠萝中含有甙类物质（生物甙）和菠萝蛋白酶，对口腔黏膜和嘴唇的幼嫩表皮产生刺激，产生麻木刺痛感，严重者会引发过敏反应，出现腹泻、呕吐或头痛等症状。一定浓度的盐水能浸出生物甙，同时使菠萝蛋白酶失活，一般建议浸泡半小时确保菠萝蛋白酶完全失活。需注意的是，菠萝浸泡时间过长，会造成营养流失，还容易滋生细菌。

另外，菠萝也不宜多吃，菠萝里的5-羟色胺是一种含氮的有机物，有强烈地使血管收缩和使血压升高的作用，每100g果汁中含2.5~3.5mg，多吃后会引起头痛。

（编撰人：杜冰；审核人：杜冰）

26. 吃鲜荔枝时应注意哪些问题？

荔枝是南方的特色水果之一，每年5—8月成熟季，甘甜的荔枝好看又好吃，营养也非常丰富。荔枝肉含丰富的维生素C和蛋白质，可以有效增强人体免疫功能。现代研究还发现，荔枝有营养脑细胞的作用，可改善失眠、健忘、多梦等症，并能促进皮肤新陈代谢，延缓衰老。但民间一直有"一颗荔枝三把火"之说，因荔枝属于温性食物，多吃易发龈肿口痛等"上火"症状。因此不宜过量食用荔枝，某些特殊体质的人也不宜食用荔枝。食用注意事项如下。

（1）不宜空腹食用。鲜荔枝荔枝的含糖量很高，空腹食用会刺激胃黏膜，会出现胃痛胃胀。而且空腹食用过量会因体内突然加入过量高糖分，而发生"高渗性昏迷"。

（2）不宜大量进食荔枝。一方面是因为荔枝性温，多吃易发龈肿口痛等"上火"症状；另一方面是荔枝中含有α-次甲基环丙基甘氨酸，有降低血糖的作用，大量进食且吃饭很少时，容易引发突发性低血糖，引起荔枝急性中毒，即"荔枝病"。因荔枝所含单糖大部分是果糖，果糖被机体吸收后须经一系列酶催化才能变为葡萄糖供能或转变为糖元贮存，被组织细胞氧化利用。如果一次食用过多荔枝，导致血糖含量比正常降低许多而引起低血糖症。出现头晕、出汗、面色苍白、乏力、心慌、口渴、饥饿感等症状，重者可有四肢厥冷、脉搏细数、血压下降，甚至抽搐和突然昏迷等症状。轻者口服糖水即可恢复正常，重者应送医院抢救。

（3）尽量不要吃水泡的荔枝。现在市场上很多荔枝都是用水泡过的，含有大量的水分。大量水分进入胃肠道后会稀释消化液，引起食欲不振或消化不良，也会造成暂时性低血糖症。

（4）糖尿病人慎吃。荔枝的糖分很高，所以糖尿病人慎吃。

（5）吃荔枝后不要马上开车。荔枝的含糖量很高，在一定的存放条件下，会发酵产生乙醇，导致人食用后口腔内乙醇含量陡然升高，被误认为"醉驾"。

（6）孕妇吃荔枝要适量。孕妇多吃荔枝易上火或引起高血糖，对孕妇和胎儿不利。

建议成人吃荔枝一天不宜超过300g，儿童5~6颗为宜。

（编撰人：杜冰；审核人：杜冰）

27. 儿童不宜过多吃橘子吗?

橘子中含有丰富的维生素和胡萝卜素,一般成年人吃橘子后会在肝脏内把胡萝卜素转化为维生素A,从而可以改善人体的视力。但橘子不宜食用过量,吃太多会患胡萝卜素血症,皮肤呈深黄色,如同黄疸一般。尤其是小孩,橘子中过多的胡萝卜素在小孩肝脏不能及时进行转化,导致胡萝卜素过多,对健康造成伤害,甚至被误诊为肝炎的现象也时有发生。

一般情况下,当孩子出现的"橘子病"仅表现为皮肤颜色改变时,大多不需要特殊治疗,只要减少橘子的摄入量,并且多喝水加速胡萝卜素的排泄,皮肤就会很快恢复正常。

另外,孩子多吃橘子,相对比成年人来说,更加容易导致人体出现类似上火的现象,如表现在牙疼,舌头出现发炎或者是出现牙周炎、口舌生疮、咽喉肿痛的现象,如果损伤了脾胃,部分小孩还会拉肚子。

橘子

★学习啦,网址链接: http://www.xuexila.com/jiankang/shicai/2080303.html

(编撰人:杜冰;审核人:杜冰)

28. 如何进行橘果保鲜?

柑橘易腐烂,采摘后在贮藏、运输过程中,因各种原因导致的腐果率达10%~30%,因此其采摘、运输等都需要格外小心。

橘果进行保鲜的手段如下。①适时采收,保证采收质量。供贮柑橘应在八成熟、果皮有约2/3转黄时,分期分批采收,切忌一次将果全部采下混装,以提高果品质量。②在晴天或阴天露水干后采果,如遇大雨,最好连晴3~4天后再采,采下的果实不要露天堆放过夜,以减少果实腐烂。③采收时用"两剪法"采果,一手托果,一手持剪,按照自下而上、由外到内的顺序采果,边采边将伤果、落地果、病虫果和次果剔除,做到轻摘、轻放、轻装、轻运、轻卸,尽量避免人为的机械损伤。④贮前处理。环境消毒,杀虫灭鼠。防止贮藏环境中的害虫及病菌侵害果实，同时还要采取堵鼠洞、食饵诱杀等措施防止鼠害。采收后挑选中等大小的果实，用柑橘保鲜剂浸泡，使整个果实沾湿药液，取出后放在阴凉通风处晾干，当手按果皮略有弹性时，剔除油胞下陷、油斑、病、虫、伤果及腐烂果，即可入库贮藏。⑤贮藏。具体方法是将处理后的橘果装入垫纸或薄膜的果箱，果箱按"品"字形整齐码堆，每堆不超过500kg，高不超过7层。贮藏期间注意通风换气，尽可能使库内温度稳定在6~12℃，湿度保持85%~95%，能有效地保持果实新鲜饱满。⑥贮后每隔20~30天翻果检查1次，剔除有腐烂迹象及不耐贮藏的果实。翻果时要轻拿轻放，防止增加新的机械损伤，对烂果应用纸包起，轻轻放入有盖的桶内，带出库外集中深埋，对与烂果接触的果箱及好果要用蘸有0.2%托布津等消毒液的湿抹布涂擦消毒，防止交叉感染。管理上要尽量加强午夜以后的通风降温，必要时在地面喷洒1%高锰酸钾液，中和有害气体，减缓果实的衰老与腐烂。

此外，橘果保鲜中因青霉病、绿霉病等真菌引起的病害，这类病害的防治可采用常见的保鲜剂有SG柑橘保鲜剂、CF柑橘保鲜剂、SM液态膜，通过浸果处理后，在橘果表面形成一层保护膜，从而对橘果进行保鲜贮存。

（编撰人：杜冰；审核人：杜冰）

29. 怎样回收苹果中的芳香物质？

香气是苹果典型风味的重要组成部分，尤其是经过加工的苹果果汁中。目前已经鉴定出的苹果汁香气成分已有300多种，主要包括酯类、醇类、醛类，另含有少量酮类、萜烯类、醚类、烃类、酚类、脂肪酸类物质。苹果浓缩汁生产中芳香物质对天然苹果香精物质开发及香精回收工艺优化具有重要意义。苹果不同品种香气成分的组成和数量差异性很大，芳香物质在评价果实和果汁的质量时也是一个非常重要的指标。

回收苹果的芳香物质采用"蒸发—精馏"法，主要工艺如下。

（1）将洗净的苹果破碎制成果块浆，压榨成汁，除去果渣和粗颗粒。

（2）将混浊汁加入三效蒸发、精馏设备中，在蒸发器中使芳香物质与脱香果汁分离，收集芳香物蒸汽。

（3）芳香物在精馏塔精馏浓缩，通过表面冷凝器冷凝形成浓缩芳香物。

（4）将浓缩芳香物置于大罐贮藏，冷藏保存。

苹果汁在蒸发时可将全部芳香物组分分离出来，但无法回收全部的芳香物，特别是对芳香物质量起重要作用的酯类物质，在回收过程中损失较大；苹果汁芳香物的回收可不经过精馏过程，可通过少量蒸发、部分冷凝或者直接冷凝来进行回收，但前提是要有有效的分离和完善的冷凝体系。

（编撰人：杜冰；审核人：杜冰）

30. 怎样加工苹果脆片？

苹果脆片是在真空状态或负压状态下，通过油炸或其他方法，将苹果内的水分蒸发掉，外形及颜色不发生变化，从而得到含水在5%左右的制品。苹果脆片主要有真空油炸型和非油炸真空膨化型两种。非油炸真空膨化符合国际现代健康营养理念，最大限度地保留了苹果的颜色、味道及营养成分，其加工的工艺有切片、护色、预干燥、均湿、高压膨化干燥、冷却、分级、称量、包装、成品等步骤，操作要点如下。

（1）切片。将苹果片的厚度控制在5～8mm。

（2）护色处理。将切好的苹果片先放入异抗坏血酸溶液或亚硫酸氢钠中浸泡20～30min。

（3）预干燥。把苹果片放入带式干燥机中，一般干燥前期温度控制在55～60℃、中期68～75℃、后期50～60℃，以干燥至水分为15%左右为宜。

（4）均湿。均湿处理有利于产品质量的提高，均湿后苹果片水分一般在22%左右。

（5）高压膨化及定型。苹果片干燥至一定含水量后控制操作温度和操作压力差，进行膨化干燥处理，控制水分含量低于7%。均湿后的苹果片放入压力罐中密封，打开进气阀，通入过热蒸汽，温度升高至规定值后关闭进气阀维持此温度，压力罐内压力也随之上升，维持此状态，随后迅速打开压力罐和真空罐，其间排放潮气2～3次。

（6）包装。待产品冷却之后及时充氮气包装，以防吸潮变软。

苹果脆片

★百度图片，网址链接：http://s11.sinaimg.cn/mw690/006H8wryzy7bf6vkW82aa&690

（编撰人：杜冰；审核人：杜冰）

31. 苹果如何保鲜贮藏？

苹果是一种味美、营养价值丰富、商品价值高，并且可以增加饱腹感、降低食欲，达到减肥效果的一种水果。苹果虽较耐贮运，可以做到周年供应，但在长距离贮运过程中若不采取保鲜措施会发生轻微褐变腐烂现象，影响其商品价值以及营养价值，因此苹果的保鲜贮藏尤为重要，如今其保鲜贮藏技术主要如下。

（1）物理保鲜技术。

① 气调保鲜技术。指将果蔬贮运环境中的氧气、氮气或二氧化碳控制在一定比例范围内，从而抑制果实的呼吸作用，达到延缓代谢衰老的保鲜技术。

② 紫外线保鲜技术。其基础设备是氙灯，其发射出含有20%紫外线的强光，可杀灭果实表面微生物和病原菌。

③ 低温保鲜技术。指降低果蔬贮藏环境中的温度，从而降低果蔬酶活性，减少呼吸消耗，延长保鲜期的技术。

④ 臭氧保鲜技术。通过不同的臭氧浓度控制苹果的呼吸强度，从而达到保鲜效果，具有杀菌彻底、无残留及杀菌广谱等特点，被视为目前较好的杀菌保鲜技术。

（2）化学保鲜技术。

① 果蔬保鲜剂保鲜。指使用化学试剂以提高果蔬的耐贮性，延长果蔬保鲜期的技术。

② 涂膜保鲜。指将保鲜液涂抹到果实表面，利用其良好的成膜性和半透气性隔阻果实内部与外界的气体交换，降低呼吸速率，延缓衰老的技术。

（3）生物保鲜技术。

① 微生物保鲜。指通过微生物产生抗生素、溶菌酶等抗菌物质杀灭果实表面病原菌的技术。

苹果气调保鲜库

苹果贮藏不当时发生的变化

贮藏效果良好的苹果

★百度，网址链接：http://www.cslk.cn/article/content_248.html

★搜狗，网址链接：http://pic.sogou.com/ris?query=http%3A%2F%2Fimg01.sogoucdn.com%2Fap
p%2Fa%2F100520146%2Fe53dc81edf7e698df47e674ad940e48e&flag=0&dm=0&did=1#did0

★饭菜网，网址链接：https://www.fancai.com/shiliao/393507/

② 天然提取物保鲜技术。指从生物体内提取生物活性物质，其能抑制酶活性，从而降低生命活动强度，达到保鲜效果。

（编撰人：黎攀；审核人：杜冰）

32. 什么样的苹果适合加工苹果汁？

在我国苹果加工业中，果汁生产占据着较大的比例，其中浓缩苹果汁是果汁加工的重中之重。2001年我国累计出口苹果浓缩汁达22.8万t，出口量占世界苹果汁贸易总量的35%。然而我国目前并没有专门适用于果汁加工的高酸苹果原料基地，果汁产品缺乏市场竞争力，且原料果以鲜食果中的低档果、残次果为主，这导致生产苹果汁品质不理想。苹果汁生产加工原料品种的选择很重要，如在意大利，高酸度苹果"金冠"的产量占全国苹果总产量的65%以上。在国际市场上，浓缩苹果汁酸度越高，销路就越好，售价也越高。而要提高苹果浓缩汁的酸度，就要使用高酸度的优质专用酸苹果作为加工原料。我国可用于优质浓缩果汁加工的专用苹果品种严重匮乏，生产中常常鲜食果中的低档果、残次果作为果汁加工原料，生产出的苹果浓缩汁因与国际市场需求错位，每吨售价要低于高酸度苹果浓缩汁40%左右。

目前已发现比较适合用于苹果汁加工的品种如下。

（1）适合生产苹果汁的新品种。瑞丹、瑞林、上林、瑞连娜、瑞拉、瑞星，这些品种果个头较大，单果重70~120g，出汁率高达70%~75%。

（2）传统高酸度调配品种。酸王，该品种单果重40~70g，11月中旬成熟，极耐存放，出汁率为70%，苹果酸度为11.5%，果汁极酸，可用于和其他品种勾兑调酸。

苹果汁

★挖东西，网址链接：https://www.wadongxi.com/detail/147bb5

（3）制汁酿酒兼用品种。小黄，该品种平均单果重47g，丰产、抗病，出汁率为70%，苹果酸含量为7.5%，果汁芳香浓郁，糖、酸比例协调，适于制苹果汁和勾兑酿制苹果酒。

（编撰人：杜冰；审核人：杜冰）

33. 枣有什么营养与功能？

枣果中含有黄酮类、五环三萜类、多糖、环磷酸腺苷等主要功能成分，具有一定的保健作用，枣的营养与功能如下。

（1）枣具有降血压、降血脂、降血糖等广泛的生理活性。枣果中的黄酮类和酚类化合物，具有清除自由基、延缓衰老、预防心脑血管疾病的作用。

（2）枣具有延缓衰老、抗氧化作用。枣果实除了含有丰富的黄酮类和酚类化合物，还有维生素C、维生素P等，都是很强的抗氧化剂，具有清除自由基的功能。

（3）枣具有保护肝肾的功能。枣果实的醇溶性物质具有保护肝脏的作用，可有效减轻有毒、有害物质对肝脏的损伤。

（4）枣具有抑制癌细胞、抑菌消炎的功能。三萜类化合物大都具有抗癌作用，环磷酸腺苷有调节细胞分裂的作用，二者协同作用，可以有效抑制癌细胞的异常增生。

（5）枣具有提高机体免疫力和抗补体等生理活性。由于枣果实富含生理活性极高的多糖，枣多糖多为水溶性的中性多糖和酸性多糖，对于提高机体的免疫力具有重要作用。

（6）枣对调节血糖、血脂、控制肥胖膳食纤维有广泛的生理功能，这是由于枣中的粗纤维可调整肠胃，促进大肠蠕动，防止便秘，改善肠道菌群，并且能够清除汞、镉、砷等外源有害物质。

（编撰人：杜冰；审核人：杜冰）

34. 如何制作南枣？

南枣是浙江义乌的传统名贵产品，清朝时曾列为贡品，故又称"京果"。南枣甘甜适口，维生素C含量高，还有人体必不可少的几种氨基酸和微量元素，其以营养丰富，药用价值高，具有润心肺、止咳、补五脏、治虚损等药理作用而驰名中外，远销于东南亚、欧美市场，是浙江省传统名牌出口产品之一。

南枣加工工艺有两种，即原红制法和做红（烫红）制法。原红制法是选用已进入全红期的枣果进行加工；做红制法是选用已进入熟白期的枣果进行加工。除做红制法多一道做红工序外，两者都要进过选枣、洗枣、晒红、煮枣和烧枣、晒枣、分级和包装等工序。生产关键节点包括如下方面。

（1）选枣洗枣。选择果型均匀较大，八成熟，无虫坏、破口、畸形的鲜枣果，用清水洗净。

（2）做红（烫红）。用沸水烫泡鲜枣果使其颜色由绿白变成枣红，具体做法为把水烧开后，加入适量冷水，当水冒气泡而发出吱吱响声时，两人互相配合，一人手持烫漂篮于锅内水面，另一人提1.5～2kg的枣子于篮中，随即迅速使篮内枣子在水中翻滚打红几秒钟，并很快提起篮子，随手翻转，立即倒入谷箩中，等装满后覆盖草袋、麻袋等，保温1～2h。

（3）晒红。将烫红的枣果放到阳光充足的地方晾晒，并不断轻轻翻动，以枣皮转为花红色，手捻能起皱纹为宜。

（4）煮枣。按照水：枣为5：2的比例，用铜锅将水完全煮沸后加入枣果，煮至再次沸腾后翻动2～3次，用手捏枣果感觉可以碰到枣核时即可捞出，倒入筛箩，盖麻袋，随后摊晾。

（5）烧枣晒枣。一般须进行4次。将摊晾后的枣子倒在枣坑上，枣面盖上双丝麻袋片，以保持温度。同时，根据枣子的生熟情况掌握好火温，20min翻动一次，2～3次后取出摊晾，再日晒2h，又上枣炕。后两次火力可以较前两次大，并需要时刻翻动，待果皮干燥坚硬，手摇南枣能听见响声即可。

（6）分级包装。将不合格的南枣挑出，合格南枣过冷水，晒干，按标准分级包装。

南枣

★百度图片，网址链接：http://img.tourzj.com/admin/upload/image/63653425441222
91752733118.jpg

（编撰人：杜冰；审核人：杜冰）

35. 板栗有什么营养与功能?

板栗组分以淀粉及糖类为主,并含有较为丰富的蛋白质、脂肪、维生素C、Ca、K、P、Mg、Fe、Zn等矿质元素和黄酮类物质,板栗的营养与功能可以归纳为以下几个方面。

(1)板栗具有养胃健脾的功能,可以治疗反胃、吐血、腰脚软弱、便血等症,是不可多得的一味良药。这是由于板栗中富含较多的碳水化合物,可提供给人体较多热能,帮助脂肪代谢,具有益气健脾、厚补胃肠的显著功效。

(2)板栗可促使皮肤、指甲、毛发的正常生长,提高视力,减轻眼睛疲劳感。这是因为板栗中含有核黄素以及维生素B_2,常吃栗子对日久难愈的小儿口舌生疮和成人口腔溃疡有显著疗效。

(3)板栗可增强机体免疫力、补脑健脑、减轻关节炎症状,是抗衰老、延年益寿的营养佳品。这是因为板栗中含有丰富的不饱和脂肪酸和维生素、矿物质等,能防治冠心病、高血压、动脉硬化、骨质疏松等疾病。

(4)板栗可以保护牙齿和牙龈健康,预防癌症、心脏病、中风等疾病。含有丰富的维生素C,能够提高人体免疫力。

(5)板栗可预防和治疗骨质疏松、腰腿酸软、筋骨疼痛,有着强筋健骨的功效。

(编撰人:杜冰;审核人:杜冰)

36. 板栗鲜果如何保鲜?

(1)沙藏法。选通风、干燥的地方,按1份栗果2份沙的比例堆贮,1层栗1层沙,栗果不可外露,每层栗果<10cm,最后整个堆面盖1层面沙,堆高不超过1m,沙子湿度应保持手握成团松开即散为好,每周喷水1次,不可过干也不可过湿,此法是农村既经济又实用的方法。

(2)简易贮藏法。此法可贮藏少量栗果,即把发过"汗"的栗果放入干燥清洁细口坛,装到八成满时,坛口装入稻草或栗苞壳,然后将坛倒置在木板或干燥的地面上。

(3)窖藏法。控制地窖温度0~5℃,在窖的底层铺5~10cm干净的河沙,然后将发过"汗"的栗果一层栗果一层河沙堆放,最后盖一层10cm的河沙。堆高不得超过800cm,每层栗果的厚度不得超过5cm,果沙比例1:2,沙子的湿度控制在含水量8%左右,贮藏量较大时要经常给窖内补充足够的新鲜空气。

（4）塑料薄膜袋贮藏法。先用微湿沙混合新鲜板栗贮藏1个月后，再装入塑料薄膜袋中贮藏，为防止发霉，装袋前要洗果，用500倍液的甲基拖布津水溶液浸果10min，阴干后装袋，严格控制袋内的氧气量。并应时常不定期地在低温条件下打开袋口通风换气，尤其在温度高时，湿度大时，更应及时通风换气，以防霉变。

（5）锯木屑贮藏法。选用含水量在30%～35%锯木屑，在通风阴凉的室内，用砖头围成方框，框内地面先铺一层厚的木屑，把栗果与锯木屑按1∶1的比例混合倒入框中，然后在上面再覆盖约9cm的木屑。贮藏堆的宽度不超过1m，总高度不得超过80cm，要保证每平方米面积中最少设1个通风口。贮藏期间，堆内温度应保持在0～5℃。室内温度、湿度过大时，需及时通风，翻查时要及时剔除烂果，防止蔓延。

（6）冷藏。低温冷藏能显著抑制板栗的代谢活力，有利于板栗的长期保存。一般库温控制在0～5℃，湿度为90%以上，板栗冷藏可使其生理代谢减弱，减少贮藏物质的消耗。在库温-2℃，相对湿度90%～95%的条件下，更加有利于提高板栗长期保鲜的效果。

板栗鲜果

★中国图库，网址链接：http://www.99114.com/chanpin/85407961.html

（编撰人：杜冰；审核人：杜冰）

37. 樱桃有什么营养与功能？

樱桃含有碳水化合物、蛋白质、胡萝卜素、维生素C、钙、磷、铁、钾等营养成分，其中维生素C的含量是一般水果的2～30倍，果实中矿物质和微量元素的测定结果表明，Ca、P、Fe等成分含量明显高于其他水果，特别是Ca的含量，是一般水果含量的10～80倍，樱桃果实中含有近20种氨基酸，其中人体必需氨基酸含量占氨基酸总量的48%左右。

（1）樱桃具有很强的抗氧化活性，有研究表明，在50种抗氧化物质的高含量食物中，酸樱桃位列第14位，超过了著名的红酒、黑巧克力和橙汁。樱桃中含有的花色苷是抗氧化活性很强的一种类黄酮物质，具有抗炎、抗衰老的特性。

（2）樱桃富含的多种酚类化合物，如没食子酸、堪非醇及槲皮素等，均为高效的抗氧化剂，具有抗癌、抗动脉硬化的作用，其保健效应（尤其是降低心脏病的风险）受到人们的关注。

（3）樱桃中的膳食纤维含量也很高，有助于降低患某些癌症和心脏疾病的危险。

（4）樱桃也是褪黑激素的一个重要的食物来源，通过食用樱桃补充褪黑激素有助于调整人体昼夜生理节律，促进自然睡眠。

（编撰人：杜冰；审核人：杜冰）

38. 怎样加工保鲜樱桃?

樱桃果实成熟时颜色鲜红，玲珑剔透，味美形娇，营养丰富，保健价值高，深受人们喜爱。然而，樱桃果实柔软、皮薄、汁多，细胞壁和外壁角质均很薄，不耐贮运，而且樱桃成熟期多集中在高温季节，采后常温贮运极易出现褐变、腐烂变质等现象，因此樱桃保鲜需要特别小心。目前常用的保鲜手段有如下几种。

（1）低温贮藏。降低温度是延长水果寿命的有效措施，适度的低温能够降低果蔬的呼吸强度，减少水分流失，而且可减缓糖、酸的消耗过程。目前，生产上为提高樱桃贮藏效果，在入贮时先进行及时、快速的预冷，使果品温度降至2℃以下，然后置于$-1 \sim 0.5$℃、90%~95%相对湿度条件下冷藏，可以抑制细菌性腐烂，保持果实原有色泽，贮藏期可达20~30天。

（2）气调贮藏。除控制温度外，控制樱桃贮藏环境中的气体条件，保持适宜的低O_2及高CO_2浓度，可以提高樱桃的贮藏保鲜效果，通过人工调节减少贮藏环境中的O_2浓度，适当增加CO_2浓度，以降低果实的呼吸强度，使其新陈代谢减弱，同时抑制乙烯的生成，推迟果实的后熟期，延长贮藏时间。

（3）减压贮藏。通过降低果蔬贮藏环境的气体分压，创造一个低氧的条件，从而降低果蔬的呼吸强度，抑制乙烯的合成，延缓果蔬的成熟与衰老。减压贮藏可使果实色泽保持鲜艳，果梗保持青绿，与常压贮藏相比果实腐烂率低，贮藏期长。

（4）化学试剂处理。研究发现，采用1-MCP、含钙溶液或者二氧化硫进行处理，能够明显降低樱桃果实的腐烂率、掉梗率、褐变指数，并有利于保持果实的营养成分。

（5）生物保鲜剂处理。纳他霉素、赤霉素、脱落酸和水杨酸等可有效抑制酵母菌和霉菌的生长，可有效降低甜樱桃果实的呼吸速率并抑制病害的发生，使贮藏期延长。

樱桃

★凤凰网，网址链接：http://hn.ifeng.com/meishi/henanmeishi/detail_2015_03/27/3711555_1.shtml

（编撰人：杜冰；审核人：杜冰）

39. 如何制作樱桃果脯？

樱桃是一种营养丰富的果品，含有丰富的维生素、矿物质元素和有机酸等，果实味甘性温，可促进血红蛋白再生，防治缺铁性贫血，增强体质，健脑益智，具有调中益气、健脾和胃、祛风湿之功效，对食欲不振、消化不良、风湿身痛等症状均有一定食疗作用。

樱桃除加工成果汁、果酒、果醋外，还可以加工成果脯、罐头、果酱和果冻等产品，樱桃果脯的工艺流程为：原料→分选→除核→脱色→糖渍和糖煮→烘烤→成品。操作要点如下。

（1）选果。选择适宜加工品种的果实，要有良好的离核性，风味较浓，色泽鲜艳，果实充分成熟。以九成熟为佳，也可以放在常温12h，让其后熟，达到100%离核。

（2）脱色。在加工过程中，花青素易溶于水，果皮内残存的色素易和精酸起化学反应使制品色泽变化，为了保持品种特有鲜艳均匀色泽。用亚硫酸溶液浸泡12h，使果实脱去红色，使成品脱去红色。

（3）糖煮。一次糖煮虽然缩短了加工时间，但吃糖不够饱满；二次糖煮的成品较为饱满，色泽金黄鲜艳。在糖煮过程中加入少量柠檬酸，可使果脯呈微红色，维生素C保存也较好。为了整形和使果脯中水分较为平衡，烘干的樱桃果脯还须放到容器中使其返潮回软，回软的果脯经整形和剔除不合格品后送入烘房复烘，在65～70℃下烘4～5h即可。

（4）包装。在包装前要进行质量检测，对经过复烘的果脯进行合格量、含水量、细菌污染等检查，并再一次剔除不合格的果脯以及杂质。为了成品的及时包装，要使果脯迅速冷却、包袋。

樱桃果脯

★东方女性网，网址链接：http://www.eastlady.cn/meishi/xiaochi/n107201.html

（编撰人：杜冰；审核人：杜冰）

40. 猕猴桃有什么营养与功能？

猕猴桃又名奇异果、长寿果、美容果，新西兰又称"基维果"，是猕猴桃科（Actinidiaceae），猕猴桃属（*Actinidia*），呼吸高峰跃变型浆果类木质藤本植物，是世界各国尤其是发达国家竞相发展的新兴保健果品。

根据国内外进行的成分研究，猕猴桃的营养价值体现为"二高四多"，营养丰富全面。高钾、高钙，多亚麻酸、多维生素C、多氨基酸、多粗纤维。据中药典籍记载，猕猴桃性寒，味甘酸，具有润中理气、生津润燥、解热止渴、利尿通淋的功能，在医疗保健上具有降低血液中胆固醇及甘油三酯水平的功能，还可治疗消化不良、维生素缺乏症、呼吸道等疾病，对防治坏血病、动脉粥样硬化、冠心病、高血压均有特殊功效。较为突出的几点功效如下。

（1）降血脂。猕猴桃果实中含种子0.8%～1.6%，而猕猴桃籽中富含的亚油酸和α-亚麻酸是人体必需脂肪酸，具有降低血清胆固醇水平的作用，抑制动脉血栓的形成，因此在预防动脉硬化和心肌梗死等心血管疾病方面有良好作用。

（2）预防、辅助治疗癌症。N-亚硝基化合物是一种强化学致癌物。试验证明猕猴桃果汁在大鼠、孕鼠、健康人体和孕妇中可阻断N-亚硝基吗啉、N-二甲基亚硝胺、N-亚硝酰胺和N-亚硝基脯氨酸体内和体外的合成。

（3）抗炎。研究发现，猕猴桃中的蛋白酶能显著抑制角叉菜所致炎性肿胀，对棉球刺激所致的肉芽组织增生及对甲醛所致的亚急性炎症都有抑制作用。

（4）抗病毒和提高免疫。研究认为，猕猴桃多糖是一种有效的免疫调节剂，对轮状病毒具有抑制作用。

（编撰人：杜冰；审核人：杜冰）

41. 怎样加工猕猴桃果脯？

猕猴桃果脯加工工艺流程如下。

（1）去皮。将14%～16%的氢氧化钠溶液加热至沸腾，然后放入一定数量的猕猴桃果实，40～60s，果皮发黑时捞起果实，放在竹筐中，来回摆动，搓去果皮，同时用自来水冲洗（洗去果皮和残留碱液），最后，将冲洗过的果实放在0.8%的盐酸或1.5%～2%的柠檬酸溶液中进行中和，中和过的溶液应略呈酸性。

（2）切缝。将中和过的猕猴桃沿果实纵向切缝，切缝宽度2～3mm，深度约为果实直径的1/3，达果实髓心部。为防止氧化变色，应将切好的果实放入1%～2%食盐溶液中保存。

（3）烫漂。将切好的果实放入沸腾的清水中烫漂2～3min，以杀灭氧化酶，烫漂后应迅速用自来水将果实冷却。

（4）糖渍。将烫漂过的果实沥干，用其重约40%的白砂糖糖渍24h；糖渍时应将白砂糖按上、中、下层以5：3：2的比例分布。

（5）糖煮。将糖渍好的猕猴桃果捞出，沥干糖液，在糖液中加入砂糖（或上锅剩余糖液），使浓度达50%时煮沸，加入糖渍过的猕猴桃果，煮沸10min后第一次加糖（或上锅剩余糖液），数量约果实重的16%，待煮沸15min后第二次加糖（或上锅剩余糖液），数量约果实重的15%，继续煮沸约20min，当糖液浓度达到70%～75%，掰开切缝看到果肉呈半透明状时，糖煮结束。

（6）干燥。将糖煮好的猕猴桃果实捞出，沥干糖液，放在竹筛网（或不锈钢网）上，送入烘房内干燥。干燥时应将前期温度控制在50℃，待果实半干时，再将温度提高到55～58℃，继续干燥20h左右即可。干燥好的果脯要求外部不粘手，捏起来有弹性。

（7）包装。干燥后的果脯应尽快包装，防止吸潮。包装材料可用食品袋或玻璃纸，包装规格应根据市场需求而定。

狝猴桃果脯

★食品商务网，网址链接：http://busi.tjkx.com/product/detail/233908.htm

（编撰人：杜冰；审核人：杜冰）

42. 怎样加工狝猴桃蜜饯？

狝猴桃蜜饯是一款家常类菜品，制作原料主要有狝猴桃、蜜饯等。

狝猴桃蜜饯生产工艺流程：原料→分选→去皮→清洗→切半→挖除果芯和种子→加热糖渍→烘干→包装→成品。

（1）选料。以选用八至九成熟的果实为好。成熟度不够风味不好，而过于成熟又不易去皮。

（2）去皮。将果实用清水洗净，去除泥沙杂物。去皮方法可用手工去皮，也可浸泡在10%～20%的碱液中2～3min，在清水中漂去残留皮渣和碱液。

（3）烫漂。将果坯在沸水中烫漂5～10min，至果肉转黄、软化时，取出沥干水分。

（4）糖渍。取相当于果肉重量70%～80%的白砂糖，分成2份，其中40%供糖渍用，60%供糖煮用。糖渍时将果坯分成3层撒干糖，用糖量分别为：下层撒放20%，中层撒放30%，上层撒放50%。糖渍14～16min后，取出沥干。

狝猴桃蜜饯

★养生之道网，网址链接：https://www.ys137.com/shicai/1617604.html

（5）煮制。将糖渍后沥下的糖液也用于糖煮，将糖液配成60％以上的浓度，加入经糖渍后的果坯，加入0.5g琼脂，煮30min左右，当糖液浓度达到70％～80％时，即可捞出果坯。

（6）包装。将果坯及糖液一起分装于经彻底消毒的玻璃罐中即为成品。

（编撰人：杜冰；审核人：杜冰）

43. 草莓有什么特性?

草莓又叫红莓、地莓等，是一种多年生草本植物。其果肉柔嫩多汁、酸甜可口、香味浓郁，是水果中不可多得的色、香、味俱佳者，因此被人们誉为"水果皇后"，深受消费者喜爱。

草莓营养丰富，含有大量维生素C和矿物质如铁、钙等，同时还具有一些生理功效如促进人体生长发育、预防坏血病、减少动脉粥样硬化和冠心病发生概率、滋补肠胃、改善便秘等。

草莓果实可食部分高达98％，是老少皆宜的水果，它不仅可以鲜食，还可以做成天然保健果脯（蜜饯）、天然保健饮料（果酒、果茶、清凉饮品）及部分速冻食品等。其营养成分除了含糖、酸和蛋白质，还含有丰富的营养元素（钙、磷、铁含量比苹果和葡萄高2～4倍）和大量维生素C。草莓不仅食用价值高，而且还有一定药用价值，如具有清火解热、生津止渴、利尿止泻等药理作用，具有治病、防病、防癌等食疗功能。但草莓成熟期短、上市集中，又不耐储存，因此限制了草莓的远销和生产的大规模发展。

采摘后草莓在生理生化上存在以下特点。

（1）呼吸速率发生变化。草莓由绿转微红时，呼吸速率不断下降，而在过熟衰老时则不断上升，属于末期上升型，这也许是草莓不耐贮藏的主要原因之一。

（2）软化作用。草莓果实成熟通常分为4个阶段，即绿熟期、白熟期、转色期和红熟期。在绿熟期和白熟期之间，草莓果实开始软化，并且随着色泽的变化继续软化。主要参与草莓果实软化过程中化学变化的酶有纤维素酶、果胶酸裂解酶、多聚半乳糖醛酸酶和果胶甲酯酶等。

（3）活性氧代谢。由于果实清除自由基的能力下降，机体内活性氧生成能力增强，活性氧自由基水平升高，结果对果实造成伤害。有资料显示，用自由基处理草莓果实后发现，被诱导的46个基因中，有20个与成熟有关，这从分子水平上说明自由基能刺激成熟、加速衰老。

草莓

★千图网，网址链接: http://www.58pic.com/sucai/15420248.html

（编撰人：杜冰；审核人：杜冰）

44. 草莓如何保鲜?

草莓属蔷薇科多年生草本植物，原产于南美洲，我国是在20世纪初才引进的。草莓品种繁多，果实鲜红美艳，柔软多汁，甘酸宜人，芳香馥郁。草莓营养丰富，富含多种有效成分，每百克鲜果肉中含维生素C约60mg，比苹果、葡萄含量还高。果肉中含有大量的糖类、蛋白质、有机酸、果胶等营养物质。但草莓却是一种极难保鲜的水果，含水量高，组织娇嫩，易受机械损伤和微生物侵染而腐烂变质。其保鲜技术主要包括如下方面。

（1）采前处理。采用氯化钙溶液喷果或浸果，避免土壤和空气中的微生物接触污染。

（2）适时采摘。根据品种、用途和销售市场的远近等条件综合考虑，一般在草莓表面3/4颜色变红时，选择晴天或露水干后的早晨或傍晚，分次分批采收。采收时先剔除病果、劣果，注意摘果时要连同花萼自果柄处摘下，要避免手指与果实的接触。

（3）贮藏前处理。草莓贮藏前，对其进行灭菌防腐处理，脱除乙烯，保持高湿恒温的环境，采用气调包装等延长保鲜期。

（4）贮藏方式。①气调贮藏。调节贮藏环境中氧气与二氧化碳的比例可降低草莓的呼吸作用，抑制微生物繁殖，10%～20%的二氧化碳对采后防腐具有良好作用。②冷藏保鲜。低温冷藏（2～5℃）是草莓保鲜的重要方法，草莓果实在近冰点温度贮藏能显著抑制呼吸作用，降低其呼吸等各种代谢活动，且使周围寄生、腐生微生物的滋生和污染减少到最低限度，从而可延长保鲜的期限。③速冻冷藏。草莓清洗后，用0.05%高锰酸钾水溶液漂洗，再用清水漂洗后沥去水分，摆放平整、紧实。采用-40～-35℃温度进行速冻，最后称重包装，而此过程尽量防止被解冻，置于-18℃的低温冷库中贮藏。④植酸浸果保鲜。将植酸用于草莓保鲜，可以延缓果实中维生素的降解，保持果实中可溶性固形物和含酸量，经过浸果后在室温下可以保鲜6～8天，在低温下可以保鲜15天左右。⑤涂膜保鲜。这是近几年发展较快的保鲜技术，使用较多、效果较好的有壳聚糖膜。壳聚糖涂膜31天后仍能使草莓保持较高的硬度和维生素含量，目前推荐壳聚糖的最适浓度为0.5%。此外还有辐照低温保鲜、二氧化硫处理保鲜等。

（编撰人：杜冰；审核人：杜冰）

45. 怎样加工草莓果脯？

加工草莓果脯主要有如下两种方法。

（1）硬化草莓糖渍制成，其加工流程如下。新鲜草莓→清洗去蒂→烫漂→护色→硬化→漂洗→渗糖→浸糖→烘干→整形→包装→成品。

①烫漂。烫漂在生产上也称预煮，是许多加工制品制作工艺中的一个重要工序。该工序不仅可以护色，而且还可以破坏酶活力，减少氧化变色和营养物质的损失；增加细胞透性，有利于水分蒸发，缩短干燥时间；排除果肉细胞的空气，提高制品的透明度，使其更加美观等。烫漂对草莓果脯的品质影响较大，较优的烫漂时间为2min，温度为90℃。

②护色。只通过烫漂来护色，护色效果很不好，为此需要添加一些护色剂。在生产中，用氯化钠、柠檬酸等代替二氧化硫溶液进行护色。不同护色剂的护色效果差异明显，有研究表明用1%的柠檬酸和0.2%的维生素C混合液护色，果实色泽鲜红，且能增加果实的营养价值，提高果实中维生素C的含量。

③硬化。硬化处理是为了获得良好的成品形状，其工艺关键是硬化剂种类、浓度、硬化时间。可以4% δ-葡萄糖酸内酯作为硬化液，硬化4h。

④糖制。渗糖的目的是要获得一定含糖量的成品，而浸糖是为了更好的渗糖。

（2）草莓打浆烘干制成的果脯，其加工流程如下。新鲜草莓→挑选清洗→打浆→浓缩浆液→入模烘烤→脯盘分离→包装→成品。

①选果打浆。选用含水量较低的新鲜草莓，剔去烂果、杂质，用打浆机或胶体磨制成细质浆液，无明显颗粒状后，放入贮槽备用。

②浓缩浆液。将草莓果浆放入夹层锅中，加入适量淀粉水溶液，迅速搅拌均匀，以防结块沉淀，然后加热浓缩。浓缩过程中，加入适量白砂糖、柠檬酸和防

腐剂，搅拌均匀后，继续加热浓缩，待果浆变成浓稠状，即可出锅。

③入模烘烤。将浓缩的果浆稠液倒入干净的不锈钢盘，至3～4cm厚，再放在平台上晃平，送入烘箱或烘房中用30℃温度烘烤，烘至不粘手、不软不硬时为宜。烘烤时，注意排湿。

④脯盘分离。烘好的果脯应立即出烘房，平放在台上，趁热用不锈钢铲刀将整片果脯与盘子分离，并立即用风扇或冰块冷却。

⑤包装贮存。经冷却的果脯，可根据要求包装。

草莓果脯

★慧聪网，网址链接：https://b2b.hc360.com/viewPics/supplyself_pics/201618811.html

（编撰人：杜冰；审核人：杜冰）

46. 柿果如何脱涩?

涩味是由引起涩味的物质与口腔黏膜上或唾液中的蛋白质生成了沉淀引起的不适感。新鲜采摘的柿果含有的可溶性单宁即为涩味物质，脱涩机理就是通过生物反应、金属盐沉淀反应、生物碱类胺类沉淀等将可溶性单宁变为沉淀而脱除涩味，目前常用的脱涩方法如下。

（1）温水脱涩。将新鲜柿果装入洁净的缸内和坛内，再倒入40℃左右的温水，淹没柿果，密封盖口，使之隔绝空气，这样可以保持40℃环境达10～24h，便能达到脱涩的目的。采用此法脱涩快，但脱涩后的柿果味稍淡，不能久贮，2～3天颜色发褐、变软。

（2）凉水脱涩。将柿果装在箩筐或其他器具中，连器具浸泡在洁净的清水中，每天早晚换一次洁净凉水，这样，经过7～10天便可脱涩，也叫"冷柿"。此法虽脱涩的时间长，但不需加温，不需设备，脱涩柿果较温水脱涩更脆。

（3）石灰水脱涩。每100kg柿果，用3～5kg石灰。先将石灰溶化，然后稀释到能淹没柿果的水量，2～3天便可脱涩。此法脱涩后的柿果肉质脆，对着色不佳或不太成熟的果实效果特别好。

（4）鲜果脱涩。将柿果装入缸内，每100kg柿果放入3～10kg木瓜、香蕉、苹果或山楂等鲜果，分层混放，放满后封盖缸口，经3～5天，便可软化、脱涩，且色泽艳丽，风味加浓。

（5）酒精脱涩。将柿果装在容器中，每装一层柿果，喷洒少量酒精，装满后加盖密封，7～10天便可脱涩。注意酒精不能过多，否则，果面容易褐变或稍有不适的味道。

（6）草木灰脱涩。将柿果放在缸内，上面撒上干燥的草木灰，用量一般以柿果的1/20为低限。然后倒入40℃的洁净水，经1～2天，可达到脱涩的目的。

柿果

★健康网，网址链接：https://www.jianke.com/news/bj/

（编撰人：杜冰；审核人：杜冰）

47. 如何进行柿饼加工？

柿果是一种优良的保健水果，果实含蔗糖、葡萄糖、果糖。柿子具有清热、润肺，止咳之功效，可治疗热渴、咳嗽、吐血、口疮。柿子加工成的柿饼，属休闲果脯。加工制作柿饼的主要步骤有选果、去皮、烘果、捏果、上霜等。

（1）选果。选取充分熟透，果型规则，大小均匀，肉质紧密，含糖量高的果实。

（2）去皮。用刀削去果皮，并剪去柿蒂翼。

（3）烘果或晾晒。如果有烘箱，可以将柿果置于烘箱中，先设置温度为35～45℃，使柿果脱涩，再升温至50～55℃使柿果表面发白，柿肉发软，就可以进行捏果了。如果没有烘箱，则采用晾晒的方法，晾晒3～4天（期间要注意保持干燥，不要使柿果发霉），使柿肉变软就可以进行捏果操作了，每捏一次，置于太阳下晾晒到表面干燥，起皱为好。

（4）捏果。在烘烤或晾晒过程中要进行捏果处理，用手将柿果捏成周边厚（约1cm），中间薄的饼状，使柿果成型。品质好的柿饼需要反复多次捏、整形。

（5）上霜。烘烤、捏果后的柿果放在阴凉、通风处放置几天，柿果中的糖分随水向外渗出到果面，便会结成一层白霜，这个过程叫做上霜。在阴凉通风处放置的时间越久，结的白霜就越多，出霜后的柿饼即为成品。

柿饼

★百度图片，网址链接：http://img.11665.com/img1_p3/i4/266196783/TB2vF.xdSiJ.eBjSspoXXcpMFXa_%21%21266196783.jpg

（编撰人：杜冰；审核人：杜冰）

48. 无花果有什么营养与功能？

无花果是一种开花植物，隶属桑科榕属。无花果可食率高达92%以上，果实皮薄无核，肉质松软，风味甘甜，现已知含有18种氨基酸，其中人体所需的就有10种，素有"水果皇后"和"生命之果"之美誉。在《圣经》和《古兰经》中被称为"生命果""太阳果"。无花果不仅营养丰富，而且具有保健功效，能降血压、抗衰老、提高机体免疫力，具有防癌和降低化疗引起的毒副作用的功效。无花果还具有较高的医药价值，其根、茎、叶均可入药，是一味治病的中药，具有健胃清肠，消肿解毒，抗肿瘤，降压，轻泻，助消化之功能。现代研究已证实无花果具有以下功效。

（1）抗氧化和清除自由基影响。试验表明，无花果多糖可使荷S180小鼠血清中脂质氧化（MDA）含量降低，血清中超氧化物歧化酶（SOD）和谷胱甘肽过氧化酶（GSH-PX）活性升高，说明无花果多糖具有较好的清除自由基和增强抗氧化酶活性的作用。此外，糖尿病大鼠的抗氧化能力下降，而给予无花果叶水提取物（具有抗氧化作用），能使链脲佐菌素（65mg/kg）造成糖尿病模型的抗氧化指标（血红蛋白、不饱和脂肪酸、维生素E）趋于标准化。

（2）抗肿瘤。无花果多糖能够在体外免疫研究中对肿瘤细胞具有明显的抑制作用，同时水蒸气蒸馏法从无花果果实中分离得到的苯甲醛具有抑制老鼠Ehrlich肉瘤增长的作用。

（3）抗菌、抗病毒。无花果水提取物在Hep-2、BHK21和原代兔肾（PRK）3种细胞上均有明显的抗单纯疱疹病毒（HSV-1）作用；无花果乙醇提取物对金黄色葡萄球菌大肠杆菌、产气肠杆菌、酿酒酵母、沙门氏菌、溶血性链球菌、志贺氏菌等均具有一定抑制作用。

无花果

★百草录网，网址链接：http://www.baicaolu.com/article/4087.html

（编撰人：杜冰；审核人：杜冰）

49. 如何制作无花果蜜饯？

无花果蜜饯，其原料含有无花果果实、无花果叶片、甘草、白糖、柠檬酸、精盐、甜蜜素、肉桂、公丁香、茴香、山梨酸或苯甲酸钠组分。

无花果蜜饯的原料配比可以是，含无花果果实干重，49%（以下均以重量百分比计）；无花果叶片干重，2%~4%；甘草，2.44%~3.70%；白糖，20%~34%；柠檬酸，3.9%~7.8%；精盐，4.9%~9.8%；甜蜜素，3.65%~5.44%；肉桂，0.02%~0.07%；公丁香，0.02%~0.07%；茴香，0.02%~0.07%；山梨酸或苯甲酸钠，0.05%~0.07%。

生产上述无花果蜜饯的工艺，包括如下步骤。

（1）计量无花果果实，用清水洗净并沥干水分，然后进行热浸提并榨汁，将榨汁后的果渣切块清洗，用离心压榨机脱水后，在70~75℃烘6~8h，制成果坯。

（2）计量无花果叶片、白糖、柠檬酸（总用量的1/2）、甜蜜素（总用量的2/3）、精盐（总用量的1/3）、山梨酸、肉桂、公丁香、茴香及甘草，加水浸提，并将提取液浓缩后制成混合液A。

（3）将混合液A加热后倒入果坯内，搅拌均匀，浸渍至果坯吸干混合液A，取出果坯在65℃下烘4~6h。

（4）计量柠檬酸、甜蜜素、精盐，加水溶解，浓缩成混合液B。

（5）混合液B加热后倒入果坯内，搅拌均匀，待汁液完全被吸干后，取出在65℃下烘3~5h，冷却。

（6）包装。

无花果蜜饯

★百度图片，网址链接：https://timgsa.baidu.com/timg?image&quality=80&size=b9999_10000&sec=1525455025562&di=553282ff1c9c5566ac4aa92d937011d9&imgtype=0&src=http%3A%2F%2Fimg006.hc360.cn%2Fm2%2FM04%2F36%2F9D%2FwKhQcVQ6Xi6ERXfRAAAAAF20gkk875.jpg

（编撰人：杜冰；审核人：杜冰）

50. 如何制作无花果果脯？

无花果不仅营养价值高，还有药用疗效。既可作为时令鲜食水果，又能加工系列保健食品，以下介绍无花果果脯的制作流程。

（1）原料挑选。选取新鲜完整的无花果，要求无损伤、无病虫害、无腐烂。

（2）清洗、切端。用清水清洗2遍，切记动作要轻柔，避免因果皮柔软易破而导致汁液流失；用水果刀小心削去果蒂不可食的部分，并且晾干表面水分。

（3）护色、硬化。用0.2%氯化钙溶液和0.3%亚硫酸氢钠作为硬化剂、护色剂，将无花果与护色剂按照1∶1的料液比浸果2.5h，用清水洗净沥干备用。

（4）糖煮、浸糖。先将0.5%柠檬酸加入30%的糖液中，在夹层锅中煮沸15min，然后将无花果与糖液按2∶3的料液比放在夹层锅中煮制。大火煮沸后，用木勺缓慢搅动以使糖煮均匀，然后间断加入白砂糖至糖液浓度40%，然后加入40%的冷糖液，煮沸时间约为40min，最终的糖液浓度约为40%，再将煮好的无花果和糖液一起放入缸内浸泡12h。

（5）沥糖、烘干。捞出无花果，然后沥干表面糖液，均匀摆在不锈钢托盘上，烘烤温度依次为50℃、60℃、50℃，进行分段烘烤，至无花果不粘手为止。

（6）回软。烘烤后的无花果放置在室温阴凉处，冷却回软约1h即可。

新鲜无花果　　　　　　　　　无花果果脯

★16素材网，网址链接：http://www.16sucai.com/2016/03/79964.html

★淮扬美食网，网址链接：http://www.hao177.com.cn/i/hC1DgvyheB1ghfs/food/18162031139.html

（编撰人：吕秋洁；审核人：黄苇）

51. 枇杷如何保鲜贮藏？

枇杷是亚热带特色水果，鲜果营养丰富、色泽橙黄、富含粗纤维、蛋白质、钙、磷、胡萝卜素等。具有止渴、退火、润肺、止咳、健胃、清热等保健价值。但由于枇杷成熟于初夏高温多雨季节，且易发生机械伤害和病菌侵染。因此贮藏期短，保鲜难度大。常用的保鲜贮藏方法有如下几种。

（1）低温冷藏。温度是影响枇杷果实采后品质的一项重要因素。在适当的低温范围内可减缓枇杷存放期间品质的劣变。低温再结合保鲜袋包装等手段可以较大幅度延长贮存期。温度1~3℃，相对湿度90%~95%，在此条件下可贮藏1个月。

（2）简易贮藏。较为简单的贮存手段主要有沟藏、坛缸贮藏、挂篮法等。沟藏一般是选择背阳通风的山坡挖沟，沟底铺干燥细沙，并杀虫灭菌。将枇杷果实装在木箱或竹筐内贮藏，类似的也可以将果实铺摊在楼板上贮藏；挂篮法是将枇杷果实装在小竹篮内，挂在房间内贮藏；坛缸法是将果实装于酒缸或小缸内，坛缸的底部铺稻草，上面盖竹帘。此法以坛缸保湿，以稻草通气并吸收果实发汗出来的水滴，可延长贮藏期。

（3）气调贮藏。气调保鲜主要是采用适宜的氧气和二氧化碳浓度来抑制果蔬的后熟衰老，延长保鲜期。也有采用气调包装，可以有效抑制枇杷果实的呼吸作用、乙烯释放以及衰老等方面的生理生化代谢活动。有研究表明，在库温约5℃，相对湿度90%~95%，O_2含量10%~12%，CO_2含量4%~6%的贮藏条件下，枇杷可贮藏50天以上。

（4）化学药剂处理保鲜法。果实采收后采用二氧化硫熏蒸，或者采用钙、1-MCP处理，可以有效抑制病原微生物生长繁殖所导致的腐烂，还能降低果实的呼吸强度和褐变程度，从而延缓衰老和延长货架期。

枇杷

★食品工业网，网址链接：http://info.food.hc360.com/2017/06/1509451063737.shtml

（编撰人：杜冰；审核人：杜冰）

52. 如何进行葡萄保鲜贮藏？

一般认为葡萄果实贮藏的适宜条件为，温度0~3℃，湿度85%~90%，低温可降低果实的呼吸强度、抑制微生物的活动，高湿环境能防止果实脱水萎蔫，以长期保持葡萄果实的新鲜状态。常用的保鲜贮藏方法主要有如下几种。

（1）简易贮藏保鲜。葡萄采摘后一些常用的简单贮藏方法主要有缸藏法、沟藏法、棚窖贮藏和平房贮藏。①缸藏法。把缸洗净倒置，清洁缸内水滴，用干净的布蘸70%的酒精擦拭内壁，把经过处理的葡萄一层一层放入缸内，放好后，放上竹帘状支架，装满后用聚乙烯塑料薄膜密封扎口，置于阴凉处。在背阴处挖坑，将缸置于坑内，随气温降低逐渐增加覆盖物。②沟藏法。挖南北走向的沟，深80cm，长度等视贮藏量和场地而定，在沟底铺10cm厚的干沙，拌入适量杀虫剂杀虫防鼠，将处理过的葡萄逐穗排放在沟底细沙上，一层沙一层葡萄，堆放3~4层即可，最后覆盖20~30cm厚的湿沙。初期用草席覆盖，白天覆盖，夜间打开。③平房贮藏。选择通风良好的房间后进行消毒处理。将处理好的葡萄果穗果柄向上放入筐中，且每个果穗错开放置，以每筐20~25kg为宜，在室内架板离地面60~70cm，第一层果筐放好后，筐上搁木板，再放第二层，依次进行。中间留人行道以利于通风。室内尽可能地保持湿度80%~90%、温度0~1℃。

（2）防腐保鲜剂保鲜。常用的化学保鲜手段有二氧化硫熏蒸防腐剂、过氧化钙保鲜剂、CT复合型保鲜剂。采用二氧化硫对窖内进行熏蒸，对贮藏期引起腐烂的灰霉病菌有较好的防治效果。过氧化钙遇湿后分解出氧气，与乙烯反应，这样可以消除葡萄贮藏过程中释放的乙烯，从而延长贮藏期。

（3）冷库贮藏保鲜。在葡萄入贮前用消毒剂对库房进行彻底消毒杀菌，库温应在入贮前2天降至-2℃，将经过处理的葡萄装入用聚乙烯薄膜制成的可装4～5kg的袋中，扎口密封。维持贮藏温度-0.5℃±0.5℃，相对湿度为90%～95%的环境。

葡萄

★中国农业网，网址链接：http://www.zgny.com.cn/eproduct/2012-06-29/31000876.shtml

（编撰人：杜冰；审核人：杜冰）

53. 如何进行桃果实的保鲜贮藏？

桃果因柔软多汁，贮运过程中容易受机械损伤，低温贮藏时容易产生褐心，高温下容易腐烂，因此难以长期贮存。目前常用的保鲜贮藏方法有如下几种。

（1）低温贮藏。低温可抑制桃果的呼吸作用以及内源乙烯的产生，有利于桃的贮藏。有试验研究表明，桃的适宜贮藏温度应控制在4.5℃以下；但温度过低会发生冷害，造成果实贮后不能软化和品质变劣。在低温贮藏以前，预先用较低温度短时间处理，称其为冷锻炼，其可减轻或避免冷害的发生。

（2）气调贮藏。气调贮藏是通过提供适宜的高CO_2或低O_2能抑制乙烯的产生，抑制贮藏果品的呼吸作用，减少果实内物质消耗从而延长桃果实的保鲜期。具体方法分为自发气调（MA）和人工气调（CA）两类。目前商业上推荐的桃贮藏环境中的气体成分为：在贮藏温度0～3℃条件下，以O_2 2%～4%、CO_2 3%～5%为宜。

（3）热处理。具有推迟果实软化、抑制果实成熟、控制果实某些生理病害、防止果实腐烂及无化学污染物等优点。热处理的方法多种多样，目前常用的方法主要有：热水浸泡、热水冲刷、热蒸汽处理、微波加热处理等。但热处理时应该慎重，处理不当会引起严重的经济损失。

（4）间歇升温贮藏。间歇升温即为用高于冷害临界温度的温度中断低温，以减轻冷害的一种方法。当温度低于冷害临界温度时，果实就会发生冷害，中断低温会推迟冷害的发生，减轻冷害程度。

（5）化学试剂处理。涂膜处理，也称打蜡。将低浓度复合型二氧化氯果蔬保鲜剂应用于桃果保鲜，能够控制桃果褐变与腐败，并能够减缓失重速率，保持果实硬度。类似的，可以用低浓度的钙、水杨酸或者乙醇处理，减少果实褐变与腐烂病发生，延长贮藏期。

桃

★贵州农经网，网址链接：http://www.gznw.gov.cn/content/2016-07-19/businessinfo/561730.html

（编撰人：杜冰；审核人：杜冰）

54. 如何进行佛手果保鲜贮藏？

佛手果嫩瓜清脆多汁，含丰富的维生素、矿物质等多种营养成分。但是刚采收的佛手果，皮较细嫩，在收获、装卸、运输、贮藏过程中，瓜皮容易碰伤和冻伤，感染病害。贮藏温度不适，也会发生烂瓜，造成严重损失。

要保证佛手果较长的贮藏期，首先要做好采前准备工作，采果前进行1次病虫防治，同时逐步减少浇水，保证采果时土壤干燥。采收时要轻剪轻放，防止碰、刺、挤伤果实。采收时，大多数瓜内的种子尚未成熟，但贮存20～30天，子叶逐渐长大，进行呼吸作用，贮藏时通风不良就会发生缺氧现象，引起腐烂。因此，采收后要进行预冷发汗，即将鲜果薄摊于通风处，促进呼吸强度下降，散失部分水分。此后经分拣进行装箱贮藏，随后进入库贮藏。保鲜贮藏的方式主要有如下几种。

（1）简易贮藏。采取普通库房和土窖，依靠自然通风来调节贮藏温度和湿度。方法简便易行、成本低廉，但受自然条件影响较大，所以贮藏期短、品质不能保证，适宜短期贮藏。

（2）低温贮藏。利用机械制冷来控制贮藏所需的低温，研究认为佛手瓜适宜的贮藏温度范围0～7℃，该温度下可以抑制呼吸作用，保持相对湿度80%～90%。

（3）铺松针贮藏法。在贮藏容器的底部铺一层数厘米厚的松针，然后再将佛手果摆放一层，依次再放松针和果实。最上层松针上面再覆盖稻草或塑料薄膜，置于阴凉通风室内或场所。

（4）保鲜剂防腐处理。可用加多菌灵或托布津配制保鲜剂浸果，经摊凉后，再装箱或筐入库。

不论用何种方式贮存，在入贮前应翻倒瓜堆两次，剔除烂瓜。此外，通风换气和保温保湿也要小心，才能达到安全贮藏的目的。贮藏过程要严防鼠害。

佛手果

★东方头条，网址链接：http://mini.eastday.com/a/170717183303723.html

（编撰人：杜冰；审核人：杜冰）

55. 梨有什么营养与功能？

梨果鲜美，肉脆多汁，酸甜可口，风味芳香优美。富含糖、蛋白质、脂肪、碳水化合物及多种维生素，对人体健康有重要作用。梨具有以下功效。

（1）祛痰止咳。梨中含有配糖体、单宁酸等成分，具有祛痰止咳的作用，尤其对肺结核咳嗽有效。此外，它还有润喉清爽功能。

（2）清热降压。据研究，梨可软化血管壁，降低血压。中医认为，梨乃凉性果，尤其对于肝阳上亢或肝火上炎型高血压患者能清热镇静，改善头晕目眩，有助于降低血压。

（3）养肝护肝。梨中含有大量的糖类（以果糖为主）和多种维生素等成分，易被人体吸收，促进食欲，并且能利尿退黄，有利于保护肝脏，促进黄疸消退和肝功能恢复。

（4）降压强心。梨中维生素尤其维生素B_1、维生素B_2、泛酸，以及叶酸等成分含量丰富，能保护心脏，减轻疲劳，增强心肌活力，降低血压。

（5）防治癌症。据研究，梨能防止动脉粥样硬化，抑制致癌物质亚硝胺的形成，防治癌症。

（6）助泄通便。梨中含果胶丰富，有助于胃肠的消化，促进大便的排泄。

梨

★全球摄影网，网址链接：http://www.g-photography.net/old/healthy/news_8178.html

（编撰人：杜冰；审核人：杜冰）

56. 石榴有什么营养与功能?

石榴亦称安石榴，为石榴科植物落叶灌木或小乔木石榴的成熟果实，全球有1 000多个栽培品种，原产于中东，经地中海向东延伸至中国和印度，也向美国西南方向分布（加利福尼亚州、墨西哥等）。

石榴具有极高的营养价值及药用价值，是集药、食、补三大功能为一体的保健食品，被誉为"天下奇果，九州名果"。石榴汁中含有丰富的维生素B_1、维生素B_2、维生素C以及烟酸、钾和植物雌激素，其中维生素C的含量比苹果高1~2倍，对人体非常有益，特别是植物雌激素对女性更年期综合征、骨质疏松症等疾病的功效备受关注。

此外，石榴中含有的功效成分非常多，包括有黄酮、鞣质、生物碱、有机酸和特殊结构的多元酚等。目前已经有研究证实，石榴皮能抗病毒、抗癌，而石榴叶对于促进胆汁分泌有重要作用，石榴籽具有降血糖和抗癌作用，石榴汁具有抗动脉粥样硬化和降血糖的功效。

综上所述，石榴具有较高的营养价值，但我国石榴的营养保健功能及其食品加工事业仍处于起步阶段，仍然具有较大的发展空间。

石榴

★饭菜网，网址链接：http://www.fancai.com/shiliao/403005/

（编撰人：杜冰；审核人：杜冰）

57. 桑葚有什么营养与功能?

桑葚，又名桑果，是桑科桑属植物成熟果穗的统称。

桑葚中含有丰富的营养成分，富含蛋白质、多种人体必需的氨基酸和易被人体吸收的果糖和葡萄糖，含有维生素B_1、维生素B_2、维生素B_3、维生素B_5、维生素B_6、维生素C、维生素E等多种维生素，Fe、Ca、Zn等矿物元素。桑葚果实中桑籽油不饱和脂肪酸含量约为81.2%，其中必需脂肪酸亚油酸含量为69.63%。

此外，桑葚中还含有丰富的桑葚多糖、桑葚色素、胡萝卜素、鞣质、花青素、杨梅酮、芦丁、芸香苷、白藜芦醇、挥发油、磷脂等多种功能性成分。传统中医认为，桑葚性寒、味甘，具有生津止渴、滋阴补血、补肝益肾、固精安胎、黑发明目、安魂镇神、延缓衰老、养颜益智、防治便秘、治疗失眠及解酒之功效。现代医学研究证实，桑葚中丰富的营养成分能够提高肌体免疫、防癌抗诱变、保肾护肝、延缓细胞衰老、促进造血细胞生长、预防动脉粥样硬化和降低血糖、血脂等功能。

桑葚

★紫一商城，网址链接：https://www.ziyimall.com/zhishi/20105.html

（编撰人：黎攀；审核人：杜冰）

58. 怎样加工保鲜百香果？

（1）百香果加工。百香果除了直接食用外，还可以加工制成果茶、复合果汁和发酵果汁等。

①果茶。例如加工绿茶饮料，添加超过0.2%的百香果浓缩汁，果茶口感柔和，清爽可口。

②复合果汁。百香果可以单独加工成果汁，还可以与其他水果蔬菜如雪莲果、菠萝等混配成复合果汁，以提高果汁的口感与香味。

③发酵果汁。以百香果、白砂糖、高度酒液为主要原料通过发酵法得到百香果果酒，并在果酒基础上配以一定辅料，制成了口感特别的百香果鸡尾酒。与此同时，百香果可以通过适宜的醋酸发酵，得到的果醋含有百香果独特香味，酸味柔和，营养丰富，还具有保护心血管、调节体内酸碱平衡及提高机体免疫力等作用。

（2）百香果保鲜。关于百香果果实保鲜的研究报道不多，目前较常见的保鲜方法包括塑料薄膜覆盖法以及海藻酸钠涂膜法。

①塑料薄膜覆盖法。采用塑料薄膜对百香果进行自发气调保鲜是一种简单使用的技术。PE（聚乙烯）和PP（聚丙烯）保鲜膜为较常用的食品保鲜袋，已广泛应用于各种生鲜果蔬的贮藏保鲜。BOPP（双向拉伸聚丙烯薄膜）是一种重要的软包装材料，具有无色、无味、无毒、抗菌、稳定性好、透明和防雾等功效，国内外主要运用在食品包装上。近年来，BOPP保鲜膜已经被研究用于水果和蔬菜的保鲜上。现阶段在果蔬上应用较广泛的包装材料，主要是以PP和PE为材质的包装材料。研究表明，常温贮藏条件下，BOPP保鲜膜包装处理能使百香果果实保持较理想的贮藏效果，这为今后百香果果实保鲜包装材料的使用提供了另一种选择。

②海藻酸钠涂膜法。海藻酸钠又称褐藻酸钠，是从褐藻、海带、菌类、藻类植物中提取获得的一种天然多糖物质，是一种安全环保、成本低廉的天然食品保鲜剂，具有良好的保湿性、成膜性、抗菌性、无毒无味、可生物降解等诸多优点，目前在杧果、枣、贡梨、苹果等水果保鲜中已经开始使用。研究表明，在百香果常温（25℃）贮藏中，采用2%海藻酸钠涂膜处理具有较好的保鲜效果。其可以降低因失水造成的果皮皱缩和果实失重率，而使得果实具有较好的外观品质；同时，能够维持较高的果实维生素C、总酸和总糖含量，使得果实在贮藏过程中具有较好的风味品质。

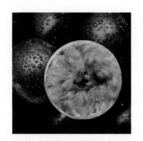

新鲜百香果

★爱秀美网，网址链接：http://www.ixiumei.com/a/20180703/297030.shtml

（编撰人：黎攀；审核人：杜冰）

59. 什么是蔬菜感官鉴别要点？

蔬菜有种植和野生两大类，其品种繁多而形态各异，很难确切地感官鉴别其质量，大致可以从以下几点鉴别蔬菜。

（1）色泽。各种蔬菜都应具有本品种固有的颜色，大多数有发亮的光泽，显示出蔬菜的成熟度及鲜嫩程度。

（2）气味。多数蔬菜具有清香、甘辛香、甜酸香等气味，可以凭嗅觉鉴别不同品种的质量，不允许有腐烂变质的亚硝酸盐味和其他异常气味。

（3）滋味。多数蔬菜滋味甘淡、甜酸、清爽鲜美，少数具有辛酸、苦涩等特殊风味以刺激食欲。如失去本品种原有的滋味即为异常，但改良品种应该除外，例如大蒜的新品种就没有"蒜臭"气味或该气味极淡。

（4）形态。蔬菜具有其本身的植物学形态，也存在因为客观因素而造成的各种蔬菜的非正常、不新鲜状态，例如萎蔫、枯塌、损伤、病变、虫害侵蚀等引起的形态异常，并以此作为鉴别蔬菜品质优劣的依据之一。

蔬菜

★搜狐，网址链接：http://www.sohu.com/a/114848218_456091

（编撰人：杜冰；审核人：杜冰）

60. 贮藏不当会对新鲜蔬菜造成什么影响?

蔬菜贮藏保鲜常使用低温保鲜技术。低温可以明显抑制蔬菜采收后的呼吸作用,减缓养分消耗和微生物生长,对保持蔬菜的风味、品质,控制成熟、衰老和延长贮藏期十分有效。但是,不适当的低温,则会使采后的蔬菜产品受到不同程度的伤害、出现生理失调,严重时会造成细胞和组织死亡,品质败坏,失去商品价值。热带及亚热带产品在10℃以下,其代谢系统即受到破坏称为低温伤害,并且比在较高温度时腐败的更快。低温伤害常见的症状为外表受到损伤,出现斑点,表皮凹陷,失色或组织出现水渍状,果肉、维管束或种子内部褐变,组织裂开,果实不能成熟,或衰老进程加快,抵抗力减弱,易遭病菌侵害,容易腐烂,成分发生变化(特别是香味和风味发生变化)、种子丧失发芽能力等。

此外,如果贮藏环境中氧气及水分含量过高,则蔬菜内部的化学反应激烈,蔬菜呼吸旺盛,加快蔬菜的衰老,大大减短了货架期,降低产品的商业价值,甚至造成经济损失。

贮藏库内蔬菜产品的堆放管理也非常重要。合理的堆放方式能有效减少蔬菜的机械损伤,反之,则易造成产品大面积的机械损伤,产品更易腐败变质,货架期大大缩短。

(编撰人:杜冰;审核人:杜冰)

61. 蔬菜忌与哪些食物同食?

生活中,有些食物的搭配组合已经由来已久,其美妙的口味也被人们所接受,习惯上也觉得这样的搭配是顺理成章了。但从健康的角度来讲,有些搭配是不科学的。下面为大家介绍一些蔬菜切忌搭配的食物。

(1)白萝卜。严禁与橘子同食,如果同食可能会导致患甲状腺肿;白萝卜也不能与苹果、梨、葡萄等水果同食;白萝卜忌和何首乌、地黄混食;服人参时禁食萝卜。

(2)胡萝卜。严禁与酒同食,因为胡萝卜与酒精一同进入体内后,会在肝脏产生毒素,引起肝病;胡萝卜最好单独食用或与肉类食用,也不宜与西红柿、辣椒、石榴、木瓜等一起食用,因为胡萝卜中含有分解酶,可使其他水果蔬菜中的维生素失去。

(3)红薯。不宜与柿子同食,同食会形成难溶性的硬块,引起胃胀、腹痛、呕吐等,严重时可能会导致,危及生命。

（4）竹笋。竹笋不宜与豆腐同食，同食易生结石；也不宜与糖同食。

（5）南瓜。不可与羊肉同食，否则易发生黄疸和脚气。

（6）芹菜。不可与醋同食，否则会损伤牙齿。

（7）豆浆。不要与菠菜、牛奶同食，忌用豆浆冲鸡蛋。

（8）葱。忌与杨梅、蜜糖同食，否则会发生胸闷，忌与枣、地黄同食。

（9）蒜。一般不宜与补药同食，忌与蜂蜜、何首乌、地黄同食。

（10）黄瓜。忌与花生米同食，同食伤脾。

（编撰人：杜冰；审核人：杜冰）

62. 吃了哪些蔬菜后不能晒太阳？

光敏性食物指那些容易引起日光性皮炎的食物。通常来说，光敏性食物经消化吸收后，其中所含的光敏性物质会随之进入皮肤，如果在这时照射强光，就会和日光发生反应，进而出现裸露部位皮肤的红肿、起疹，并伴有明显瘙痒、烧灼或刺痛感等症状。

光敏性蔬菜主要有：灰菜、芹菜、莴苣、油菜、菠菜、小白菜、紫云英、芥菜、马兰头、马齿苋、红花草、羊蹄根、无花果等。

12—15时是植物性日光性皮炎的高发时间，此时如果过量食用这些蔬菜之后再晒太阳，面部、颈部、四肢外侧等暴露在外的皮肤会出现红斑、丘疹、水肿等症状，严重者还会出现瘀点、水疱、皮肤溃疡和糜烂。植物性日光性皮炎多数人反应比较轻，只是身体某个部位有热、胀、刺痛、瘙痒感，或皮肤感觉紧绷。也有少部分对光敏性植物极其敏感的人，症状反应比较强烈，全身不舒服，严重者甚至会出现恶心、呕吐、腹泻、头痛等不适。反应较轻者，只要避开日光，3~5天即可复原。如果症状严重，应到医院请医生处理。

根据人体对日光敏感程度的不同，过敏体质的人吃了上述光敏性蔬菜再暴晒于日光下，10~30min后就会出现该病症状，同等条件下，非过敏体质者可能要在2~3h后才会发作。

（编撰人：杜冰；审核人：杜冰）

63. 可食用野菜种类及采食野菜应注意哪些事项？

（1）对野菜要分辨清楚品种，不可误采有毒植物。目前发现可食用的野菜主要有：马齿苋、荠菜、地肤、天门冬、冬寒菜、仙人掌、罗勒、豆瓣菜、马兰、玉竹、薄荷、桔梗、野菊、益母草、野蔷薇、绞股蓝、夏枯草、款冬、蒲公英、野苋菜、清明菜、猪毛菜、水葫芦、水芹、车前草、小根蒜、蕨菜、鸭舌草、槐花、葛、榆钱、灰菜、麦冬、番薯叶、龙牙草、冬虫夏草、紫苜蓿、金花菜、芡实、莼菜、鸡眼草、藿香、何首乌、小黄花菜、紫苏、苦菜、沙参、东风菜、珍珠菜、笔管草、锦鸡儿、野韭菜、山莴苣、鸭拓草、地黄、茅根、歪头菜、落葵、变豆菜、发菜、野茼蒿等。

（2）注意采食地点。工业区附近和公路边的野菜污染严重，不宜采食。

（3）大多数叶菜类野菜有一点涩味，食用前放入沸水中焯2min左右，立即捞出沥水，去除涩味。

（4）有微毒的野菜，如蕨菜、山蒜、野百合，煮食前应在清水中浸泡2h左右以去除有毒成分。

（5）野菜应现采现食，不宜久放，暂不食用的也要放在冰箱冷藏室贮存并尽快食用。

（6）不同种类的野菜应采用不同的食用方法。

野苋菜（戚镇科 摄）　　　　　紫苏（戚镇科 摄）

蕨菜　　　　　　　　　野百合

★搜狐网，网址链接：http://www.sohu.com/a/152248820_182971
★qq头像网，网址链接：http://www.qqw21.com/gexingtouxiang/52878.html

（编撰人：田兴国，徐小艳，谌国莲；审核人：谌国莲）

64. 如何鉴别用化学催生的豆芽?

化学催生的豆芽包括使用化肥或者激素催生的豆芽,这些豆芽又称为"化肥豆芽"。这些豆芽看上去白且长,而且生长周期短,获利更大,但是这种豆芽在食用上,没有普通豆芽的清香口感,而且如果长期大量食用会对人体健康造成威胁。因为大量使用化肥将导致豆芽所含有的硝酸盐大幅度增加,硝酸盐进入人体后会分解变为致癌的亚硝酸盐,而使用激素的危害更大,无根剂是一种能够使豆芽快速分裂的激素类农药,严重影响人体健康。

因此,在购买豆芽的时候如何鉴别用化学催生的豆芽显得尤其重要,消费者可以通过以下方式进行分辨。

(1)不要选购带有氨味、无须根或须根极短的豆芽。

(2)不要选购折断豆芽茎的断面后有水泡冒出的豆芽。

(3)不要选购过于粗壮和长的豆芽。

(4)不要选购豆粒或子叶异常的豆芽。

豆芽

★众惠生活,网址链接: http://cms.zoohui.com/article-598.html

(编撰人: 杜冰; 审核人: 杜冰)

65. 怎样清洗卷心菜、西蓝花等蔬菜?

卷心菜、西蓝花等属于十字花科蔬菜,发生的害虫主要有菜青虫、小菜蛾、桃蚜、甜菜夜蛾、斜纹夜蛾、猿叶虫和豌豆潜叶蝇等,种类多,发生期长,为害重,目前主要还是利用农药来杀灭害虫,因此在清洗这些蔬菜时要注意农药残留问题。

对于卷心菜、西蓝花等蔬菜的清洗,可先将蔬菜切开,卷心菜要一瓣一瓣叶子剥开,清洗干净表面的泥沙后,放在清水中浸泡,也可以加少量洗洁精或果蔬清洁剂浸泡，再用清水冲洗3~6遍，每次浸泡不少于10min，以消除蔬菜上其他污物和去除残附的农药。此外，用碱水或淘米水洗菜效果也很不错，这是因为淘米水呈弱碱性，而许多有机磷农药在碱性条件下可迅速分解，失去毒性，能有效去除农药污染。将蔬菜切开后可以在碱水或淘米水中浸泡十几分钟，再用清水冲洗。

西蓝花

★植物网，网址链接：http://www.zhiwuwang.com/news/118064.html

（编撰人：杜冰；审核人：杜冰）

66. 怎样防止蘑菇中毒?

蘑菇一般泛指大型真菌，指菌物中能够形成肉质或胶质的子实体或菌核，足以让肉眼辨识和徒手采摘的种类。其中被人体摄入或其他方式接触后能引起机体功能性或（和）器质性损害的称为毒蘑菇。预防蘑菇中毒主要从以下几方面着手。

（1）蘑菇识别。有些说法，如鲜艳好看或蘑菇盖上长疣子的有毒，不生蛆、不长虫的有毒，有腥、辣、苦、酸、臭味的有毒，碰坏后易变色或流乳状汁液的有毒，以及煮时使银器或大蒜变黑的有毒等，是有局限性或有误的。用一些不可靠的方法来鉴别种类繁多、形态多样和含毒成分复杂的各种毒蘑菇是极为危险的，只有掌握正确的鉴别方法才能有效防止误食毒蘑菇中毒。政府相关职能部门应组织有关专业技术人员加强对野生蘑菇采食知识的宣传教育，使采食者掌握毒蘑菇的形态特征。

（2）慎重采食。预防误食毒蘑菇最好的方法就是慎重采食野生蘑菇，小孩和没有采集经验的人不要采食野生蘑菇；有采集经验的人对不认识的或是否有毒把握不大的野蘑菇不要贸然采食，若要采食，必须送经专业技术人员准确鉴定后方可食用；对过于幼小、过于老熟、过于鲜艳或已霉烂的野蘑菇，不宜采食；对于市场上卖的野蘑菇，也不能放松警惕。野蘑菇洗净后烹调加工，宜先在沸水中煮3～5min，弃汤后再炒熟煮透。有些毒蘑菇中的毒素与乙醇反应会加重中毒，故进食蘑菇时最好不要饮酒。

（3）中毒后的救治。误食毒蘑菇后，首先应尽快设法排除毒物，如催吐、洗胃、导泻等。对中毒后不呕吐的人，还要饮大量稀盐水或用手指按咽喉引起呕吐，以免机体继续吸收毒素。并尽快送往附近医院进行救治，同时向当地卫生监督所和疾病预防控制中心报告。

毒蘑菇

★美厨邦，网址链接：http://www.meichubang.com/web/201411/48524.html

（编撰人：杜冰；审核人：杜冰）

67. 马铃薯中的有毒物质有哪些?

食用发芽马铃薯容易中毒，其有毒成分主要是龙葵碱。龙葵碱，又称为茄碱、龙葵素、马铃薯毒素等，是一种有毒的糖苷生物碱。龙葵碱糖苷有较强的毒性，主要通过抑制胆碱酯酶的活性而引起中毒反应。胆碱酯酶被抑制失活后，造成乙酰胆碱（ACH）的积累，以致神经兴奋性增强，引起肠胃、肌肉痉挛等一系列中毒症状。龙葵碱具有腐蚀性和溶血性，且对中枢神经有麻痹作用，能腐蚀黏膜、破坏红细胞，严重时，能引起脑水肿，使运动中枢及呼吸中枢麻痹，甚至死亡。人一次食入含有0.02%龙葵碱的马铃薯就会引起严重中毒。

正常的马铃薯肉和皮及马铃薯植物花、叶、茎等部位均含有一定量的龙葵碱，但正常马铃薯肉、皮及芽眼的龙葵碱含量较低，仅0.01%左右，食入后不至于引起中毒。而当马铃薯未成熟、贮存不当、时间过长引起发芽或阳光直射使马铃薯皮变绿、变青紫时，其龙葵碱含量显著增高，可高达0.5%。

龙葵碱可溶于水，遇醋酸极易分解，高热煮透也可破坏其毒性。因此，食用马铃薯时，先把芽、芽眼、变绿和溃烂部分削去或挖掉，再放在清水里浸泡

1～2h，可使龙葵碱含量大大减少。另外，用马铃薯做菜时加点醋以及将马铃薯彻底煮透煮熟，也有良好的解毒作用。

（编撰人：杜冰；审核人：杜冰）

68. 绿叶菜为什么容易腐烂变质？

绿叶菜是指以鲜嫩的绿叶、茎、叶柄为主要产品的蔬菜。在我国，绿叶菜的种植面积广、品种多，主要有小白菜、生菜、杭白菜等。绿叶菜因含有丰富的维生素、矿物质以及生物活性物质而受到广大消费者的喜爱。

但是，绿叶菜相比于其他菜类更容易腐烂变质，特别是在绿叶菜大量集中上市的时候，往往隔夜存放后就会发黄发蔫，甚至腐烂，主要原因如下。

（1）绿叶菜的菜叶表面积大、含水量高，在采收贮藏过程中更易受到机械损伤、呼吸旺盛、呼吸热产量较大，同时对外界微生物的抵抗能力也较差，在销售和流通等环节易失水萎蔫、黄化、脱帮、腐烂和营养损耗，不耐贮藏。

（2）绿叶菜的叶片是进行同化营养成分作用的器官，其组织细胞中含有大量的水分和活性很强的酶类。同时，它也是植物的嫩叶组织，组织脆嫩，加之叶片大而薄，非常容易失水萎蔫。

（编撰人：杜冰；审核人：杜冰）

69. 大蒜的功效有哪些？

大蒜是日常的调味品，经常食用大蒜可以促进新陈代谢、降低胆固醇，对高血压、高血脂、动脉硬化和糖尿病等有一定疗效。此外，大蒜素具有杀灭细菌、真菌以及抗病毒感染、增强机体免疫力等作用。

（1）抗菌消炎。大蒜中的大蒜素等含硫化合物具有较强的抗菌消炎作用，含硫化合物的水溶性和脂溶性使其杀菌抗炎的作用更强烈，其作用机制可能是由于使巯基失活而抑制了与微生物生长繁殖有关的含巯基酶的缘故。

（2）抗癌防癌。大蒜的抗癌防癌功效尤为突出。流行病学和动物试验的研究提供了确凿的证据，大蒜及其相关硫化物能抑制癌症的发生和改变肿瘤的生物方式。

（3）抗衰老抗氧化。大蒜是SOD含量较丰富的天然植物之一，SOD能催化歧化反应清除超氧物自由基，起天然抗氧化剂的作用。大蒜及其水溶性提取物含硒蛋白和硒多糖，可以阻止体内过氧化反应及产生自由基，抗老化和抑制癌细胞的生长。

（4）防治心脑血管疾病。许多研究表明，大蒜应用于防治心脑血管疾病有较好疗效，其药理与大蒜能够使血脂水平正常化、增进血内纤维蛋白的活性、抑制血小板聚合、降低血压与血糖、防血栓形成、清除氧自由基、抗缺血再灌注损伤、细胞保护、钙拮抗、扩管降压等作用有关。

（5）提高机体免疫力。大蒜能激活人体巨噬细胞功能。大蒜含有硒元素，而硒则是谷胱甘肽过氧化酶的主要组成成分，其抗氧化能力比维生素E高500倍，对细胞膜有防护作用，参与辅酶A和辅酶Q的合成。

大蒜

★田和农业，网址链接：http://www.tellhe.com.cn/news/detail-f2e8d4f4-9e1f-4aea-bc87-f78fb67116e7.html

（编撰人：杜冰；审核人：杜冰）

70. 豆浆的食用禁忌有哪些？

豆浆是中国汉族传统饮品，其营养丰富，且易于消化吸收，是一种很好的早餐饮品。可是豆浆虽好，但如若饮用或烹饪方法不当，不仅会造成豆浆营养价值的下降，严重的话还会引起食物中毒。饮用豆浆要了解一些科学小常识。

（1）豆浆要进行充分加热。在加热豆浆时会出现很多泡沫，这时其实豆浆还没有充分加热，还得把火焰减小来慢慢继续加热，使豆浆里的皂苷得到充分破坏，否则这种皂苷会抑制体内蛋白酶的活性，并对胃肠有刺激作用，引起食物中毒。

（2）不要在豆浆里面打鸡蛋或者加红糖。这是因为鸡蛋中的黏液性蛋白易和豆浆中的胰蛋白酶结合，产生一种不能被人体吸收的物质，大大降低人体对营养的吸收。红糖里的有机酸和豆浆中的蛋白质结合后，可产生变性沉淀物，大大破坏了营养成分。

（3）一次不要喝太多的豆浆，也不要空腹饮豆浆，否则会引起腹泻。同时，豆浆不可与药物同饮，否则药物会破坏豆浆里的营养成分，药效也会降低。

（4）有急性胃炎和慢性浅表性胃炎患者、肾结石患者、痛风病人不宜食用豆浆。豆浆中的低聚糖会引起嗝气、肠鸣、腹胀等症状和刺激胃酸分泌过多而加重胃肠性疾病；豆类中的草酸盐可与肾中的钙结合，易形成结石，会加重肾结石的症状；黄豆中富含嘌呤，且嘌呤是亲水物质，黄豆磨成浆后，嘌呤含量比其他豆制品多出几倍，所以痛风病人不适宜喝豆浆。

豆浆

★百度图片，网址链接：http://s7.sinaimg.cn/mw690/004dCA8qgy72t5dZbN496

（编撰人：杜冰；审核人：杜冰）

71. 绿豆的食用禁忌有哪些？

绿豆具有清热、养脾胃、解毒等保健功效。绿豆虽好，如若食用不当，也会对人体造成危害。

（1）绿豆性寒凉，所以脾胃虚弱和寒凉体质的人不宜多吃，寒凉体质的人，表现为四肢冰凉乏力，腰腿冷痛、腹泻便稀等。吃了绿豆反而会加重症状，甚至引起腹泻、脱水，气血停滞引起关节肌肉酸痛，胃寒及脾胃虚弱引起慢性胃炎等消化系统疾病。

（2）体质虚弱的不宜多喝绿豆汤。绿豆中蛋白质含量比较多，大分子蛋白质需要在酶的作用下才可以转化为小分子肽、氨基酸才能被人体吸收。体质虚弱的人其肠胃消化功能一般比较差，容易因消化不良而引起腹泻。

（3）在空腹时不要喝绿豆汤，绿豆汤性寒，空腹时喝对胃不好。

（4）绿豆汤不可以过量喝。一般人过量喝绿豆汤，会出现胃寒腹泻等肠胃疾病。女性过量喝绿豆汤会出现白带、腹胀、痛经等妇科症状。

（5）我们常说绿豆性凉，这是它整体的特性，就如李时珍所说"绿豆，肉平，皮寒"，也就是说，绿豆的肉是平性的，皮却是寒的，在《中药方剂学》里讲到"绿豆的清热解毒之力以皮为胜"。所以，如果你想让清热去火的功效更强些，煮汤煮粥时最好把绿豆煮的刚开花，不要煮烂，这样带着皮吃最好。

绿豆

★百度图片，网址链接：http://p3.pstatp.com/large/7fa0008e59781df0340

（编撰人：杜冰；审核人：杜冰）

72. 糯米的食用禁忌有哪些?

糯米的主要功能是温补脾胃，所以一些脾胃亏虚、常腹泻的人食用后能起到很好的治疗效果。与大米相比，糯米的淀粉几乎都是支链淀粉，支链淀粉比直链淀粉好吸收，因此糯米相比大米更容易被消化吸收。但支链淀粉加热后黏度增加比直链淀粉高，表现为糯米较黏，因此被误认为糯米不易消化。糯米食用时也有如下一些禁忌。

（1）糯米与生蛋清，降低营养价值。

（2）糯米与苹果，会产生不易消化的物质。

（3）糯米与鸡肉，糯米的主要功能是温补脾胃，因此，脾胃亏虚、经常腹泻的人吃后会有良好的作用与效果，但与鸡肉同食，则会引起身体不适，所以，二者不宜同食。

（4）糯米温补，凡湿热痰火偏盛之人忌食。

糯米

★豆果网，网址链接：http://www.douguo.com/recipe/detail/1374140.html?f=bd_ald_recipe

（5）发热、咳嗽痰黄、黄疸、腹胀之人忌食糯米。

（6）糯米淀粉含量高，在体内转化为糖分，糖尿病或其他慢性病如肾脏病、高血压的人要适可而止。

（7）糯米食品宜加热后食用，冷糯米淀粉老化，影响口感而且不易消化。

（编撰人：杜冰；审核人：杜冰）

73. 高粱的食用禁忌有哪些?

高粱米是我国传统的五谷之一，自古以来养活了很多的人，是重要的粮食作物，现如今很多名酒都是以红高粱作为主要的原料。高粱米具有养肝益胃、收敛止泻的功效，而且很突出，尤其是患有慢性腹泻的人，更应多加食用高粱米。

（1）哪些人不能吃高粱米？糖尿病患者应禁食高粱，大便燥结以及便秘者应少食或不食。

（2）高粱米的食用禁忌。①在吃高粱米时一定要煮烂了吃。高粱米营养价值很高，如果不煮烂很难被人体吸收。②不宜常吃加热后放置的高粱米饭或煮剩的高粱米饭，不宜加碱煮食。因为放置后的高粱米饭容易滋生细菌，同时高粱米饭放置后容易老化，变得不易被人体吸收，加碱煮的高粱米饭，会破坏高粱米中的维生素，特别是维生素B_1、维生素B_2会被破坏，而米面等谷物是维生素B_1的主要来源，长此以往，就会导致维生素的缺乏。所以为了保护维生素中的B族维生素，煮高粱米饭时不要放碱。③高粱米忌与瓠子和中药附子同食。瓠子又称为瓠瓜，苦瓠瓜含有一种植物毒素——碱糖甙毒素，且毒素加热后也不易被破坏，误食后可引起食物中毒。会有人用瓠子和高粱面一起煮食，经高温，瓠子会有毒素，所以不能和高粱面同食；高粱米与附子同食容易引发附子的毒副作用，致肾功能衰竭，严重者有血尿、蛋白尿以及急性肾衰竭。

高粱

★汇图网，网址链接：http://www.huitu.com/photo/show/20160913/132423796500.html

（编撰人：杜冰；审核人：杜冰）

74. 黄豆的食用禁忌有哪些?

黄豆在我们生活中很常见,它还被誉为"豆中之王",还被人们叫做"绿色的乳牛"和"植物肉",黄豆的营养价值丰富。将黄豆经过加工后可以制作成各种豆制食品,不仅蛋白质的含量高,并且还含有多种人体不能缺少的氨基酸,胆固醇含量中豆腐的蛋白质消化率可以高达95%,因此,黄豆是理想的补益食疗食品之一。那么黄豆食用禁忌有哪些呢?

(1)患有急性胃炎和慢性胃炎的人应该慎食黄豆,以免发生胃胀气。

(2)患有结石者忌食。

(3)黄豆跟酸奶是相克的,因为酸奶中含丰富的钙质,黄豆中所含有的化学成分会影响钙的消化及吸收。

(4)黄豆还不宜和猪血、猪肉同吃,首先,因为豆类中植酸含量很高,植酸常与蛋白质和矿物质元素形成复合物,而影响二者的可利用性。其次,因为豆类与猪肉中的矿物质如钙、铁、锌等结合,从而干扰和降低人体对这些元素的吸收。

(5)少吃干炒黄豆。因为将黄豆炒熟吃,不仅妨碍人体对蛋白质的吸收,而且黄豆中的胰蛋白酶抑制物和尿酶、血球凝集素等有害因子不能在干热条件下被分解。

黄豆

★中吴网,网址链接: http://www.cztv.tv/folder337/folder338/2016-08-18/178530.html

(编撰人:杜冰; 审核人:杜冰)

75. 芹菜能调理哪些疾病?

芹菜具有以下的药理作用。

(1)降血脂。芹菜黄酮提取物能显著降低高脂血症大鼠血清中总胆固醇、甘油三酯、低密度脂蛋白胆固醇、载脂蛋白含量,显著升高高密度脂蛋白胆固醇和载脂蛋白含量，所以有降血脂作用。

（2）预防动脉粥样硬化。芹菜黄酮提取物还能显著降低动脉粥样硬化指数。

（3）预防心脑血管疾病。芹菜素具有显著的舒血管作用，其机制涉及NO介导的信号传导途径，与抑制电压依赖性钙通道、受体操纵性钙通道以及细胞外钙内流受抑和钾通道激活有关。

（4）对癌症、炎症有预防作用。芹菜黄酮具有抗氧化、抗癌、抵抗心血管疾病功效，在生殖系统方面有抑制雌激素和孕激素分泌等作用。

芹菜对以上疾病具有调理作用与芹菜中的活性成分息息相关，其主要活性成分包括：黄酮类物质、挥发油化合物、叶绿素、香豆素衍生物等，活性作用分别如下。

（1）黄酮类物质具有抗肿瘤、降血脂、心脑血管保护、抗病毒、抗氧化、抗菌等多种生物活性。

（2）挥发油有中枢兴奋、促进血液循环、祛痰等作用，外服可扩张血管、提高渗透性。

（3）叶绿素有抗基因突变、促进伤口愈合、增强敏感体质者的抗变态（抗过敏、抗补体）能力、降低胆固醇等作用。

（4）香豆素一般具有抗炎、消肿、解痉挛、镇静、抗菌等作用。

芹菜

★CAREIN香草精油学苑，网址链接：https://m.carein.com.tw/article/ckiy5dw6FQjx1cYNHl96yR4SErfB465c

（编撰人：杜冰；审核人：杜冰）

76. 如何进行鲜食花生保鲜？

新收获的花生，含水量一般为45%～50%，秕果的含水量高，可达60%，如果不及时晾晒，这些果实就容易发生霉烂变质或遭受冻害。为了安全贮藏，确保花生品质，收获后应该将带荚果的花生植株倒植在田间晾晒2～3天，以促进后熟和风干，然后摘果，并及时将果晒干。

花生种子含有大量的蛋白质、碳水化合物等亲水物质，在贮藏过程中，它很容易吸收空气中的水分而受热发霉乃至变质，尤其容易感染黄曲霉。黄曲霉毒素可引起中毒。鲜嫩花生在常温下较难保存，可行的方法如下。

（1）冷库低温速冻保鲜。这是目前国内比较成熟可行的保鲜方式。储藏的花生不宜剥壳，储藏期间要注意通风降温，温度控制在15～20℃为宜，防止受潮；检查水分含量，检查发芽率与虫害情况。

（2）预煮后真空包装。

（3）涂膜保鲜。涂膜保鲜技术就是在花生表面涂上一层高分子的液态膜，干燥后成为一层很均匀的膜，可以隔离果实与空气进行气体交换，从而降低了果实的呼吸作用，达到保鲜效果。但花生的涂膜保鲜技术仍在开发阶段，有研究的涂膜剂有壳聚糖、中草药涂膜液、甘藻聚糖。

花生

★闽南健康网，网址链接：http://www.mnjkw.cn/bjys/1097283.html

（编撰人：杜冰；审核人：杜冰）

77. 韭菜的食用营养与食疗作用如何？

韭菜中主要的营养成分包括如下方面。

（1）韭菜中含丰富的氨基酸，如丝氨酸、胱氨酸、络氨酸、脯氨酸，非必需氨基酸胱氨酸是含硫氨基酸，对人体具有提高免疫力的作用。

（2）韭菜黄酮、多酚和多糖含量较高，表明韭菜具有较好的保健作用。

（3）韭菜中含维生素C、维生素B_1、维生素B_2、尼克酸、胡萝卜素、碳水化合物及矿物质。

（4）韭菜还含有丰富的纤维素，每100g韭菜含1.5g纤维素，比大葱和芹菜都高。

韭菜的食用营养与食疗作用如下。

（1）补肾温阳。韭菜性温，味辛，有补肾起阳的作用，可用于治疗阳痿、遗精、早泄等病症。

（2）益肝健胃。韭菜含有挥发性精油及硫化物等特殊成分，有助于疏调肝气，增进食欲，加强消化功能，对高血脂及冠心病患者也颇有好处。

（3）行气理血。韭菜的辛辣气味有散淤活血、行气导滞作用，适用于跌打损伤、反胃、肠炎、吐血、胸痛等症。

（4）止汗固涩。韭菜叶微酸，具有酸敛固涩作用，可用于治疗阳虚自汗、遗精等病症。

（5）润肠通便。韭菜含有大量维生素和粗纤维，能增进胃肠蠕动，治疗便秘，可以促进肠道蠕动、预防大肠癌的发生，同时又能减少对胆固醇的吸收，起到预防和治疗动脉硬化、冠心病等疾病的作用。

（6）延缓衰老。韭菜中含有一定量的硫化物，具有软化血管、促进淤血吸收、疏通微循环、增强免疫力等功效，可抗衰老。

韭菜

★新浪网，网址链接：http://blog.sina.com.cn/s/blog_14d2323150102vodq.html

（编撰人：杜冰；审核人：杜冰）

78. 如何进行莲藕保鲜贮藏？

莲藕原产中国和印度，是世界上稀有的水生蔬菜，在我国有大面积的种植，长江中下游及江南诸省为盛产区，仅湖北省的栽培面积达130多万亩，年产量达150多万吨。是我国目前重要的出口创汇蔬菜之一。然而，莲藕在贮运过程中极易发生褐变，影响了出口和销售。

莲藕采后暴露于空气中，表皮或损伤部位很快就会变成褐色，这是莲藕组织中PPO催化多酚类物质反应产生黑色素的结果。这个过程主要是邻苯二酚在有氧的条件下受PPO的催化反应产生醌，然后醌再聚合形成黑色素。

下面教大家几招莲藕的保鲜办法。

（1）沙藏法。选择地势高，背风，避雨处，用细沙铺衬底面，温度以手捏成团松开即散为宜，并在四周挖好排水沟，码放一层莲藕铺上一层细沙。此法优点是对抑制水分蒸发有一定的作用，缺点是带病原菌多、贮藏时间短、腐烂率高。

（2）水藏法。将预处理后的莲藕置于非铁质容器中按顺序排好，浸没在浓度为10%～15%的食盐水中，可保鲜5个月以上，此法防腐效果虽好，但由于浓盐液渗透压的作用，莲藕营养成分损失甚多，且食用前还要长时间脱盐，其营养又有所损失，因而食用品质大大下降。

（3）覆膜保藏法。此法只需在藕表面覆盖塑料薄膜即可保鲜1个月左右，其特点是储藏量大，操作方便，可防止干瘪；缺点是储藏期短，损耗较大。

（4）家庭保鲜法。将切开的莲藕放在清水或淡盐水中浸泡，使其与空气隔绝，可防止氧化变黑。切藕最好用不锈钢刀具，煮藕最好用砂锅。

（5）气调保存法。用特克多处理莲藕，充氮气，PVC袋包装，低温贮藏30天，其腐烂率极低。此法改变环境中的气体成分，抑制莲藕呼吸代谢，达到保鲜的目的。

（6）真空包装法。采用真空包装，可降低或消除环境中氧气的浓度，这样既可以抑制呼吸代谢，也可抑制莲藕PPO的催化氧化反应，减少褐变，有减少莲藕水分蒸发，防止组织干缩。

莲藕

★搜狐，网址链接：http://www.sohu.com/a/126123063_569498

（编撰人：杜冰；审核人：杜冰）

79. 如何进行茭白保鲜?

茭白又称菰、茭瓜或茭白笋，为禾本科菰属草本植物，在自然界喜沼泽多湿环境。在栽培上，全国各地的茭白品种繁多，资源丰富，主要分布于淮河流域以南的广大地区。茭白的主要食用部分是其嫩茎，是我国仅次于莲藕的第二大水生蔬菜。

茭白的含水量高达93%，采收后极易失水萎蔫，常常出现降低食用价值的糠化、茭壳变黄、肉质木质化与纤维化、霉变、软化等问题，严重制约了茭白的产业发展。因此，研究茭白采后的生理变化与保鲜技术对茭白产业做大具有重要意义。茭白保鲜方法如下。

（1）冷藏法。研究表明，茭白适宜的冷藏温度为0℃±1℃，将茭白冷藏可以抑制微生物的繁殖，减缓果蔬的氧化和腐败速度。

（2）气调保鲜法。将茭白放入气调库中，调节温度、氧气和二氧化碳浓度，可以降低茭白的呼吸作用，减少营养物质的消耗，抑制贮藏物的代谢和微生物的活动，同时抑制乙烯的产生和乙烯的生理作用，从而减缓其后熟衰老过程。

（3）减压贮藏法。此法由气调保鲜法发展而来，减压贮藏效果比气调保鲜法效果更好，茭白能保持较好的外观品质，可溶性总糖和维生素C也保持在较高水平，POD、苯丙氨酸解氨酶和肉桂醇脱氢酶的活性维持在较低水平，木质化纤维化程度较轻，保持了茭白的商品价值。

（4）热处理保鲜法。38℃热水处理1h可保持茭白嫩度，抑制表皮叶绿素的合成，抑制细胞质膜相对透性的增加；同时可使茭白采后无呼吸高峰出现。

（5）化学保鲜剂法。利用化学保鲜剂处理茭白可以抑制茭白的生理代谢和腐败性微生物的侵入，大幅度地抑制茭白的生理代谢和腐败性微生物的侵入，大幅度延长了茭白的贮藏期。

（6）盐封贮藏法。这是一种民间贮藏方法，盛器底部铺上一层食盐，茭白平铺在盛器内，再用盐密封好。这种贮藏方法在空气干燥、气候较冷的地区比较适用。南方地区由于气温较高，湿度较大，封盐容易溶化，茭白也易发黄、变质腐烂。

茭白

★飞华养生网，网址链接：http://www.sohu.com/a/126123063_569498

（编撰人：杜冰；审核人：杜冰）

80. 如何进行洋葱保鲜贮藏?

洋葱,又名葱头、元葱、玉葱,属百合科葱属,两年生草本植物。洋葱几千年前就有栽种,在世界各国均有种植。洋葱是一种具有多种医疗保健功能的蔬菜,预防心血管疾病是其重要保健功能之一。常用的贮藏方法有如下几种。

(1)挂藏。选阴凉、干燥、通风的房屋或凉棚下,将洋葱叶打结挂在木架上,不接触地面,四周用席子围上,防止淋雨。此法通风好、腐烂少,但休眠期过后陆续发芽,因此要在休眠期结束前上市。

(2)垛藏。垛藏洋葱贮期长,效果好。垛藏应选择地势高燥、排水良好的场所。地面垫上枕木,上面铺一层秸秆,再放洋葱,码成长方形垛。一般垛长5.0~6.0m、宽1.5~2.0m、高1.5m,每垛5 000kg左右。垛顶覆盖3~4层席子或加一层油毡,四周围上2层席子,用绳子横竖绑紧。用泥封严洋葱垛,防止日晒雨淋。储藏到10月,视气温加盖草帘防冻。

(3)冷藏库储藏。当前洋葱较好的储藏方式。采用此方法时,须在8月中下旬洋葱出休眠期之前入库储藏。维持约0℃温度,可以较长期储藏。

(4)气调储藏。在洋葱出休眠期之前10天,将洋葱装筐在通风窖或凉棚下码垛,用塑料薄膜封闭,每垛500~1 000kg,维持3%~6% O_2和8%~12% CO_2,抑芽效果明显。如在冷库内气调储藏,并将温度控制在-1~0℃,储藏效果更好。

洋葱

★网易,网址链接http://hea.163.com/15/0702/07/ATGL105T001628C1.html

(编撰人:杜冰;审核人:杜冰)

81. 如何制作干豇豆?

干豇豆风味独特,具有滋阴补血,清热化腻,养脾健胃等作用,是人们喜爱的佐餐佳肴。现在将豇豆的干制过程介绍如下。

（1）选料。选择无虫蛀、无锈斑、无畸形、无损伤、无污染的嫩豇豆，最好把不同品种的豇豆分开，以避免干制品长短不一，色泽杂乱。

（2）漂烫。漂烫使豇豆组织更加细嫩，沸水漂烫时间不宜过长，一般2~4min后捞出，立即用冷水浸漂，防止余热持续作用，同时也可以除去豇豆所排出的黏性物质。

（3）护色。漂烫时在水中加入0.5%碳酸氢钠，可以很好地保持豇豆色泽碧绿，并能改善干豇豆外观质量。

（4）熏硫。把经漂烫过的豇豆角用竹席摊放在室内，按每立方米用20g硫黄燃烧熏制，可防止干燥时氧化变色及腐烂变质，减少维生素C的损失，还可促进干燥速度，成品的复水性能较好。

（5）烘干。烘干、自然干制往往受天气的影响，因而最好采用人工干制，也可自行设计烤房，应用于大量生产。

（6）存放。豇豆存放时，要注意防潮变质，可用聚乙烯农膜焊成大包装袋，每个装20kg左右，装后扎口密封，两年内不会变质，若作为正式商品生产，应考虑上包装，那么还须在烘干时，将豇豆分级成形，便于封装。

豇豆

★新浪网，网址链接：http://blog.sina.com.cn/s/blog_49f6ec2f0100gzdp.html

（编撰人：杜冰；审核人：杜冰）

82. 如何加工酱缸豇豆？

豇豆是我国常见的蔬菜之一，其营养丰富。以豇豆为原料泡渍加工而成的酱缸豇豆不仅富含大量的益生菌，还具有鲜、香、脆、爽等独特的风味和口感特点，是一种操作简单的蔬菜加工品，因此深受广大群众的喜爱。家酿酱缸豇豆制作流程如下。

（1）选料。选用新鲜、果实饱满的嫩豇豆作为主要原料。咸酱、甜面酱、糖精、苯甲酸钠、甘草、酱油、作为辅料。

（2）操作方法。

①将豇豆放入咸卤中浸泡，咸卤要超过豇豆3～5cm高，浸泡3～5天后捞起放在竹席上晾晒一个星期左右。

②将晒过的半成品浸入酱油中，每天进行充分的搅拌和日晒夜露，浸30天后捞出。

③按照1∶2的比例将甜酱和咸酱与豇豆进行配制，将成品第二次浸泡。

④加入适量的酱油与少量的甘草，把糖精用适量的开水溶解后兑入苯甲酸钠中充分混合倒入半成品中。期间每天搅拌一次持续5～7天为成品。

（3）注意事项。加工中不要使用生水和防止生水的浸入，缸盖如有漏洞要及时修补，半成品浸酱时不能露出酱的外面，更不能淋雨，以免造成腐烂变质。

酱豆角

★问答网，网址链接：https://wenda.so.com/q/1401968151520592

（编撰人：杜冰；审核人：杜冰）

83. 怎样加工泡豇豆？

豇豆，别名长豆角、裙带豆、饭豆、筷豆等，在我国栽培历史悠久，以嫩荚供食用为主。其食用方法很多，腌制豇豆因其风味独特，加工方便，深受消费者喜爱。

（1）豇豆腌制的生产工艺流程。豇豆选择→清洗→漂烫→降温→沥水→装坛→加盐水→密封发酵→切分→杀菌→包装→保存。

（2）工艺操作要点。

①豇豆选择。选取新鲜且无虫眼和霉变的豇豆原料，要求其生长环境无污染，农药和化肥的使用符合规定，达到无公害蔬菜的要求。重金属、致病微生物等检测指标符合GB 2762—2012、GB 29921—2013的要求。

②原料预处理。主要包含清洗、漂烫、降温、沥水工艺过程。通过清洗，初

步清除附在蔬菜表皮的灰尘、微生物、农药等污染物。将原料置于（95±5）℃的沸水中漂烫1min，快速捞出，将原料散开降温至室温，沥干水分。

③装坛发酵。瓷坛用开水或者蒸汽洗净，加入处理好的原料，压实，加入已配制的6%食盐水，直至淹没原料。盖上坛盖，用水液封，以防空气进入。为了避开亚硝酸盐峰值，发酵时间以（25±5）天为宜。

④切分、杀菌、包装处理。在消毒环境下取出已发酵好的豇豆，沥干水分，切分为长度约0.5cm，85℃，杀菌15min即可达到卫生要求，包装后宜在10℃以下保存。

豇豆

★汇图网，网址链接：http://www.huitu.com/photo/show/20170803/234630250060.html

（编撰人：杜冰；审核人：杜冰）

84. 怎样加工虾油豇豆？

虾油豇豆很多人都认为是以虾榨出来的油与豇豆进行烹饪。其实它是以虾、豇豆为主料，经发酵后制成的。虾油豇豆是劳动人民凭借丰富的水产和腌制技艺巧加融合而形成的，形成了咸鲜合一、滋味见长的风味体系。虾油豇豆的酿造简单，保质期长，所以很多家庭都会在家进行酿造。

我国民间传统制作虾油的方法工艺为：选料→处理→脱水→前期发酵→添加虾油→后期发酵→成品。

将事先准备的玻璃瓶消毒并用清水清洗晾干待用，选择长短一致、果实饱满、无虫眼、脆嫩的新鲜豇豆，用水洗净，剪去头尖和根蒂，放入冷却后的开水中，并倒入适量的盐，将其浸泡一天。

将盐水中的豇豆捞出，均匀放在竹竿上受太阳照射直至豇豆水分烘干。

将干豇豆放入坛内腌制，一层豇豆一层盐。腌制的过程中早、中、晚各倒一次坛，保证每次均匀、彻底，表面底层的豇豆接触不到空气而变质。

腌渍4天后，取出豇豆，用清水冲洗干净，沥干水分，切成1.7cm长的小段。

装入洗干净的小坛内，倒入适量的虾油，虾油以浸过豇豆为标准。浸泡过程需勤翻动，否则上、下层的菜因位置不同而影响成口的色泽、风味。

将坛放置阴凉的地方，放置期间防止与生水接触更不能淋雨以免造成食物的腐烂，7天后即可取食。

虾油豇豆

★家常美食网，网址链接：http://www.28ms.cn/caipu/dongwucaidan/daxia/199882.html

（编撰人：杜冰；审核人：杜冰）

85. 如何加工腌青豇豆？

腌制是早期保存蔬菜的一种非常有效的方法。现今，蔬菜的腌制已从简单的保存手段转变为独特风味蔬菜产品的加工技术。酱腌菜这一传统食品是我国人民历代智慧的结晶，是祖国宝贵文化财富的一部分。豇豆质地脆嫩，含水量不高，适宜进行腌制加工。腌制豇豆生产在我国比较普遍。加工腌青豇豆的具体步骤有选料、晾晒、腌制、入坛、成品等几个步骤。

（1）选料。选体型饱满，色彩鲜艳，长短一致，含水量充足的新鲜豇豆。

（2）晾晒。新鲜的豇豆撕去老筋并且洗净放置阳光充足的地方晾干表面水分。

（3）腌制。准备一个大的干净的盆，把晾好的豇豆放进去，按大约2：1的比例放盐，然后用盐揉搓豇豆至翠绿色，使盐分均匀分布。

（4）入坛。把变成翠绿色的豇豆连同盐一起放入泡菜坛，倒入冷却的开水或者矿泉水，水以没过豇豆为标准，用一根筷子压住豆角，防止豆角浮起。盖上内盖之后盖上外面的大盖子，沿坛子边缘到上水，起到密封的作用。

（5）成品。将腌制好的豇豆的泡菜坛放置阴凉处，为防止泡菜坛有白沫可加入1~2勺的高度白酒，如已经长出白沫可去掉白沫后再加入白酒。约2个星期后开盖可食用。

腌青豇豆

★豆果美食网，网址链接：http://www.douguo.com/cookbook/957304

（编撰人：杜冰；审核人：杜冰）

86. 怎样加工泡菜?

泡菜是指为了利于长时间存放而经过发酵的蔬菜，主要是靠乳酸菌的发酵生成大量乳酸而不是靠盐的渗透压来抑制腐败微生物，其有丰富的乳酸菌，可帮助消化。泡菜加工的原理和方法主要如下。

（1）泡菜加工。

①泡菜加工工艺流程。

泡菜盐水配制
↓

新鲜蔬菜→清洗→整形→盐渍→脱盐→入坛泡制→乳酸发酵→出坛→配制→包装→杀菌→冷却成品

↑
加入香辛料

②操作要点。盐渍。进行泡菜工业化生产时，一般先要将原料进行预腌，预腌的主要目的在于增强原料的渗透效果。脱盐。蔬菜盐渍一段时间后要及时取出，放入清水池中浸泡1~2天再次捞出，此步骤称为脱盐，脱盐后蔬菜中盐含量要达到4%左右。

（2）泡菜加工的原理。蔬菜在食盐水中泡渍与发酵，包含一系列复杂的物理、化学和生物变化，归纳起来主要有以下4个方面的原理。①泡渍过程中，自始至终都存在着食盐的渗透作用，都有很明显的渗透现象发生。②泡渍过程中有大量有益微生物生长、繁殖、衰灭，即微生物发酵作用贯穿泡渍过程始终。③泡渍过程中自始至终伴随泡菜原料发生的生化反应，即蛋白质的分解和醇酸酯化及苷类水解等作用产生的色、香、味物质等。④香辛料的作用使有害微生物活动受到抑制，同时也给泡渍物增加了色香味等。

泡菜

★百度图片，网址链接：http://www.pxto.com.cn/jigou/190276/show_3347813.html

（编撰人：黎攀；审核人：杜冰）

87. 怎样鉴别毒海带？

海带中含有很多有益于人体健康的营养成分和一些药用成分，食用海带可以降低血糖、血脂和胆固醇，可有效防止动脉硬化、便秘、癌症、老年性痴呆和抵抗衰老等。但有些不法商家总是在正常商品上做文章，用碱性品绿（别名盐基品绿、孔雀绿、碱性艳绿）、连二亚硫酸钠（保险粉）、工业硫酸铜或氯化铜等化工原料染色、浸泡的海带颜色鲜绿，饱满厚实，看过去很新鲜，卖相很好，吸引人购买，很受不知情的消费者欢迎，但若长期食用这些毒海带，可能会使人体产生癌症病变，因此，消费者在购买这种海带时，要学会鉴别。

（1）看颜色。正常的海带色泽为自然绿色，根部及尾部呈自然褐绿色，海带丝与海带结等产品的切割创面呈微绿白色；而经染色和化工原料浸泡海带则根部、尾部、切割创面全部呈不自然的绿色。

（2）是否掉色。一般海带用开水烫后再晾干处理，是灰绿色的，水不会变色；如果添加食用色素的海带经浸泡以后水会变绿，而用工业色素的则不会掉色，海带很翠绿。购买海带时，还是应该到大型超市或卖场选用有注册商标、包装规范，有"绿色产品"或"无公害食品"标志的正规企业的产品。

正常海带　　　　　　　　　　毒海带

★腾妮网，网址链接：http://www.qqtn.cn/2014/ginx_1104/5812.html
★飞华新闻网，网址链接：https://news.fh21.com.cn/ssbd/ysaq/283756_5.html

（编撰人：田兴国，徐小艳，谌国莲；审核人：谌国莲）

88. 如何鉴别蔬菜、水果的卫生质量?

　　卫生质量安全是指新鲜水果和蔬菜中各种污染物，包括重金属类、硝酸盐类、农药类、微生物类等，由于新鲜蔬菜水果的卫生安全直接威胁消费者的身体健康，所以其卫生安全质量越来越受到人们的重视，其检测主要包括以下3个方面。

　　（1）在理化指标方面，硝酸盐、亚硝酸盐、镉、铬、汞、砷、铅、氟等重金属残留符合相关的标准。

　　（2）在微生物检测方面，大肠杆菌、致病菌等符合相关的标准。

　　（3）在农药残留方面，有机磷和氨基甲酸酯类、有机氯等各种农药残留要符合相关标准。

　　但以上3个方面需要通过专业的仪器设备和方法才能进行检测。消费者可以通过下述方面选择合适的、符合标准、品质佳的果蔬。

　　（1）看颜色。每种果蔬都有其本来的颜色，并且色泽的不同能够展现出成熟度和新鲜程度，色泽光亮，没有其他因素造成的色泽异常为宜。

　　（2）闻气味。卫生质量符合标准的水果和蔬菜不会含有腐烂变质的亚硝酸盐味和其他异常气味。

　　（3）尝味道。符合质量标准的果蔬具有其本来的滋味，多数蔬菜滋味甘淡、甜酸、清爽甜美，不含有其他异味。

（编撰人：杜冰；审核人：杜冰）

89. 蔬菜、水果中对人体健康有害的凝集素有哪些?

凝集素是一类至少有一个非催化结构域,能非共价地可逆结合专一性单糖或寡糖的非免疫源性、非酶本质的糖结合蛋白,它们的存在调节着很多生化过程。凝集素也称为植物红细胞凝集素,多存在于豆类及一些豆状种子中,蔬菜中含有的凝集素主要分为大豆凝集素和菜豆属豆类凝集素。

大豆凝集素,主要存在于大豆子叶细胞的蛋白体内,占大豆总质量的约10%。由于其可以和肠道上皮细胞结合,因此会影响小肠的结构和功能,而且对肠道黏膜免疫系统、肠道菌群及内脏器官等也有不同程度的影响,导致影响营养物质的吸收,抑制生长等问题出现。

菜豆属豆类凝集素,多存在于扁豆、蚕豆、豌豆,在未经加热前食用会引起恶心呕吐,而菜豆、红腰豆、白腰豆中的凝集素对人体伤害更大,其对胃肠有刺激作用,严重时可引起胃肠出血炎症。

但由于其本质为一种糖蛋白,加热会使其失活,因此,在食用这些豆类前需要经过烹调煮熟,使凝集素失活。

(编撰人:杜冰;审核人:杜冰)

90. 蔬菜、水果中对人体健康有害的有毒氨基酸及其衍生物有哪些?

蔬菜和水果对于人体的健康有着不可替代的作用,《中国居民膳食指南》指出,蔬菜水果是平衡膳食的重要组成部分,在日常膳食中,应该做到餐餐有蔬菜,保证每天摄入300~500g蔬菜,深色蔬菜应占1/2,还要天天吃水果,保证每天摄入200~350g新鲜水果,果汁不能代替鲜果。但是蔬菜水果中仍然存在对人体健康有害的有毒氨基酸及其衍生物,其中大多存在于豆科植物中,常见的有以下几种。

(1)刀豆氨酸,是一种存在于豆科植物的蝶形花亚科植物中的精氨酸同系物,是一种抗精氨酸代谢物。

(2)多巴,主要存在于蚕豆中,可引起急性溶血性贫血症。

(3)β-氰基丙氨酸,同样也主要存在于蚕豆中,是一种神经毒素。

(4)山黎豆毒素原,其主要包括两种,一种是致神经麻痹的氨基酸毒素,另一类是致骨骼畸形的氨基酸衍生物毒素,其中毒症状是肌肉无力,不可逆的腿脚麻痹,甚至死亡。

（5）L-3，4-二羟基苯丙氨酸广泛存在于植物中，但在蚕豆的豆荚中极为丰富，是蚕豆病的病因，其症状是急性溶血性贫血症，而且不管煮熟与否，食用过量的青蚕豆都可能导致蚕豆病发生。

（编撰人：杜冰；审核人：杜冰）

91. 蔬菜、水果对人体健康有害的氰苷类有哪些?

氰苷类化合物是指由氰醇衍生物的羟基和糖缩合形成的糖苷，在植物中非常常见，其能够在酸或酶的作用下，水解生成氰氢酸（HCN），能抑制细胞色素氧化酶，造成细胞内窒息，此外可致眼、皮肤灼伤，人体吸收引起中毒。

在常见食用植物中的氰苷类物质主要有以下几类：在蔷薇科植物如杏仁、杏、樱桃、李等中含有苦杏仁苷；在木薯等中含有亚麻苦苷；在野豌豆属植物中含有荚豆苷。尽管在非常多的蔬菜和水果中都含有氰苷类物质，但是正常食用水果，或者按照正确的操作步骤进行处理，在日常食用果蔬过程中并不会造成氰苷类物质中毒。这主要与氰苷类物质中毒剂量有关，苹果核中含有氰苷类苦杏仁苷，而一个成年人的氢氰酸中毒剂量为每千克体重2mg，若吃掉一个拳头大小苹果的核为例，其中所产生的氢氰酸仅为几毫克，远远未达到中毒剂量；此外，木薯表皮中氰苷含量高，在去皮后用水浸泡、充分加热也能去除掉氰苷。值得注意的是，苦杏仁中氰苷的平均含量为3%，因此，在日常勿食苦杏仁，勿食干炒苦杏仁，也不要生吃果核、木薯。

综上可知，氰苷广泛分布在植物界，但绝大多数植物中的含量并不高，而且其对热环境极不稳定，煮沸加热是去除氰苷最有效的办法，通过加工制作和烹饪，适量摄入果蔬，一般不易出现氰苷类中毒。

杏仁

★聪慧网，网址链接: https://b2b.hc360.com/supplyself/82819865653.html

（编撰人：杜冰；审核人：杜冰）

92. 蔬菜、水果对人体健康有害的生物碱有哪些?

生物碱是自然界中广泛存在的一大类碱性含氮有机化合物,大多具有较复杂的杂环结构,氮素多包含在环内,有显著而广泛的生理活性,是许多食药用植物的有效成分之一。

生物碱大多存在于植物体内,新鲜水果和蔬菜中的生物碱有几千种,鲜黄花菜中含有秋水仙碱,误食后的症状为恶心、呕吐、腹痛、腹泻和头晕,严重时还可能出现血尿和便血,因此需要经过热烫弃去汤汁食用;未成熟的青西红柿中同样含有生物碱,食用后可能产生中毒症状;豆皮、土豆里含有配糖生物碱,这种有毒物质几乎全部集中在土豆皮里,尤其是已发绿和长芽的部分,而且煮熟的土豆皮仍然存留着配糖生物碱,如果大量食用,可引发呕吐、头晕、腹泻等症状。

(编撰人:黎攀;审核人:杜冰)

93. 蔬菜、水果对人体健康有害的苷类有哪些?

(1)氰苷。氰苷是常见的植物的有毒成分,存在于杏仁、苦桃仁、枇杷仁、李子仁和木薯等。酶和酸会使氰苷转变出氢氰酸,这种物质会快速被黏膜吸入血液引起中毒。因此各种核仁不能生食,如民间制作杏仁茶、杏仁豆腐等,都经过水磨粉煮熟处理。因为其中的氰苷经加热水水解形成氢氰酸后已经挥发除去。木薯的氰苷90%在皮内,为防止中毒,食用鲜木薯必须把皮去掉,并用水泡2天后再煮熟。

(2)皂苷。四季豆中含有的皂苷和红细胞凝集素,生食后可对人体的消化道黏膜产生强烈的刺激作用并造成凝血。但充分加热可破坏毒素,四季豆只要充分煮熟、煮透可放心食用。大豆中也含皂素,因此生豆浆要充分煮沸才能饮用。还有芦荟中的芦荟苷、皂荚中的皂角皂苷、桔梗中的皂苷也会引起中毒现象。

木薯

（3）硫苷。植物中的主要辛味成分是硫苷物质。如十字花科蔬菜中的芥子苷，是一种阻止机体发育和致甲状腺肿的毒素。高温破坏芥子苷酶活性或发酵去掉已产生的有毒物质，都是防止硫苷中毒的方法。

（编撰人：伍怡斐；审核人：黄苇）

94. 蔬菜、水果对人体健康有害的致甲状腺肿素有哪些？

蔬菜中常见的致甲状腺肿素主要包括硫氰酸盐和硫葡萄糖苷。其中，硫氰酸盐主要存在于木薯、豌豆、生姜、杏仁等中，在肠道中可逆转化成可抑制碘离子向甲状腺输送的物质，使碘排出量增多，从而导致甲状腺肿。而另一种，硫葡萄糖苷，主要存在于甘蓝、萝卜、芥菜等蔬菜当中。食用后，会迅速产生硫氰酸盐，并很快代谢产生另一种抗甲状腺物质——硫氰酸。

因此在食用萝卜的同时食用橘子，会由于橘子中含有类黄酮物质而在肠道转化成羟苯甲酸及阿魏酸，它们与硫氰酸盐作用加强成硫氰酸，硫氰酸抑制甲状腺的作用，从而诱发或导致甲状腺肿。

因此，在日常饮食中要注意饮食的均衡，不要大量食用单一种类的果蔬，而甲状腺肿大患者则要更加注意上述果蔬的摄入量。

（编撰人：杜冰；审核人：杜冰）

95. 如何预防蔬菜硝酸盐中毒？

蔬菜是人们日常生活中不可或缺和难以替代的重要食物，蔬菜的品质直接影响着人们的身体健康。在1970年，就有学者指出蔬菜是一种容易积累硝酸盐的植物。目前研究表明，摄入硝酸盐含量较高的蔬菜，会增加致癌风险，或引起高铁血红蛋白症等疾病的发生。因此在日常生活中消费者要尽可能避免摄入积累了硝酸盐的蔬菜，预防蔬菜硝酸盐中毒，主要可以通过以下3个方面。

（1）挑选新鲜的蔬菜，避免在高温环境下长时间堆放，不吃腐烂变质的蔬菜。

（2）吃剩的蔬菜应及时丢弃，不能在长时间存放后使用，剩菜加热会使得菜中剩余的硝酸盐在高温的作用下分解，增加了亚硝酸盐的含量。

（3）腌菜的时间要在15天以上，腌制要选择新鲜的蔬菜，同时放足量的盐，并且注意腌菜的摄入量，避免在短时间内大量食用腌菜，导致亚硝酸盐中毒。

亚硝酸盐

★东莞市疾病预防控制中心，网址链接：http://www.dgwsj.gov.cn/cdpc/lhjy/201803/5ed5e674b 57b4d5093f34092442b609d.shtml

（编撰人：杜冰；审核人：杜冰）

96. 如何预防蔬菜农药中毒？

化学农药的合理使用对于控制病虫害的发生、保证农作物的稳产高产起着不可估量的作用，若是没有合理地使用农药，则很可能会出现农药中毒的食品安全事故，威胁人们身心健康。预防蔬菜农药中毒需要蔬菜种植者和消费者共同努力。

对于蔬菜种植者，合理规范地使用农药，如选用允许使用的农药品种，按照要求控制农药使用剂量，把控喷洒农药时间，严格执行间隔期等。

对于消费者，选用瓜果类蔬菜的时候先削皮，选用叶菜类蔬菜时，把蔬菜放在水中浸泡漂洗30min，而对于像花菜这种较难清洗的蔬菜如花椰菜，西蓝花等，可以在水槽中漂水，一边排水一边冲洗，之后再在盐水中泡洗一下，尽可能清除残余农药。

（编撰人：杜冰；审核人：杜冰）

97. 蔬菜、水果中哪些农药是禁止使用的？

在蔬菜和水果中禁止使用的农药包括如下几种。

蔬菜	有机氯农药	六六六、滴滴涕、氯丹、毒杀酚、五氯酚钠、三氯杀螨醇
	氨基甲酸酯农药	杀螟威、赛丹、甲基1609
	有机磷农药	甲胺磷、对硫磷、甲基对硫磷、久效磷、磷胺
	杀线虫剂	克线丹
	氟制剂	氟化酚胺
	甲基脒类杀虫剂	杀虫脒、除草脒
	卤氏烷类熏蒸剂	二溴氯丙烷、二溴乙烷
水果	有机氯农药	六六六、滴滴涕、氯丹、三氯杀螨醇、艾氏剂、狄氏剂
	有机磷农药	甲胺磷、对硫磷、甲基对硫磷、久效磷、磷胺
	氨基甲酸酯农药	克百威
	甲基脒类杀虫剂	杀虫脒、除草脒
	氟制剂	氟化酚胺
	有机锡杀菌剂	三环锡
	卤氏烷类熏蒸剂	溴甲烷
	有机硫杀螨剂	克螨特

（编撰人：杜冰；审核人：杜冰）

98. 运输新鲜蔬菜和水果应注意哪些问题？

与其他食品不同，蔬菜、水果在采摘后并没有死亡，依然保持生命，运输过程中主要涉及以下两大问题。

（1）保鲜问题。新鲜蔬菜和水果具有易腐烂的特点，如果在运输和保鲜的过程中没有科学完善的保鲜技术，一定会造成大量的浪费，导致经济损失。蔬果变质速率主要与品种、水分含量、碳水化合物、含氮物质和色素等有关。新鲜蔬果中水分含量大多超过75%，分为结合水和自由水，水分损失导致果蔬萎蔫不新鲜，但高水分含量以及果蔬的"发汗""结露"（产品表面有凝结的水珠）又容易滋生微生物，导致果蔬腐烂变质。葡萄糖作为呼吸基质可提供蔬果维持新陈代谢的能量，运输过程中若葡萄糖被迅速消耗，则会加速蔬果的衰老，难以长期储存。运输期间蔬菜中含氮物质容易发生酶促反应，而天然色素则会自然分解出现发黄、腐烂等现象。高温条件下蔬菜中维生素和矿物质形态容易发生变化，以致影响蔬菜的品质。因此，应根据具体运输的蔬果种类选择适宜的环境温度、湿度、光照及保鲜技术，以减缓蔬果的衰老，延长货架期。

（2）机械损伤问题。机械损伤是外力引起的水果局部质地变化的结果，在运输过程中时刻发生，是一个积累的过程。机械损伤源于外部接触力或因膨压变化而产生的内部应力，使果品组织发生宏观和微观结构改变、生理活性失调（出现呼吸高峰和代谢异常等）、组成成分变化、易于被微生物污染与腐败等变化。蔬果在运输过程中发生的挤压、颠簸、碰撞、摩擦等，都可能造成外部损伤。

水果保鲜

★搜狐，网址链接：http://www.sohu.com/a/56785587_251970

（编撰人：杜冰；审核人：杜冰）

99. 贮藏新鲜蔬菜和水果应注意哪些问题？

大多数新鲜蔬菜和水果水分含量很高，蛋白质、脂肪含量低，一般含水量在70%以上，并常常超过85%。蔬果在采摘后可以被认为仍然是活体，继续存在呼吸作用。另一方面，它们离开了母体（指原来的植株），在独立"生活"的时候，就不能再靠根吸收土壤中的水分和营养，不能再靠叶片利用光合作用制造食物了，只能靠消耗自身所贮藏的营养，随着贮存时间的延长，其营养就越来越少，器官就会衰老，进而导致死亡。

因此，新鲜蔬菜和水果在贮藏过程中应注意以下问题。

（1）温度。降低温度能减缓果蔬的呼吸、抑制热能积蓄、减缓失水速率、抑制微生物繁殖等，但是过低的温度则会使果蔬被冻伤，表皮凹陷褐变，高度失水。贮藏温度应控制在适宜范围内。

（2）气体。果蔬采摘后的呼吸过程吸收O_2，放出CO_2，因此降低空气中的O_2水平，增加CO_2水平，能有效减缓果蔬的呼吸作用，采用气调保藏技术可以延长贮藏时间。但是CO_2含量超过5%～10%，也会对果蔬造成伤害。

（3）湿度。水分是所有生物化学反应的介质，还是许多高分子物质的组成成分。蔬果贮藏过程中，蔬果本身的水分，特别是自由水，含量越高，化学反应进行越快，呼吸越旺盛。因此，采摘蔬果前不宜溅水，采摘后要先进行预冷。另外，贮藏环境的相对湿度最好不要超过85%。

（4）避免机械损伤。受伤的蔬果呼吸强度会增加，加速蔬菜的腐烂，因此在入库贮藏前要注意避免蔬果的机械损伤。

（编撰人：杜冰；审核人：杜冰）

100. 要保证果蔬的贮藏质量应注意哪些环节？

果蔬中的化学成分主要有水分和干物质两大类，干物质一般又分为水溶性物质和非水溶性物质。水果和蔬菜中的水溶性物质主要是糖类、果胶、有机酸、多元醇、酶、水溶性维生素、单宁及部分无机盐类；非水溶性物质主要有纤维素、半纤维素、原果胶、淀粉、脂肪、色素、维生素、矿物质和有机盐等。这些物质具有各自的特性，而这些特性则是决定水果和蔬菜本身品质的重要因素。因此，要保证果蔬的贮藏质量，应尽可能地减少上述成分的流失。

贮藏果蔬品质的降低在专业术语上叫衰老，它是由于存在的酶活性引起的。有许多因素影响到衰老率，其中有两个基本因素：温度和贮藏室的气体条件。降低温度和O_2水平，增加CO_2水平能大大降低衰老率，保持更好的品质。但是温度太低会使许多蔬果被冻伤，而CO_2含量超过5%～10%也会对果蔬造成伤害，影响果蔬品质。

（编撰人：杜冰；审核人：杜冰）

101. 预冷在蔬菜和水果的贮藏中起什么作用？

新鲜蔬菜和水果如果需要长期贮藏，一般建议先进行预冷处理才能进行冷库保藏，预冷的主要作用如下。

（1）迅速除去田间热和呼吸热。果蔬采摘前后由于阳光和气温等因素作用蓄积在果蔬体内的热量称为田间热。果蔬呼吸作用中释放的能量大部分以热的形式散发出体外，这种热量称为呼吸热。田间热和呼吸热是果蔬在低温下贮藏时首先应克服的两个热源。通过冷却手段可迅速降低果蔬温度，从而减缓果蔬的呼吸、抑制热能积蓄。

（2）减少果蔬水分损失。果蔬失水会出现萎蔫与皱缩，严重影响产品的外观及商品价值。温度越高，果蔬表面水分蒸发得越快，同时会促使微生物的繁殖，加快水分的散失，降低温度可以减缓失水速率。

（3）降低呼吸速率，保持果蔬品质。采摘后的果蔬仍需消耗自身内部养分产生能量以维续生命，也就是将自身贮存的养分如淀粉、糖类或脂肪转化为能量，部分用来合成细胞修复，大部分则以热量的方式释放出来。高温会加速果蔬的呼吸速率，养分代谢速率也越快，果蔬也越容易老化和腐败，不易贮藏。反之，在低温下果蔬呼吸率降低，可以长期贮藏。

（4）抑制病原菌繁殖。一般果蔬致腐病原菌的生长发育最适温度为20～30℃，低温可以抑制菌落的生长或减缓孢子的萌芽和菌丝的生长，避免果蔬因微生物快速繁殖而腐坏。

（5）防止乙烯产生。植物组织会产生天然的植物激素乙烯，尤其在果实熟后、物理伤害、环境逆境及组织老化时，会造成叶片脱落、叶绿素消失、组织老化等不良影响。采收后将产品预冷可有效抑制乙烯所造成的不良影响。

（6）提高经济效益。预冷处理能使随后运输或贮藏过程中的制冷量大大减少，且在入库时不必考虑新、旧产品的堆置分隔，减少工作量，提高生产效益。

（编撰人：杜冰；审核人：杜冰）

102. 不宜空腹食用的蔬菜和水果有哪些？

在生活中有很多食物是不能空腹吃的，不然将会给身体带来严重的危害，下面列举部分不宜空腹使用的果蔬。

（1）番茄。含有大量的果胶、柿胶酚、可溶性收剑剂等成分，容易与胃酸发生化学作用，凝结成不易溶解的块状物。这些硬块可将胃的出口——幽门堵塞，使胃里的压力升高，造成胃扩张而使人感到胃胀痛。

（2）柿子。含有柿胶酚、果胶、鞣酸等物质，具有很强的收敛作用。在胃空时遇到较强的胃酸，容易和胃酸结合凝成难于溶解的硬块。小硬块可以随粪便排泄，结成大的硬块，就易引起"胃柿结石症"，中医称为"柿石症"。

（3）香蕉。含有大量镁元素，如空腹大量吃香蕉，会使血液中含镁量骤然升高，造成人体血液内镁与钙的比例失调，对心血管产生抑制作用，不利健康。

（4）橘子。橘汁含有大量糖分和有机酸，空腹进吃橘子，会刺激胃黏膜。

（5）山楂。山楂的酸味具有行气消食作用，但若空腹食用，会增加饥饿感并加重胃病。

（6）甘蔗和鲜荔枝。空腹时吃甘蔗或鲜荔枝切勿过量，否则会因体内突然渗入过量高糖分而发生"高渗性昏迷"。

（7）黑枣。含有大量果胶和鞣酸，易和人体内胃酸结合，出现胃内硬块。

特别不能在睡前过多食用，患有慢性胃肠疾病的人最好不要食用。

（8）菠萝。内含的蛋白分解酵素相当强，如果餐前吃，很容易造成胃壁受伤。菠萝最好能泡一下淡盐水，吃太多嘴唇及舌头会发痒过敏，过食会让胃酸过多，也会让人觉得恶心。

（编撰人：杜冰；审核人：杜冰）

103. 病人在服药前后吃蔬菜和水果应注意些什么？

通常在服药前后的30min，最好不要吃东西，尤其不要吃蔬菜和水果，因为有些蔬菜和水果中含有可以和药物发生化学反应的物质，使药物的作用降低。

（1）降血脂药、抗生素、安眠药、抗过敏药等，均可能与某些蔬菜和水果中的物质发生作用，从而使药物失效，或使药物产生毒副作用，如某些抗过敏药可以与柑橘类水果发生反应，引起心律失常，甚至引起致命性心室纤维性颤动，某些抗生素与水果发生反应，会使抗生素的疗效大大下降。过敏性鼻炎的患者在服用抗过敏药物（特非那定）的同时，如饮用了葡萄柚汁（又称胡柚汁）就可能中毒。一些水果还能和抗生素发生反应，影响药物吸收。

（2）多数水果含柠檬酸和苹果酸，会改变肠道中的pH值，进而间接影响到药物的作用。对pH值敏感的药物，如口服青霉素类药物，与含酸较多的水果（如山楂、葡萄等）一同服用时，就会影响到药物的疗效。

（3）某些水果含有鞣质成分，尤其是在青涩的水果中较多，如未熟的柿子、苹果、杏等。鞣质成分容易和药物发生化学反应，导致药物在体内聚集沉淀，溶解度变小，从而使药效降低。

（4）水果中的矿物质可以和某些药物（如四环素类）产生综合反应，形成难溶的复合物，使药物在体内吸收受阻。

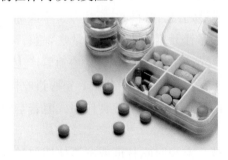

维生素E

★中国产业信息研究网，网址链接：http://www.china1baogao.com/news/20150506/7197382.html

（5）有些水果（如葡萄柚）中的成分，会降低体内药物代谢酶的活性，使药物在人体内的浓度升高，导致不良反应。目前的研究发现，葡萄柚汁对免疫抑制剂环孢素和抗高血压药物都有比较明显的抑制作用。

（编撰人：杜冰；审核人：杜冰）

104. 如何处理蔬菜、水果以减少农药残留?

（1）延长保存时间。农药会降解，接触空气、光等可使降解率提高。对于易储藏的蔬菜水果，特别是一些根、茎类蔬菜比如土豆、南瓜等不易腐烂的蔬菜，可以先放置3天以上再食用。特别是可以通过延长保藏时间来有效降解那些未达到安全间隔期就已经采摘的蔬菜的残留农药。

（2）清洗。蔬菜水果经过清水冲洗浸泡后可除去大部分水溶性的农药残留。蔬菜水果表面的蜡质层容易固定脂溶性农药，只用清水冲洗浸泡的效果不佳。所以，蔬菜水果可先用清水冲洗2～3次，再浸泡。首选10%碱水浸泡，其次用果蔬清洗剂水浸泡，也可以用淘米水或2%盐水浸泡10min，然后再用清水冲洗。

（3）去皮。瓜果类的蔬菜水果表层的蜡质容易吸收有机磷、除虫菊酯这类在水中溶解度低的农药，所以去皮可以有效除去农药的残留。像大白菜、椰菜类的包叶蔬菜，最外层的菜叶残留的农药相对较多，可把最外层的菜叶剥去来使农药残留的风险降低。

（4）烹饪。像芹菜、辣椒、豌豆等这些除去农药残留难度大的蔬菜，可先用清水冲洗干净表面，再放入沸水中焯烫2～5min捞出，接着用清水冲洗1～2次，一些农药通过高温可以有效除去。

清水冲洗水果

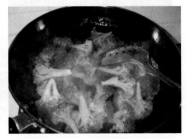
沸水焯烫蔬菜

★我查查网，网址链接：http://www.wochacha.com/newsqs_subjectview_id_12529.html
★搜狐网，网址链接：http://www.sohu.com/a/125298523_456086

（编撰人：伍怡斐；审核人：黄苇）

105. 食用蔬菜、水果有哪些禁忌事项?

（1）分人群。个体千差万别，吃、不吃或吃多少，都得视身体情况来定。

容易拉肚子的人应该少吃带籽的鲜果，如猕猴桃、火龙果、桑葚、柿子、草莓、甜瓜、西瓜、葡萄等水果籽不能被肠道消化吸收，会加速肠道蠕动排出里面的内容物。同理，因膳食纤维摄入不够而造成便秘的人，就适宜多食用有籽的鲜果。

如果是自身的消化能力较差的人群，在吃了很多油腻或高蛋白食品，胃肠道负担较重的情况下，也不适宜再进食大量的水果。因为大量进食水果，会造成消化液及胃酸被稀释，进而使人体的肠道消化吸收功能和杀菌能力下降，可能会引起胃胀、产气及细菌性食物中毒。

有些人群还可能对某些水果有过敏反应，因此大家要清楚自己的过敏源。

（2）要有度。万事皆有度，过分贪吃水果，也不利于健康。比如，一次吃两斤葡萄或者一口气吃半个西瓜会造成糖分过多摄入，不利于控制血糖。

（3）蔬菜、水果成分不正常时，千万不要吃。含有天然有毒物质的蔬菜水果，如发芽的土豆、霉变的甘蔗等，即使食用少量也会引起食物中毒。

（4）含有天然有毒物质的蔬菜水果，如四季豆、苦杏仁、黄花菜等一定要煮熟、煮透才吃；柿子一定要成熟后才吃。

发芽的马铃薯　　　　　　　　霉变的甘蔗

★合肥网，网址链接：http://www.wehefei.com/system/2015/05/19/010431053.shtml
★百度图片，网址链接：http://news.ycwb.com/2017-03/29/content_24545993.html

（编撰人：伍怡斐；审核人：黄苇）

106. 哪些食物一定要煮熟才能吃?

（1）黄花菜。黄花菜就是我们常说的金针菜，但鲜黄花菜含有秋水仙碱，是一种生物碱，在人体中被氧化成二秋水仙碱，这种物质含有剧毒，会引起恶心、呕吐、口渴、喉干、腹泻、头昏，引起血尿、少尿，抑制骨髓，引发再生障碍性贫血。可以对其进行蒸制、烘晒加工成干制品，也可以把刚摘下来的黄花菜用开水浸泡去除其中汁液，烹饪时彻底炒熟才可放心食用。

（2）马蹄、鲜莲藕。这类食物会寄生囊蚴，其成虫就是姜片虫，通常附着在小肠的黏膜上，会引起肠损伤，严重的会引起小肠溃疡，体内寄生了姜片虫的人会出现消化不良、腹泻、腹痛、大便异臭，儿童患上了这种病，面部和全身会出现浮肿的现象，还可能会出现营养不良的症状，严重的会影响他们的生长发育。食用前要用开水烫泡或煮熟再吃。

（3）蚕豆。蚕豆中含有巢菜碱苷，生吃会出现腹胀、腹痛，少数人食用蚕豆后会发生溶血性贫血，轻度症状表现为发烧、恶心、呕吐、腹痛、腰痛，应将蚕豆反复浸泡后再煮熟食用，并且一次不要食用太多，体内缺乏红细胞-6-磷酸葡萄糖脱氢酶的人请不要食用蚕豆及蚕豆制品。

（4）银杏。银杏也叫白果，具很高的营养价值和药用价值，但银杏中含有白果醇、白果酸等，严重的还会出现呼吸困难和瘫痪。银杏必须熟透了再吃，一次不要食用太多。

（5）苦杏仁。苦杏仁中含有苦杏仁苷，这种物质进入人体以后会在消化酶和酸的作用下分解成有剧毒的氢氰酸，引发急性中毒。苦杏仁苷是溶于水的物质，在水中浸泡一下，然后再进行加热，这样可将其中的苦杏仁苷破坏掉。

黄花菜（戚镇科 摄）　马蹄（戚镇科 摄）　鲜莲藕（戚镇科 摄）

蚕豆　　　　　　　银杏

★饭菜网，网址链接：https://www.fancai.com/yangsheng-19563/
★金泉网，网址链接：http://www.jqw.com/proshow-3533197.htm

（编撰人：田兴国，徐小艳，谌国莲；审核人：谌国莲）

107. 如何评定羊肉品质?

根据农业标准NY/T 2793—2015《肉的食用品质客观评价方法》规定,鲜肉的食用品质指标主要包括肉的pH值、颜色、剪切力、保水性、汁液流失、贮藏损失、蒸煮损失、加压失水率、离心损失等物理指标。感官指标方面分为肉色、嫩度、风味和多汁性,还可以从化学指标如蛋白质、脂肪及其他物质的含量方面进一步评价。

（1）羊肉的pH值采用便携手持式pH计或台式pH计测定,宰后24h的pH值介于5.50和5.90之间。

（2）颜色采用便携式或台式色差计测定,正常值范围:L^*值介于30和45之间;a^*值介于10和25之间;b^*值介于5和15之间。

（3）剪切力采用肉类剪切仪或物性测定仪测定,正常值范围:宰后72h不超过60N。

（4）保水性的正常值范围。汁液流失不超过2.5%;贮藏损失不超过3.0%;蒸煮损失不超过35.0%;加压损失不超过35.0%;离心损失不超过30.0%。

羊肉

★百草录网,网址链接: http://www.baicaolu.com/doc-view-46482.html

（编撰人: 杜冰; 审核人: 杜冰）

108. 羊皮的防腐、贮藏及运输有哪些方面的注意事项?

剥下的生皮要用盐进行腌制和晾晒,以防止生皮腐败变质。盐腌法可分2种,干盐腌法和盐水腌法。

（1）干盐腌法。把纯净干燥的细食盐均匀地撒在鲜皮内面上,细盐的用量为鲜皮重的35%～50%,一般需要6～8天时间。

（2）盐水腌法。用24%～26%的食盐液浸泡鲜皮16～26h,每隔6h添加食盐使其浓度恢复到规定值，盐液温度控制在15℃为宜。浸泡结束后，可将鲜皮捞出，搭起来滴液2天，再用鲜皮重的20%～25%的干盐撒在皮板上堆置，使盐迅速均匀渗入鲜皮。这种方法不容易造成掉毛现象，更耐贮藏。

腌制后的板皮应放在干燥、通风、阴凉的地方进行晾晒，但不能暴晒。水分蒸发过快，容易造成皮表面收缩或使胶原胶化、高温干燥，还可能使胶原发生不可逆变性，干燥不均匀，会使生皮浸水不均匀，而不便以后的熟制。晾晒温度不高，水分均匀缓慢蒸发，当生皮的水分含量降低到15%时，细菌就不易繁殖，达到防腐目的。数量少时，可平摊散放；数量较大时，应按等级捆放，堆放要用石头或木板垫平。羊皮堆放久了，容易发生虫蛀，应隔一段时间晾晒一次，也可在板皮上撒少许食盐，以防虫蛀。

潮湿的毛皮宜干燥后再起运。运输过程中毛皮应毛面向里，板面朝外，用细绳捆好便于运输。毛皮在起运和到达终点时，必须移放在仓库中。装卸车时，尽量使皮铺平以防折断。

羊皮

★全景网，网址链接：http://www.quanjing.com/imgbuy/ul0274-2734.html

（编撰人：杜冰；审核人：杜冰）

109. 无公害肉羊养殖的生产过程如何？

根据NY/T 5151—2002《无公害食品肉羊饲养管理准则》规定，无公害肉羊养殖要求包括如下方面。

（1）羊场环境与工艺。

①羊场环境应符合GB/T 18407的规定。

②场址用地应符合当地土地利用规划的要求，充分考虑羊场放牧的饲草、饲料条件，羊场建地势干燥、排水良好、通风、易于组织防疫的地方。

③羊场周围3km以内无大型化工厂、采矿场、皮革厂、肉品加工厂、屠宰场

或畜牧场等污染源。羊场距离干线公路、铁路、城镇、居民区和公共场所1km以上，远离高压电线。羊场周围有围墙或防疫沟，并建立绿化隔离带。

④羊场生产区要布置在管理区主风向的下风或侧风向，羊舍应布置在生产区的上风向，隔离羊舍、污水、粪便处理设施，病、死羊处理区设在生产区主风向的下风或侧风向。

⑤场区内净道和污道分开，互不交叉。

⑥按性别、年龄、生长阶段设计羊舍，实行分阶段饲养、集中育肥的饲养工艺。

⑦羊舍设计应能保温隔热，地面和墙壁应便于消毒。

⑧羊舍设计应通风、采光良好，空气中有毒有害气体含量应符合NY/T 388的规定。

⑨饲养区内不应饲养其他经济用途动物。

⑩羊场应设有废弃物处理设施。

（2）羊只引进和购入。

①引进种羊要严格执行《种畜禽管理条例》第7、8、9条，并按照CB 16567进行检疫。

②购入羊要在隔离场（区）观察不少于15天，经兽医检查确定为健康合格后，方可转入生产群。

（3）饲养。

①饲料和饲料原料应符合NY 5150的规定。

②不应在羊体内埋植或者在饲料中添加镇静剂、激素类等违禁药物。

③商品羊使用含有抗生素的添加剂时，应按照《饲料和饲料添加剂管理条例》执行休药期。

无公害肉羊养殖

★中国农业网，网址链接: http://www.zgny.com.cn/eproduct/2012-04-11/30871806.shtml

（编撰人：杜冰；审核人：杜冰）

110. 肉羊屠宰包括哪些要点？

根据国家标准GB/T 9961—2008《鲜、冻胴体羊肉》、GB 12694—2016《畜禽屠宰加工卫生规范》和农业标准NY/T 1341—2007《家畜屠宰质量管理规》明确规定的肉羊屠宰要点包括如下方面。

（1）宰前要求。

①供宰羊应来自非疫区，并附有齐全的动物检疫证明文件。

②经检疫判定为合格的羊入待宰圈，不宜正常屠宰的则按规定处理。严禁健畜、病畜混宰。

③待宰羊临宰前应停食静养，喂水应适宜。

④待宰羊宰前应用温水冲洗至体表无污垢。

（2）屠宰加工。

①应采用电麻或其他致昏措施，不应致死。

②应放血完全，食用血应用安全卫生的方法采集。

③应剥皮（或烫毛），去头、蹄、内脏（肾脏除外）、大血管、乳房和生殖器。皮下脂肪或肌膜应保持完整。

④应去三腺（甲状腺、肾上腺、病变淋巴结）。

⑤应修割整齐，冲洗干净；应无病变组织、伤残、残留小片毛皮、浮毛，无粪污、泥污、胆污，无凝血块。整修后的胴体和副产品应符合相关卫生质量标准。

⑥胴体进行分割、去骨、包装前应预冷至适宜温度，并在适宜的低温环境下操作，避免产品污染变质。

⑦屠宰供应少数民族食用的肉羊产品的屠宰厂（场），在保证其卫生质量的前提下，要尊重民族风俗习惯；使用祭牲法宰杀放血时，应设置使活羊仰卧固定装置。

（3）宰后检查。

①宰后对肉羊头部、蹄（爪）、胴体和内脏（体腔）的检查应按照国家相关法律法规、标准和规程执行。

②经检疫合格的产品应加盖统一的检疫合格印章或标识并签发检疫合格证。印章染色液应对人无害、盖后不流散，迅速干燥，附着牢固。

③经判定为有条件可食肉、工业用肉、销毁肉等均应分别加盖识别印章，并分别在指定场所按有关规定处理。

肉羊屠宰

★首商网，网址链接: http://www.sooshong.com/luxinqida/offerdetail-154088430797172.html

（编撰人：杜冰；审核人：杜冰）

111. 如何进行鸡肉保鲜？

鸡肉不但滋味鲜美，而且营养丰富，具有独特的营养价值与保健功能，但由于鸡肉具有高蛋白及高水分的特性，而在贮存过程中易于腐败变质，因此鸡肉保鲜技术尤为重要，其主要保鲜技术如下。

（1）物理保鲜法。

①低温冷藏保鲜。低温保鲜是人们普遍采用的技术措施，冷藏是将肉品保存在略高于其冰点的温度，通常在2~4℃，这一范围内大部分致病菌停止繁殖。

②低水分活度保鲜。将水分活性降至0.7左右时，绝大部分的微生物均被抑制。最常见的低水分活性保鲜方法有干燥处理及添加食盐和糖。

③微波处理保鲜。微波技术能在短时间内对肉品内外同时杀菌，又不破坏营养成分。

（2）化学保鲜法

①化学防腐剂保鲜。化学防腐剂主要指各种有机酸及其盐类。许多试验已经证明，这些酸单独或配合使用，对延长肉保存期均有一定效果。

②气调包装保鲜。在密封材料中放入食品，用选择好的气体（CO_2、O_2、N_2）代替包装内的气体环境，以抑制微生物的生长，从而延长食品货架期。

（3）生物保鲜法。

①发酵保鲜。利用人工环境控制，使肉制品中乳酸菌的生长占优势，将肉制品中碳水化合物转化成乳酸，降低产品pH值，从而抑制其他微生物的生长。

②天然防腐剂保鲜。天然保鲜剂是由来自生物体具有抑菌作用的物质经加工而成，在保证鸡肉品质的同时，更具安全无毒，作用范围广等优势。

（4）栅栏技术。没有一种保鲜措施是完美无缺的，因此需要的是综合各种防腐保鲜措施，发挥各自的优势，达到最佳保鲜效果。

鸡肉低温冷冻保鲜　　　鸡肉的气调包装

★百度，网址链接：https://www.google.com.hk/search?q=鸡肉冷藏贮存&safe=strict&source=lnms&tbm=isch&sa=X&ved=0ahUKEwiP9YH08JHaAhUCnJQKHVsQDYwQ_AUICigB&biw=1401&bih=735

（编撰人：黎攀；审核人：杜冰）

112. 如何制作咸蛋？

咸蛋又称盐蛋、腌蛋，断面蛋白分明，蛋白质地细嫩，蛋黄细沙状，呈微红色起油，中间无硬心，味道鲜美，其中以高邮咸蛋最为著名。传统咸蛋的加工方法有很多，主要有提浆裹灰法、盐泥涂布法和盐水浸渍法等，其原理主要利用的是高盐使蛋白质变性。

提浆裹灰法是我国大多出口咸蛋制作的方法，主要步骤有打浆、提浆、裹灰，具体制法为：将食盐溶于水中，加入草灰分后在打浆机内搅拌均匀，过夜后即可使用。将原料蛋放在灰浆内翻转，使蛋壳表面均匀的沾上约2mm厚灰浆，再经过裹灰或滚灰后将灰料紧压在蛋上，入缸密封。成熟期夏季为20～30天，春、秋季为40～50天。

盐泥涂布法即用食盐加黄泥调成泥浆盐制咸蛋。配料：鲜鸭蛋1 000枚、食盐6.0～7.5kg、干黄土6.5kg、清水4.0～4.5kg。食盐加水溶解后，加入搅碎的干黄土调成浆糊状，将经过检验的新鲜鸭蛋放在泥浆中，使蛋壳上全部沾满盐泥后，入缸装满后将剩余的泥料倒在容器中的咸蛋上，加盖。成熟期夏季为25～30天，春、秋季为30～40天。

盐水浸泡法具有速度快，盐水可重复利用的优点。腌制时用开水配成浓度为20%的盐水，冷却至20～25℃，即可浸泡腌蛋。成熟期夏季为25～30天，冬季为

30～40天。

鲜鸭蛋经过腌制后咸蛋黄的营养价值和新鲜蛋黄接近，含有优质蛋白质、卵磷脂和钙、磷、铁等多种矿物质，还有人体所需的各种氨基酸和微量元素及维生素，而且容易被人体所吸收，还具有滋阴养肾、清肺火、降阴火等功效，但也要注意孕妇、脾阳不足者不宜食用；含盐量太高，心脑血管病人、高血压、高血脂病人要少吃或尽量不吃；一般的健康人建议每次吃不超过半个咸蛋。

近年来随着绿色健康观念的深入人心，越来越多的人提倡低盐饮食，低盐咸蛋的制作也得到了一定的发展，分两阶段使用不同浓度的盐水腌制咸鸭蛋，可以达到降低蛋白盐分含量的目的。第一阶段使用较高浓度（20%）的盐水腌制15～20天，快速使蛋清达到适宜的咸度，再换用低浓度（3.5%）的盐水继续腌制，可以使蛋清的盐分含量不再上升，而使蛋黄继续腌制，即盐分继续向蛋黄渗透，蛋黄脱水作用继续进行，至达到松沙出油的理想状态。

咸蛋

★百度图片，网址链接：http://1mgqn.koudaitong.com/upload_files/2015/06/23/
FqueEqgTU8abAj11TtSdEZI7jodi.jpg%21730x0.jpg

（编撰人：杜冰；审核人：杜冰）

113. 如何制作无铅皮蛋？

皮蛋是我国传统风味的蛋制品，色泽美观、风味独特、营养丰富，深受国内外消费者的喜欢。皮蛋的形成是各种辅料共同作用的结果，主要是纯碱与生石灰、水作用生成的氢氧化钠起作用。鲜蛋蛋白中的氢氧化钠含量达到0.2%～0.3%时就会凝固。鲜蛋浸泡在5.6%左右的氢氧化钠溶液中7～10天就成凝胶状态。

采用传统工艺加工皮蛋时，一般会使用氧化铅（PbO），它能使蛋白质凝固，缩短成熟时间，还具有增色、离壳等作用。但铅具有毒害作用，在人体肝脏积累会引起中毒。根据国家规定，每1 000g皮蛋铅含量不得超过0.5mg，符合这一标准就可以称作"无铅皮蛋"。

无铅皮蛋的制作可在浸泡法制作溏心皮蛋的基础上采用硫酸铜和硫酸锌代替氧化铅，具体方法如下。

（1）照蛋、敲蛋、分级。常采用灯光照蛋的方法挑选鲜蛋，挑选鲜蛋之后采用敲蛋振音的方法进一步检查质量，将大小和重量相近的蛋分为一类，以保证成熟期和质量。

（2）配方。料液的浓度直接影响皮蛋的质量和成熟期，需要根据地区、季节、蛋品质的差异对配方进行调整。具体如下：鸭蛋1 000枚，水50kg，石灰16～17kg、纯碱35kg、茶叶1.75kg、食盐1.5kg、柴灰0.8kg、硫酸锌0.5kg、硫酸铜0.1kg。

（3）配料。将茶叶、纯碱及食盐加入清水锅内煮沸、搅拌，弃去渣滓物，加入硫酸铜及硫酸锌搅拌即可。

（4）灌蛋。待配料冷却至室温，将鲜蛋入缸，用竹盖撑在缸内保证使蛋全部浸在料液中。

（5）成熟。泡制期间必须注意温度的变化，皮蛋加工最适温度为20℃左右，成熟时间为25天左右。皮蛋成熟之后即出缸、清洗、晾干。

（6）涂泥包糠。将60%～70%的黄黏土与30%～40%的已腌制过皮蛋的料汤调成糊状，剔除破、次、劣皮蛋之后及时将出缸的皮蛋包裹，均匀粘上稻壳防止粘连。

无铅皮蛋

★百度图片，网址链接：https://timgsa.baidu.com/timg?image&quality=80&size=b9999_10000&sec=1525456401861&di=4a6d97f31bfa124050f4a80e3be0f539&imgtype=0&src=http%3A%2F%2Fpic.qqtn.com%2Fup%2F2017-5%2F201705151710291170392.png

（编撰人：杜冰；审核人：杜冰）

114. 如何保存鲜蛋类?

鸡蛋中含有丰富的蛋白质、脂肪、维生素、钙、锌、铁、核黄素、DHA和卵磷脂等人体所需的营养物质，营养专家称之为"完全蛋白质模式"，被人们誉为"理想的营养库"。但是鲜蛋在产出后一个星期左右，其自身表面的一层生物膜会自行脱落，微生物和空气可以通过蛋壳进入蛋内，加快蛋白膜氧化、水分蒸发、蛋白水样化和蛋黄变质，最终导致鸡蛋失重，商品价值和食用价值下降。

目前应用前景较好的鸡蛋保鲜方法主要有以下几种。

（1）涂膜保鲜法。直接将具有保鲜效果的产品涂膜于鸡蛋壳表面，形成一层保护层，以达到阻止细菌侵入，延缓鸡蛋腐败的目的。主要采用的涂膜保鲜剂有：壳聚糖、大豆分离蛋白、蜂胶、蜡乳液、钙制剂、植物油等。

（2）热处理保鲜法。用含有0.08%活性钙的水溶液（50℃）中加热处理鸡蛋20min，然后在30℃下贮藏，其保质期可延长至少1个月，贮藏40天，其哈夫单位仍具有比较大的值，保留在A级水平上。

（3）二氧化碳处理保鲜法。对鸡蛋进行气调包装，调节二氧化碳的比例，可有效延长食品的保质期。

（4）臭氧杀菌真空包装法。鸡蛋在0.5%过氧乙酸溶液中进行预杀菌，然后臭氧杀菌3min，用复合袋真空包装，鸡蛋保鲜期可达7个月，好蛋率在95%以上。臭氧具有杀菌、灭酶、消毒等功能，被广泛应用于食品杀菌。

（5）高压静电场技术保鲜法。高压静电场处理能很好地保持鸡蛋内部的含水量，能有效降低哈夫单位、蛋黄指数与挥发性盐基氮的变化速率。在一定的电场强度范围内，低场强长时间处理和高场强短时间处理，对鸡蛋的保鲜效果更好。

（6）谷糠干藏法。在盛器中先铺上一层谷糠，放一层蛋再铺一层谷糠（锯末和草木灰也可），一般在几个月内不会变质。

（编撰人：杜冰；审核人：杜冰）

115. 蛋品质量的感官鉴别和新鲜度的快速测定方法有哪些？

（1）蛋品质量的感官鉴别方法如下。

①从外观。优质鲜蛋壳有一层霜状粉末，蛋壳完整而清洁，色泽鲜明，呈粉红色或清白色，无裂纹，手摸时蛋壳粗糙，重量适当，摇动无声，轻磕时，发出如石子相碰的清脆咔咔声；皮色油亮、灰白或乌灰，碰撞声音空洞，在手中掂量有轻飘感，晃动时里面有东西晃动的是陈旧蛋或孵化蛋。②灯光透视。优质鲜蛋蛋壳表面无斑点，气室高度为4～7mm，整个蛋呈微红色，看不见蛋黄或略见暗影于中心，陈旧蛋蛋壳有霉点，气室较大，蛋黄周围阴影较明显，偏离蛋的中

央。③打开蛋壳观察。优质鲜蛋蛋黄隆起、完整，并带有韧性，蛋白浓厚，稀稠分明，系带粗白而有韧性，并紧贴蛋黄的两端；陈旧蛋打开以后，蛋黄扁平，有的已经分散于蛋白中，膜松弛，蛋白稀薄，浓蛋白减少，稀蛋白增多，细带松弛，有的会粘着蛋壳。

（2）蛋的新鲜度快速鉴别方法如下。①用盐水漂。鲜鸡蛋的平均密度为1.084 5g/ml，由于蛋内水分不断蒸发，气室逐日增大，密度也每天减少0.001 7～0.001 8g/ml，因此测定鸡蛋的密度可以判断出鸡蛋的新陈，但此方法不适用于贮藏蛋。配制3种不同密度的盐水，8%盐水（密度1.060g/ml）、10%盐水（1.073g/ml）、11%盐水（1.080g/ml）→先把鸡蛋投入10%的盐水中，再移入11%和8%的盐水中，观察其沉浮情况→进行判断。在10%盐水中下沉的鸡蛋均为新鲜蛋；在11%盐水中仍下沉的为最新鲜；在10%和11%盐水中都悬浮不下沉，但在8%盐水中下沉的蛋，介于新陈之间，还可以食用；在3种盐水中都悬浮不下沉，为腐败变质的蛋，不可食用。②转动。在平面上转动鸡蛋，新鲜的鸡蛋因蛋清、蛋黄与蛋壳之间结合紧密，阻力较大，所以转速较慢，并且转2～3圈之后就会停下，臭蛋则会转得又快时间又长，如果速度不快不慢，圈数也较多，则是陈蛋。③用冷水浸。把鸡蛋浸在冷水里，如果平躺在水里，说明十分新鲜，如果倾斜在水中，表示至少已经存放了3～5天，如果笔直立在水中，说明可能已经存放了10天之久，如果高高地浮在水面上，有可能已经变质，不可食用。

鸡蛋（戚镇科 摄）　　　　　　　　鸭蛋

★昵图网，网址链接：http://www.nipic.com/detail/huitu/20160502/172426107200.html

（编撰人：田兴国，徐小艳，谌国莲；审核人：谌国莲）

116. 肯德基使用的鸡真的有6个翅膀吗?

在几年前，肯德基被曝出使用有6个翅膀、多只脚、无毛等特点的"速成鸡"来制作鸡肉制品，造成了消费者的恐慌。他们认为，这些"速成鸡"基本都是在饲养过程中，使用激素缩短鸡的生长周期，从而达到45天就可以出栏售卖。

何为"速成鸡"？其实所谓的"速成鸡"，学名叫白羽肉鸡，老百姓又称"快大鸡"，这类鸡种的显著生理特征，就是生长速度快。根据联合国粮农组织（FAO）的计算，目前世界商品肉鸡，大部分是在42～48天出栏，其中最常见的是45天出栏。能够得到45天出栏的鸡，品种选育是极为重要的。科学家将生长周期短的鸡进行配种繁殖，最终优选得到能在45天左右出栏的鸡。当然，这也离不开科学的饲料配方，防疫以及饲养管理。

真的有形态怪异的鸡吗？多翅多脚的鸡会存在，不过都属于畸形鸡的范畴。在鸡场中，一般情况都会直接处理掉，不会流入市场中，更不可能大规模饲养。但无毛鸡有可能会在热带国家进行规模化饲养。无毛鸡的"原型"已经由以色列科学家培育出来。以色列希伯来大学阿维格多尔·卡哈内尔博士证实，无毛鸡可以很好适应炎热天气，生长迅速，对周围环境污染少。所以相信科学，不随意传播谣言很重要。

网上讹传六翅鸡

以色列科学家培育的无毛鸡

★百度多翅鸡词条—词条图片，网址链接：https://baike.baidu.com/item/%E5%A4%9A%E7%BF%85%E9%B8%A1/8148336

★百度无毛鸡词条—词条图片，网址链接：https://baike.baidu.com/item/%E6%97%A0%E6%AF%9B%E9%B8%A1/6110374?fr=aladdin

（编撰人：黄志钰；审核人：黄苇）

117. 山楂的营养与深加工制品有哪些?

山楂又称红果，药食同源，具有丰富营养价值。含糖量8%左右，含有酒石酸、苹果酸等多种有机酸，能健脾开胃，含有的解脂酶可消化积食。果实中富含维生素、胡萝卜素、铁、钙、蛋白质等营养成分，蛋白质含量是苹果的17倍，果胶、铁、钙的含量在水果中均居首位。山楂中所含的活性物质主要是黄酮类和三萜类，目前已从山楂中分离出约60种黄酮类物质，且大量报道证实其具有扩张血管、降低血压和胆固醇、软化血管等作用。三萜类物质主要包括熊果酸、齐墩果酸等，具有强心及改善血液循环的作用。

山楂口味偏酸，富含黄酮类、有机酸等多种活性物质，适宜加工成各类休闲食品和保健食品。如休闲食品有山楂糕、山楂片、山楂条、山楂酱、炒山楂、果丹皮、山楂罐头、山楂糖葫芦、山楂复合果蔬汁、山楂果茶、山楂果醋。山楂糕等加工简单，缺点是口味单一，且酸含量高不宜多食；加工山楂果茶、果醋等则可以调节酸度，产品口味更为丰富，且利用发酵提升产品保健价值；此外，现在也出现了许多添加其他配料制成复合山楂食品，如山楂复合果蔬汁、梨丝山楂糕等。保健食品有山楂丸、山楂内消丸、山楂化滞丸、山楂冲剂、山楂降压丸、山楂降脂片、山楂浸膏片、山楂糖浆、山楂酒。山楂丸等主要用于辅助治疗消化不良、积滞积食等；山楂降压丸、降脂片则是利用山楂在心脑血管调节方面的特殊功效，对山楂有效成分进行提取、浓缩后制作；山楂酒可以消积食、散淤血、驱绦虫。此外，还有加入茯苓、薏仁等，与山楂制作具有降尿酸等保健功效的食品。

山楂

★百度图片，网址链接: http://www.baoha5.com/file/upload/201612/21/083748191.jpg

（编撰人：杜冰；审核人：杜冰）

118. 怎样加工山楂果丹皮？

山楂果丹皮是华北地区著名传统小吃，是用山楂制成的卷，具有开胃、消食、活血、散瘀功效，加工极为简单。原理是利用山楂中含有的大量果胶及其他黏性物质的凝结作用定型生产。加工工艺主要包括原料分选、清洗、软化打浆、调配、刮片烘干、切片包装、成品这几个步骤。加工难点是调配过程中白砂糖的添加量和刮片烘干过程中对温度和时间的控制，实际生产中需根据原料特点、果泥含水量等进行摸索、调节。目前各生产环节均可采用机器进行大生产，替代了原有手工作坊制作。生产关键节点如下。

（1）原料选择。选取充分成熟、色泽良好、无虫害或腐烂的果实，糖、酸和果胶较多的为宜（原料中含量偏少时应人工添加），一些生产罐头、果脯的下脚料也可与鲜果搭配利用。

（2）软化、打浆。将清洗干净的果实放入锅中，按照果实重量的50%～80%加水，预煮半小时左右，待果实软烂后，连水倒入打浆机中进行打浆（筛板孔径小于1mm）得山楂果泥。

（3）调配。加入山楂泥重量60%～80%的白砂糖，加水化开，搅拌均匀，重新加热浓缩为果泥。

（4）刮片烘干。将果泥倒在钢化玻璃或油布上，再用木刮刀刮平成0.3～0.5cm的薄层。送入烘房于60～65℃下干燥数小时，当干燥至有一定韧性时揭起。再放到烘烤盘上继续烘干表面水分，成品含水量约为10%。烘干过程注意通风排潮，防止受热不均。

（5）切片、包装。将烘干的山楂片切成长方块，在表面撒糖（也可以不撒），卷成卷，再包装定型即为山楂果丹皮。

山楂果丹皮

★百度图片，网址链接：http://www.csyhts.com/uploads/litimg/20140707013514_65689.jpg

（编撰人：杜冰；审核人：杜冰）

119. 怎样加工山楂果冻？

果冻是以水、白砂糖、卡拉胶、魔芋粉等为主要原料，经溶胶、调配、灌装、杀菌、冷却等多道工序制成的食品。山楂含有大量有机酸、维生素C等营养成分，且口感偏酸。将山楂加入果冻中制成的山楂果冻，外观晶莹剔透，口感酸甜爽口，深受喜爱。山楂果冻配料易得、加工过程简单，原理是利用增稠剂的凝胶作用凝固成型所得。目前市场上销售的山楂果冻有两种，一种是将山楂果肉直接添加制成"果肉果冻",另外一种是加入山楂汁,调配后凝固定型成"果汁果冻"。以果汁果冻加工为例,主要工艺如下:①将洗干净的山楂果放在水中浸泡半小时左右,去核,去蒂,放入锅中大火煮至汤汁浓稠。捞出果渣,留山楂汤。重复煮2~3次,将汤汁合并到一起。②加入果肉重量约一半的白砂糖及少量柠檬酸(或苹果酸),边搅拌边加热山楂汁,最终将山楂汤汁浓缩成山楂浸膏。③将果冻基质用水浸软后,再用小火煮至全部溶解,加入山楂浸膏,补适量水煮至汤汁均匀稳定。④稍冷后,将煮好的汤汁分装于消毒后的果冻机或模具中,冷却凝固即得成品。

加工注意事项:第一,由于产品糖含量较高,煮制和浓缩过程要不断搅拌防止糊锅;第二,工业化生产中可加入适量食用香精和防腐剂,但添加量必须符合国家标准。防腐剂在工艺②中加入,香精于工艺③汤汁稍冷后加入;第三,果冻基质有卡拉胶、魔芋粉、明胶、琼脂、海藻酸钠等,目前果冻行业一般不用明胶,而多用魔芋粉和卡拉胶(作为食品添加剂);第四,在果冻中常见的食品添加剂有卡拉胶、槐豆胶、结冷胶、乳酸钙,还有柠檬酸、柠檬酸钠、苹果酸等酸味剂,维生素C、山梨酸钾等防腐剂,β-胡萝卜素、红花黄等食用色素与食用香精。

山楂果冻

★ 百度图片,网址链接:http://cp1.douguo.com/upload/caiku/5/b/1/yuan_5b7d0d9cc8d5ae2b110f1cdc685c2e81.jpg

(编撰人:杜冰;审核人:杜冰)

120. 核桃有什么营养与功能?

(1)营养成分。核桃仁富含优质的脂肪、蛋白质、碳水化合物、维生素、微量元素等。核桃油中富含人体必需脂肪酸,且不含胆固醇,主要由棕榈酸、硬脂酸、油酸、亚油酸、亚麻酸等脂肪酸组成。其中不饱和脂肪酸含量超过90%,棕榈酸和硬脂酸2种主要饱和脂肪酸含量仅为8%左右。核桃仁由此被誉为"脑黄金"。核桃仁蛋白由18种氨基酸组成。氨基酸种类齐全且含量合理，适合人体吸收。核桃蛋白中包含亮氨酸、缬氨酸、苯丙氨酸、异亮氨酸、苏氨酸、赖氨酸、蛋氨酸、色氨酸8种人体必需氨基酸。

（2）功能。

①健脑益智。核桃脂肪由大量的亚油酸和亚麻酸等不饱和脂肪酸组成，属于大脑组织细胞的主要结构脂肪酸，是脑细胞组成的物质基础，充足的亚油酸和亚麻酸还能净化血液，清除脑血管壁内的杂质，提高脑细胞的血液供应量，保证脑细胞所需充足的养料和氧气，提高大脑的生理功能。核桃中含有丰富的锌元素，是组成脑垂体的关键成分之一。核桃中丰富的脑磷脂、卵磷脂具有很好的补脑作用，是神经细胞新陈代谢的基本物质。

②降血脂。核桃仁中含有大量的脂肪，但所含脂肪中9成以上属于不饱和脂肪酸，如油酸、亚油酸、亚麻酸等，这些不饱和脂肪酸大多不含胆固醇，在血管中不会沉降，减少胆固醇在体内沉积，且可以清除血管内壁中的新陈代谢杂质。

③抗氧化。研究发现，核桃中含有较高浓度的酚类等抗氧化剂，核桃中的抗氧化剂一定程度上能够消除那些影响健康的自由基，有助于防止衰老，治疗心血管疾病、神经系统疾病和癌症。

④其他功能。此外，研究表明，核桃还有辅助降低血糖、预防癌症、强肾助肝等功效。

核桃

★科普中国，网址链接: http://www.xinhuanet.com/science/2016-02/16/c_135100103.htm

（编撰人：杜冰；审核人：杜冰）

121. 怎样加工甜香核桃仁？

（1）甜香核桃仁工艺流程。去青皮→漂洗晾晒→取仁→香味浸泡→烘烤→加糖衣→成品包装。

（2）甜香核桃仁操作要点。

①去皮。核桃果皮由深绿色变为黄绿色或浅黄色，部分总苞裂口且有少数落果时即可采收。收获的青果堆于阴凉处，厚度约40cm，上盖树叶。5天后青皮开始离壳，即可手工剥去外皮。

②漂洗晾晒。将去皮的核桃装入筐内反复水洗，放入15%漂白粉溶液中反复搅拌。当核桃壳由青白变为黄白色时捞出，用清水冲洗至浅白色。漂白后的核桃送入40～50℃的室内烘干或室外晾干。

③取仁。将干核桃水平放置在干净的木板或水泥地面上，用木棒或铁锤轻敲外壳，使外壳裂口，剥去外壳，取出核桃。

④浸泡。浸泡所用香味浸泡液可按甜香核桃仁口味需求进行调节，例如，可取杜仲皮20%、小茴香25%、丁香草5%、甘草20%、八角15%、花椒10%、香片5%混合，加入10倍量的水中，加热至沸30min。滤出浸泡液，在浸泡液中加入3%食盐和0.04%味精。将核桃仁放入制好的浸泡液中1h，捞出沥干。

⑤烘烤。浸香后的核桃仁在60～70℃温度下干燥至含水量10%以下，用烤箱以180～190℃烘烤20～30min，以产生香气，勿烤焦。

⑥加糖衣。在夹层锅中加水3L，白糖6kg，葡萄糖3kg，葡萄浆1kg。边搅拌边加热至沸，待全部溶解后加20g柠檬酸。把烤好的核桃仁趁热倒入糖液中，拌匀。出锅后继续在60～80℃温度下烘干。

⑦包装。将晾凉的核桃仁入袋包装即为成品。

甜香核桃仁

★天禾苗木网，网址链接：http://www.thgsi.com/h-nd-200.html

（编撰人：杜冰；审核人：杜冰）

122. 贝母采收后如何加工？

贝母是多年生草本植物，为常见中药材。贝母按产地和品种的不同，可分为川贝母、浙贝母和土贝母、伊贝母四大类。贝母有清热散结、止咳化痰的功效与作用。常见中成药有贝母舒敏膏、复方贝母片等。

土贝母肉质多汁，不易干燥，产区多采用以下加工炮制方法进行干燥。①煮制法。取洗净、掰开、晾去外表水分的鲜土贝母，放入已开的水中，待再次开锅后继续煮至土贝母无白心后捞出，置于通风干燥处晾干。②蒸制法。鲜土贝母置于蒸锅内蒸15min，取出，置于通风干燥处晾干。③烘干法。取鲜土贝母，置于50℃的烘箱中烘烤至干燥。④阴干法。取鲜土贝母置于通风干燥处，自然晾干。

由于浙贝母鳞茎表皮保水作用较强，不易干燥，传统产区通常用粉吸法、生切片法加工。①粉吸法。采挖后洗净，去除芯芽，分别撞击除去外皮，拌入煅过的贝壳灰（或石灰）吸去浆汁，晒干或烘干。②生切片法。洗净除去芯芽，趁鲜切成厚片晒干或烘干，习称"浙贝片"。

平贝母加工方法：用火炕加工法即在室内土炕上用筛子筛上一层草木灰（石灰也可），然后铺上3cm厚的一层鳞茎（不宜铺的太厚），再筛上一层草木灰，然后加热使炕上的温度达到手不能久放的程度（50～56℃），一般一昼夜左右即可干透，加工产品再用筛子筛去草木灰或石灰，再炕或日晒一下，以驱除遗留的潮气，即得到平贝母的初加工品，可进行销售。

贝母

★百度图片，网址链接：https://timgsa.baidu.com/timg?image&quality=80&size=b9999_10000 &sec=1525455263580&di=1dc043fa678b1f5ee4ba90e97d1c3c90&imgtype=jpg&src=http%3A %2F%2Fimg0.imgtn.bdimg.com%2Fit%2Fu%3D3562127380%2C1221641798%26fm%3D214 %26gp%3D0.jpg

（编撰人：杜冰；审核人：杜冰）

123. 玄参如何进行加工?

玄参又叫乌玄参，为玄参科多年生草本植物，以干燥根入药。性微寒，味苦，具有滋阴降火、润燥生津、解毒利炎等功效，主要成分为生物碱、糖类及氨基酸、挥发油等，主治热病、清热泻火、滋阴生津。玄参作为中成药的原料，可生产天王补心丸、天麻丸、脉络宁、清咽喉合剂等几十种中成药。

玄参根采收后可采取如下方式加工玄参成品。

（1）晒干。玄参根采收后，堆放在晒场上，暴晒5～7天并经常翻动，使根部受热均匀，晚上收进室内存放。室外存放夜间采取防冻措施，受冻晒干后的玄参会产生空心影响质量。玄参晒至半干，修剪根茎上的芦头和须根，堆起来用塑料薄膜覆盖，焖堆4～5天使其"发汗气"再摊晒3～4天，摊晒后再焖堆4～5天，如此反复数次，直到玄参内部肉质变黑色，外表显较深的皱纹时，再晒干，即为成品。

（2）烘干。先将玄参根晒至半干，修剪芦头和须根后堆至火炕上，在50～60℃下烘至半干，取出堆积发酵2～3天，覆盖稻草，使其回潮变软，块根内部变黑，再文火烘至全干，即为成品。

玄参

★百度图片，网址链接：https://timgsa.baidu.com/timg?image&quality=80&size=b9999_10000
&sec=1525456059245&di=705d9e5a6a9e485c0582dd392470c7f8&imgtype=0&src=http%3A%
2F%2Fwww.09901.com%2Fetrade-ftpol%2Fbkcataimage%2F2016-05-30%2F1001149001%2F
2d7566843f4f47d7a3c4c3efb056d399.jpg

（编撰人：杜冰；审核人：杜冰）

124. 如何加工白术？

白术始载于《神农本草经》，列为上品，原名"术"，来源于菊科植物白术的干燥根茎，具有补气健脾、燥湿利水、止汗安胎的功效，为常见的一种中药。传统的白术加工方法有两种：用火烘干的叫烘术，晒干的叫生晒术。

（1）烘术。烘干时，烘烤火力不宜过猛，温度以不感到烫手为宜，经过火烘4～6h，上下反转一遍，待细根脱落，再烘至八成干时，取出，堆积5～6天，使内部水分外渗，表皮转软，再烘干，即得白术药材。

（2）生晒术。亦称冬术，将鲜品去净泥沙，除掉术秆，晒至足燥为止。由于白术多产在山区，又是冬天，这时阳光不足，温度也不高，白术不易晒干，要很长时间才能达到干燥要求，并且时间一长，药材易变质，而且加工出的生晒术颜色不好，味不香（挥发油含量低），所以此法一般在产地使用较少。

为了适应临床需要，白术有多种炮制品：白术饮片、麸炒白术、土炒白术、焦白术，主要炮制品的制作方法如下。

（1）白术饮片。取白术药材，除去杂质及残茎，用清水洗净，除去表面附着的泥土及杂质，按大小分开，置于洗药池中，均匀铺开，浸泡12～24h，至六七成透时，闷润24～32h，至内外湿度一致，切0.2～0.4cm的厚片，置于太阳棚内晾干，筛去碎末后包装成成品。

（2）麸炒白术。取麸皮适量，均匀撒入温度适宜的热锅内，待冒烟时，加入白术饮片，迅速翻动，用文火100～120℃炒制，炒制过程中要时时观察白术饮片的状态，至白术饮片呈黄棕色，且香气溢出时，取出，筛去麸皮，晾凉即可装袋贮存。

（3）焦白术。取净白术片，大小分档后分别置热锅内（分次炒制，以免生熟不均），用中火120～150℃炒制，在炒制过程中，应时时从入药锅口观察饮片的炒制状态，若出现火星，应喷洒少量的清水，防止发生燃烧。待炒至白术表面呈焦褐色，喷淋清水少许，熄灭火星，取出晾凉，过筛。

据有关报道，白术炮制后其挥发油含量均有不同程度地降低，增强了白术的健脾和胃、补脾止泻的作用。麸炒白术有效成分含量增加，尤其内酯类成分增加较多，因此炮制白术以麸炒为佳。

白术

（编撰人：杜冰；审核人：杜冰）

125. 白芍收后如何进行加工?

白芍性凉，味苦酸，微寒，具有养血调经，敛阴止汗，柔肝止痛，平抑肝阳等功效，适用于阴虚发热、月经不调、胸腹胁肋疼痛、四肢挛急，泻痢腹痛、自汗盗汗、崩漏、带下等症。白芍加工分为烫根、干燥两个工序。

先将芍根按其粗细分为大、中、小3个级别。然后，用锅烧沸水，把芍根放入锅内，以水浸过芍根为宜，每锅放芍根15~20kg，继续烧火煮，并不断翻动，使其受热均匀，保持锅内微沸。煮的时间一般小芍根5~8min，中等粗的芍根煮8~12min，大的芍根煮12~15min，煮到表皮发白，用竹针易穿透；用刀切下头部一薄片观察，切面色泽一致，即为煮熟，应迅速从锅内捞出放在冷水中浸泡，随即取出刮去外皮，切齐两端，摊开晒干。也可以刮去外皮而后煮，再晒干。

干燥煮好的芍根必须马上送到晒场摊薄暴晒2h，渐渐把芍根堆厚暴晒，使表皮慢慢收缩，这样晒出的芍根表皮皱纹细致，颜色好。晒时要上下翻动，中午太阳光强烈，用竹席等物盖好芍根，下午3时以后再摊开晒。这样晒3~5天，把芍根在室内堆放2~3天，促使水分外渗，然后继续摊晒3~5天，如此反复3~4次，才能晒干。晒芍根不宜过急，不可中午烈日暴晒，否则会引起外干内湿，表面干裂，易发霉变质。芍根煮好后，如遇上雨天，不能及时摊晒，可用硫黄熏（1 000kg芍根用硫黄1kg）。熏后摊放通风处，切勿堆置，否则芍根表面发黏。如久雨不晴，每天可用火烘1~2h，芍根起滑发霉，应迅速置清水中洗干净，并用文火烤干，待有太阳再晒。

白芍

★好厨网，网址链接: https://www.haochu.com/jiankang/105484.html

（编撰人：杜冰；审核人：杜冰）

126. 如何进行玉竹加工?

玉竹〔*Polygonatum odoratum*（Mill.）Druce〕为百合科多年生草本植物。植物的根茎可供药用，中药名亦为玉竹，提取类黄酮物质与桑叶提取物脱氧野尻霉素结合形成一种新物质——洗胰清糖素，具有降血糖、血脂、血压等作用。

一般于栽种后的第三年开始收获。南方于秋季采收，北方于春季采收，采挖时要防止折断。采挖时先割去地上茎秆，用耙头从下往上撬，挖起根茎，边挖边退，抖去泥土，防止折断，选留种茎后，摊晒加工。

玉竹初加工有如下4种方法。

（1）用脱毛机脱去须根毛、泥沙。再取出根状茎继续晒2~3天，装进脱毛机进一步脱去须根毛、泥沙等。通过2次脱毛搓揉，玉竹须根毛、泥沙、粗皮去净，内无硬心，色泽金黄，呈半透明状，再晒干即成初级商品玉竹条。

（2）手揉法。玉竹根茎晒到柔软不易折断时，下垫粗糙物用手搓揉，先慢后快，由轻到重，揉去须根毛、粗皮，直至玉竹色泽金黄、呈半透明状、手感黏附糖汁为好。使糖汁外溢充于表皮，松泡鼓胀且柔软，然后再晒至八成干，收堆一段时间，使糖汁、水分继续外溢，再晒至全干。

（3）蒸揉加工法。先将新鲜玉竹晒2~3天，失水变软后，蒸10min，使糖汁、水分充于表皮，再用不透气的无毒塑膜袋装好捂沤半小时，用手揉或脚整袋揉踩，待颜色黄亮透明时，摊晒至全干。

（4）刨片法。玉竹在产地直接将原药洗净刨片。通过刨片加工能提高药材可溶性糖、水溶性多糖、总氨基酸、必需氨基酸、非必需氨基酸等成分的含量，还能使药农增收20%~40%。刨出的玉竹片，称饮料片，或称顶头片。其加工方法有手工刨片和机械刨片2种。

玉竹

★慧聪网，网址链接：https://b2b.hc360.com/viewPics/supplyself_pics/82781312322.html

玉竹易生霉、泛油、被虫蛀。吸湿受潮后变软，可见弯折断面角质光泽暗淡，两端折断面及损伤处有霉斑，严重时表面有绿色霉层。泛油品手摸感黏腻，表面似有糖质，颜色变深为不透明的暗棕色，严重时全部呈黑色。在储藏期间，要勤检查，适时通风换气、翻垛、除湿、降温，高温高湿季节应将玉竹与生石灰、木炭、无水氯化钙等吸潮剂同置密封垛或容器内。初霉泛油品，可用明矾水洗净，并迅速烘干或晾干，冷却后再密封保藏。

（编撰人：杜冰；审核人：杜冰）

127. 如何进行黄芪加工？

黄芪加工分为3个步骤：黄芪的产地初加工、黄芪的切制、炮制。

（1）黄芪的产地初加工。

①采挖。于秋末冬初茎叶枯萎时，挖出根，抖净泥土。

②杀水与糖化。将鲜根于晒场上摊开，日晒夜露，通风杀水，待根条柔软后，堆起盖严，上压重物，自然发热，使其充分糖化。

③揉搓。将糖化后的根条晒至半干，逐个揉搓一遍，再晒、再搓，如此反复3遍，则根条变得柔韧而质密。

④干燥。将揉搓过的根条分档，扎成小把，在阴凉通风处码垛，让其自然通风至全干，商品名为"黄芪毛条"。

⑤包装与贮存。打包，阴凉库存放。

（2）黄芪的切制。

①修整与去芦。取黄芪毛条，逐个剁去芦头，修剪去除病根，同时对药材进行商品分档。选取条长、粗壮者，剪去侧根，商品名为"黄芪条子"。黄芪条子再剁去"尾子"，取其中间段，商品名为"黄芪节子"。

②水洗与闷润。黄芪不宜长时间在水中浸泡，在表皮刷洗干净后，置湿地上，头向下、尾朝上堆放，用湿布包严，闷一宿，用"弯曲法"测试，如不能弯曲成圆环，可少量多次喷淋清水，使其充分软化，至能弯曲成圆环时，再晾干表皮水分，进行切制。

③黄芪不同片形的切制。圆片：取软化后的黄芪毛条或条子，用禹州刀或切药机切成厚片，晒干。圆片多用于中医处方的调配及投料制造中成药，其中条子切成的圆片多供食用。腰带片：将"黄芪节子"润软，经压条机压扁，用刨刀削去外皮，再经修边和裁剪，然后截成15cm长的段，烘干，包装。主要供食用。

（3）炮制。

①取黄芪片，称重。

②炼蜜。将蜂蜜置锅内，加热至徐徐沸腾后，改用文火保持微沸，捞去浮在表面的泡沫和蜡质，然后用纱布滤去死蜂等杂质，过滤后继续炼制。一般以起鱼眼泡、颜色稍微加深时即可。

③取炼蜜，按每50kg黄芪片用炼蜜12.5kg的比例计算出用蜜量，使用减量法称取炼蜜，再取1/3量开水将炼蜜稀释后，淋入黄芪片中，拌匀，闷润至蜜汁浸透药材内部。

④将黄芪片置炒锅中，文火翻炒至呈深黄色，略带焦斑，有光泽，饮片不粘手，饮片之间无粘连。

⑤取出，摊开，晾干。黄芪蜜炙后，可增强补中益气、升阳的作用。

黄芪

★健康养生网，网页链接：http://www.jkys5.com/zhongyi/yaoshan/13463.html

（编撰人：黎攀；审核人：杜冰）

128. 山药的食用价值如何？

山药为薯蓣科薯蓣属一年或多年生草本植物，自古以来就被作为药食同源原料使用，在《本草纲目》中就记录山药有"益肾气、健脾胃、止泄痢、化痰涎、润皮毛"5个主要的功效。在现代社会中，山药也因其良好的药用保健功效和香糯可口的口感被人们广为食用。山药的主要食用价值如下。

（1）山药中含有丰富的氨基酸和矿物质，其中含有7种人体的必需氨基酸。矿物质元素含有29种，其中微量元素Fe、Mn、Zn、Cu、Se等较为丰富，

（2）山药中的多糖和蛋白质已经被多次研究证明具有调节和增强人体免疫功能的作用，可以达到降低血糖、降血压、抗衰老、抗氧化、抗突变、抗肿瘤的生物活性功效。

（3）山药中的尿囊素被发现具有麻醉镇痛、抗刺激物、消炎和抑菌、促进皮肤溃疡和伤口愈合及修复上皮组织的疗效。同时具有治疗胃及十二指肠溃疡、糖尿病、肝硬化、骨髓炎及癌症等功效。

（4）山药能促进大脑分泌脱氢表雄酮。可使人睡眠品质得到改善，心情愉快。

（5）山药中的黏液多糖物质与无机盐结合后，可以形成骨质，使软骨具有一定的弹性，所以对预防软骨病具有一定的疗效。

目前，山药常见的食用方法有加入汤羹里，有直接做清炒的，也有用来制作甜点，工业化制品主要是晒干后为山药片作为煲汤用料。

山药

★我查查网，网址链接：http://www.wochacha.com/newsqs/subjectview?id=29759

（编撰人：黎攀；审核人：杜冰）

129. 山药如何保鲜?

山药又名薯蓣、薯药，属于薯蓣科植物，是重要的出口农产品。山药的储藏保鲜技术如下。

（1）贮藏特性。山药属耐贮蔬菜，具有生理休眠期，较耐低温、低湿贮藏。但贮藏一段时间后，保管不好容易引起块根腐烂变质。因此，延长山药的休眠期，是提高贮藏效果的关键。

（2）采后处理。准备贮藏的山药要求粗壮、完整，带头尾，表皮不带泥，不带须根，无伤口、疤痕、虫害，未受冻伤。入贮前经过摊晾，阴干，让外皮稍干老结。

（3）贮藏适应指标。贮藏温度0～2℃，空气相对湿度80%～85%，贮藏寿命150～200天。

常见的储藏方法有埋藏法、筐藏法、冷藏法。在储藏的过程中要防治病害，其中包括在收获时尽量避免各种损伤，收获晒愈伤，入贮时将伤损的山药挑出，或作短期储藏；对贮藏窖（库）和包装容器消毒，贮藏期间加强通风，调控适宜的温湿度，防止高温高湿；对有伤口的块茎可用石灰、草木灰等封上，防止伤口扩大利于病菌侵入。

（编撰人：黎攀；审核人：杜冰）

130. 如何进行药用厚朴皮的采收加工?

厚朴，又名川朴，在行气消积、降逆平喘等方面具有独特的功效。厚朴皮是从厚朴剥取的树皮、根皮、枝皮等经过加工制成的一种药材。对药用厚朴皮的采收和加工介绍如下。

（1）厚朴皮的采收。厚朴皮通常是采收自定植15年以上树身高大的厚朴，皮肉越厚、油性越大、芳香气味越浓厚、品质越佳。一般在生长比较旺盛、皮部和木质部易于分离的5—6月进行采收。剥皮时，先在茎基部环切树皮一圈，深至木质部，再向上距离40~70cm处，复切一环，在两环之间用朴刀顺树干垂直切一刀，另用小刀挑开皮口，将准备好的竹片塞入直割线左右。将树皮稍掀开，再左右插进，树皮即脱下，从下到上依次剥取树干皮和枝皮。

（2）厚朴皮的加工。将厚朴干皮、枝皮及根皮置沸水中烫软后，取出直立于木桶内或室内墙角处，覆盖湿草、棉絮、麻袋等使其"发汗"一昼夜。待内表皮和断面变得油润有光泽，呈紫褐色或棕褐色时，将每段树皮大的卷成双筒状，小的卷成单筒状，用利刀将两端切齐，用井字法堆放于通风处阴干或晒干均可，较小的枝皮或根皮直接晒干即可。

厚朴皮

★中国特产网，网址链接：http://spe.zwbk.org/file/upload/201406/06/17-06-13-60-28.jpg

（编撰人：林咏姗；审核人：高向阳）

131. 如何鉴别黑木耳质量?

将发霉、腐烂变质的劣质木耳，用加入墨汁的"料子"染色，形成乌黑发亮的木耳就是问题木耳，所用的"料子"有食用胶、锅灰、糖、淀粉、硫酸铜、硫酸镁、沙子，大部分都是用硫酸铜或硫酸镁来增加黑木耳的重量，因为它们溶于水，吸溶性很大，这种木耳泡发后，沙子等杂质会沉淀出来，硫酸铜和硫酸镁会对消费者的健康造成危害。辨别真伪方法如下。

（1）看正反面颜色。颜色自然，呈淡褐色或黑色，正面黑而似乎透明有光泽，反面发白，似有一层绒毛附着在上面的是好木耳；内外颜色均灰暗或深黑，正面和反面都非常黑，颜色近乎一致且洗不掉的是问题木耳。

（2）用手抓。又薄又脆，分量较轻，手抓易碎，个体分散好，组织纹理清晰的是好木耳；又厚又硬，分量较重，像木头块的是人工处理过的（可能掺有卤盐、淀粉等）问题木耳，质地发软的可能掺了糖、碱；双手捧一把木耳，上下斗翻，若有干脆的响声，说明木耳水分含量达标。

（3）加水浸泡。正常木耳泡发后，水清，无沉淀，吸水量大，木耳清淡无味；问题木耳泡发后，水发黑，有沉淀或出现胶状物，木耳有甜味（用糖水泡过）、咸味（用盐水泡过）、碱味（用碱水泡过）或涩味（用明矾水泡过）及其他刺激性味道。有的还会加硫酸镁、铁粉。

正常黑木耳（戚镇科 摄）　　　　　问题木耳

★大众网，网址链接：http://www.dzwww.com/synr/zmb/zmb2/t20041220_899692.htm

（编撰人：田兴国，徐小艳，谌国莲；审核人：谌国莲）

132. 如何鉴别银耳的优劣?

银耳又称雪耳、白木耳，在市场上，一些黑心的商贩用硫黄熏制银耳，把它们熏制成比较好看的颜色，以求卖得更好或保质期更长，硫黄燃烧产生的二氧化硫会直接吸附在银耳中，食用这种银耳，会对人的呼吸道产生强烈的刺激作用，出现腹泻、呕吐、恶心等症状，经常吃这种银耳会出现慢性中毒。识别方法如下。

（1）看色形。正常银耳朵形完整呈乳白或米黄色，颜色自然透明，根部的颜色略深（米黄色或橙色），朵形大而圆整，白花松软，色彩稍带微黄，蒂头无黑点杂质，无霉点、霉斑；过于雪白的银耳以及呈现深黄色或黄褐色，有奇怪臭味的不要购买。

（2）闻香气。正常银耳散发淡淡清香，若有酸味、霉味、刺激性气味的有可能是存放时间长或熏硫所致，应慎重购买。

（3）尝味道。刚刚经过熏硫的银耳看起来色泽洁白，但这种银耳存放时间超过20天，又会因与空气接触而氧化还原原来的黄色进而发红，涨发性降低，难煮软，可用舌尖舔尝，若有辛辣味则不要购买。

（4）将适量银耳泡入温水中，正常的银耳会迅速膨胀，而变质的银耳经水浸泡以后，体积膨胀不明显。假如有银耳解体现象，标明银耳是碎小银耳粘合成的，为劣质银耳。

正常银耳（戚镇科 摄）　　　　　　熏硫银耳

★东方新闻网，网址链接：http://news.eastday.com/epublish/gb/paper148/20031216/class014800003/hwz1058744.htm

（编撰人：田兴国，徐小艳，谌国莲；审核人：谌国莲）

133. 怎么鉴别真假蜂蜜？

蜂蜜是一种纯天然食品，含有葡萄糖、果糖、少量蔗糖、蛋白质、氨基酸、有机酸、维生素、矿物质及各种酶类，不含任何添加物，而造假者为了获得最大的利益，往往在蜂蜜中添加一些替代物以达到节约成本的目的。最简单的就是用果葡糖浆或麦芽糖浆直接代替蜂蜜，或者在糖水中添加淀粉、糊精，再加点香精、色素及甜蜜素，更有甚者用硫酸裂解蔗糖来冒充蜂蜜，这样的假蜂蜜不仅不具有滋补的功效，往往因其添加物有毒或添加剂过量而对消费者造成危害。鉴别方法如下。

（1）去正规超市，购买知名企业的蜂产品，不要随意购买零散的蜂蜜，它不仅有可能掺假，并且未经加工过的蜂蜜可能含有较多的微生物，使蜂蜜变质。

（2）看颜色、性状。不同的蜜源性植物有不同的颜色，每种蜂蜜都有其固定的色泽，透明或半透明，由于含有蛋白质、生物酶、花粉等物质而不透亮，因含水量较少而黏稠，用筷子挑起时可见柔韧长丝并形成下粗上细的塔状并慢慢消失；而掺假蜂蜜颜色为浅黄或深黄色，色泽昏暗无光泽、浑浊或有沉淀物，用筷子挑起时呈糊状并自然下沉，瓶中有悬浮物或沉淀。

（3）闻气味、品滋味。好的蜂蜜有一股淡淡的花香味，而掺假蜂蜜有一股刺鼻酸味、焦糊味或水果糖味；好的蜂蜜尝起来香甜可口，结晶块一咬就碎，很快融化，而掺假蜂蜜尝起来略有苦涩，结晶块咬起来感觉较硬，较难溶解。

（4）加热试验。将样品少许置于玻璃板上，用电吹风烘或日光暴晒，纯蜂蜜应呈黏稠状。如有糖类结晶析出，可初步断定掺有蔗糖。纯蜂蜜为柔软状，掺糖有发硬的结晶。

（5）掺水的检验。取蜂蜜数滴，滴在滤纸上，优质的蜂蜜含水量低，滴落后不会很快浸渗；掺水蜂蜜滴落后很快浸透，消散。

（6）用一根烧红的粗铁丝插入蜂蜜内，冒气的是真蜂蜜，冒烟的是假蜂蜜。

（7）取蜂蜜1份，加4份水，充分震荡搅拌，若有混浊或沉淀，滴加2滴1%硝酸银溶液，有絮状物产生者，说明掺了蔗糖。

（8）掺了淀粉的蜂蜜混浊而不透明，蜜味淡薄，用水稀释后仍然混浊。

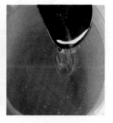

蜂蜜　　　　　　　　　　果葡糖浆

★摩登志网，网址链接：https://www.modengz.com/fitness/jianfei_0731/10404.html
★阿里巴巴网，网址链接：https://www.1688.com/topic/shipinmaiyatangjiang.html

（编撰人：田兴国，徐小艳，谌国莲；审核人：谌国莲）

134. 如何鉴别茶叶的质量？

茶叶存在的问题除了农药残留，还会存在添加色素的行为。判别茶叶优与劣，新与陈，真与假，先"干看"，看茶叶的形态、嫩度、色泽、净度、香气、滋味等，接着观察茶叶的油润程度，芽尖和白毫的多寡，茶梗、籽、片、末的含量。

（1）感官上，好的茶叶色泽鲜艳、鲜嫩纯正，茶香味浓郁，色泽自然；差的茶叶亮度差、色淡、略有浑浊香气或有异味，入口涩而麻舌。

（2）看色痕。取茶叶碎末放在白纸上进行反复摩擦，假如纸上留下各种颜色条痕，说明茶叶存在着色剂，也可取适量茶叶加入氯仿，震荡后观察颜色变化，如氯仿呈现蓝色或绿色者，表明茶叶加入了靛蓝或姜黄等着色剂。

（3）观油迹。取少量茶叶均匀撒在粗糙白纸上，用电熨斗烫，如在白纸上出现明显油迹，说明茶叶中加入了蜂蜡或石蜡。

（4）辩沉浮。将茶叶用80℃水冲泡，假如茶叶纷纷沉入杯底，则为"冷水沉"现象，这类茶叶为优质茶，而低档茶即使用开水冲泡，茶叶仍浮于水面。

（5）看汤色。取适量茶叶，用开水冲泡以后，观察茶水汤色，通常以汤色明亮、纯净透明、无杂质的为好，汤色灰暗、浑浊者为次。

（6）茶叶嫩度。茶叶的嫩度主要取决于茶叶芽头的多少、叶片老嫩和条索的光嫩度，还要看峰苗（用嫩叶制成的细而尖峰的条索）的比例。一般红茶以芽头多、有峰苗、叶质细嫩为好；炒青绿茶以峰苗多，叶质细嫩、重实为好；烘青绿茶则以芽毫多、叶质细嫩为好。

（7）取茶叶用火点燃，真茶叶有浓郁的芳香，用手指捏碎灰烬细闻，可闻到茶香，假茶叶有青草味或异味，无茶香味。

绿茶　　　　　　　　　　　　　红茶

★才府网，网址链接：https://sns.91ddcc.com/b/15376
★阿里巴巴网，网址链接：https://detail.1688.com/offer/38986774075.html

（编撰人：田兴国，徐小艳，谌国莲；审核人：谌国莲）

135. 如何鉴别食用油的优劣？

食用油是日常烹调中不可或缺的调味品，因此人们对于其质量优劣较为关注。正常品质的食用油，根据油脂种类不同具有其特有的气味、颜色、透明度和固定的酸价，无沉淀，也有相关的试验证明品质不同的油脂其电导率不同。但是在日常选购中，消费者难以通过相关的测定判断食用油的优劣，因此主要可采用以下几个方面。

（1）看颜色。不同原料制备的油其颜色稍有差异，常见的食用油中纯花生油为淡黄色或黄色，天冷便凝成黏稠体；大豆油为浅黄或深黄色有时出现棕色；葵花籽油为橙黄或棕黄色；熟菜籽油为黄色或棕色。此外取适量底层油，无沉淀。

（2）未经提炼的毛油有强烈的汽油气味。如果有"哈喇"气味或臭味，说明油已酸败，不能食用。

（3）如果油中含有酸味、苦味、涩味等异味，说明油已经变质，不能食用。

（4）观察泡沫观油烟。当食用油加热到150～180℃时，若出现大量泡沫蒸发出"吱吱"声，说明油中含水分已超过标准。

食用油

★中国网库，网址链接：http://shop.99114.com/41247519/pd75013882.html

（编撰人：杜冰；审核人：杜冰）

136. 如何选购食用油？

食用油不仅是人们生活的必需品，在增加食物的色、香、味方面起着重要的作用，同时也是人体不可缺少的营养来源之一。如何正确的选购食用油是很多人所非常关心的问题。在日常生活中，可以通过以下3个方面选购品质合格的食用油。

（1）色泽。成品的商品食用油应该是澄清透明的，无明显的杂质，无分层，根据油脂的种类不同，颜色可能稍有差别，主要以淡黄色为主，部分油脂如色拉油可能为无色，麻油则是橙黄色或者棕色。如若选购的植物油出现透明度差、黏度变大、有气泡等都是常见变质的象征，应该避免选购。

（2）气味。品质佳的油气味比较纯正，无难闻气味或者杂味。若气味难闻或者很怪，可能由于油的加工或储藏过程存在一定的问题，如提炼不纯洁，或者已经氧化等，无法为食用的品质和健康提供保障。

（3）包装。放置在一般环境下，食用油中的不饱和脂肪酸会自动氧化或者水解，生成过氧化氢之后逐渐分解成其他挥发性化合物。一次性包装材料对氧气的阻隔性能对食用油在储藏过程中的品质变化有较大的影响。正规的生产企业会选用符合规定的包装材料，同时进行密封性能测试和氧气透过率检测等测试，以保证食用油的品质。

（编撰人：杜冰；审核人：杜冰）

137. 食用油的感官鉴别要点有哪些?

（1）色泽。按油脂成分的化学组成来说，纯净的油脂应该是无色的，但因每种油料都带有天然色素，加工过程中这些色素溶解在油脂里而带有颜色。另外，油的色泽深浅因品种不同而色泽不同。一级油的颜色最浅，但太浅了以至于发白也不好。各种植物油都会有一种特有的颜色，经过精炼，油脂中的胡萝卜素等部分色素被去除，颜色会变浅。

（2）透明度。食用植物油的透明度与油脂的品质有关，品质正常的油脂应是完全透明的，如果油脂中含有磷脂、蛋白质、碱类、类脂、蜡质或含有水分及杂质，均会使油脂的透明度下降，甚至会出现混浊，从而降低油脂的使用价值，影响油脂的贮存时间，油脂易变质。因此，上好品质的油脂其透明度应是澄清、透明的。

食用油

★聚荣网，网址链接：https://www.jvrong.com/business_1435818.htm

（3）沉淀物。质量正常的油无沉淀物和悬浮物、黏度小。

（4）气味。各品种的油都有其固有而独特的气味，闻其应无酸臭等异味。取滴油放在手心，用双手快速摩擦发热后，用鼻子闻应没有异味，如有异味就不能食用。

（5）滋味。质量正常的油应无怪味，如油有苦、辣、酸、麻等味感则有可能已变质。

（编撰人：杜冰；审核人：杜冰）

138. 如何健康地食用油类?

食用油作为人们生活中必不可少的一种重要消费品，对人体健康有着很大的影响。食用油脂可以给人体提供日常所需的脂肪酸和多种营养物质。

（1）食用油的种类。

①植物油是通过压榨法和浸出法，从植物果实中提取而来的，如大豆油、花生油、玉米油、菜籽油、橄榄油等。

②动物油一般是指从动物脂肪中，经过一系列加工和提炼方法制取的油脂，常见的有猪油、牛油、羊油等。

③调和油一般指的是将两种或两种以上的成品植物油或动物油配制成符合人体需要的食用油脂。

（2）食用油的成分。

①植物油脂含不饱和脂肪酸较多，除此之外还含有较为丰富的维生素E和少量矿物质元素如钙、钾、钠和铁等，不含胆固醇。

②动物油脂富含丰富的饱和脂肪酸，此外还含有胆固醇、维生素A和维生素E等成分。

（3）健康食用油类。

①多样化。世界卫生组织推荐食用油的亚麻酸与亚油酸黄金比例为1∶4，饱和脂肪酸、单不饱和脂肪酸和多不饱和脂肪酸的理想比例为1∶6∶1。

②用量不宜过大。每人每天不要超过25g，每月不超过750g。适量食用可减少血清胆固醇在血管壁中的沉积，反之过量则会引起血栓症。

③日常生活中，不宜长时间高温加热食用油，否则其品质会发生很大的改变，对人体的健康产生威胁，最好将温度控制在150℃以下。

植物油 　　　　　　　　　　　　 动物油

★淘图网，网址链接：http://www.taopic.com/tuku/201109/106384.html
★豆果网，网址链接：http://www.douguo.com/cookbook/1333199?_t_t_t=0.011221937417397354

（编撰人：黄志钰；审核人：黄苇）

139. 食用油有哪些食用禁忌？

食用油是人们生活中最常见的调味品之一，如何科学正确地使用食用油一直存在很多误区。提高人们的食品安全意识，对人体的健康和生活大有裨益。

（1）级别高营养不一定高。从营养学角度看，一般情况下级别越高的食用油，营养成分会在精炼过程中流失；而级别低的食用油，营养成分保留得较好。

（2）不要长期食用一种油。长期食用一种油类，由于不能提供均衡的膳食脂肪酸，会对人体的健康造成不利影响。

（3）控制食用油的用量。食用油中含有大量的脂肪，日常饮食中的脂肪过量与有些自发或外界因素诱发的癌症的发病率有联系。

（4）油炸食品的油不能反复使用。用于煎炸食品的油，因长时间接触空气和连续高温加热，很容易变质，产生甘油酯二聚物等多种有毒物质，对人体的健康造成伤害。

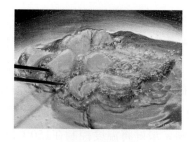

高温油炸食品

★三联网，网址链接：http://www.3lian.com/gif/2013/07-20-39425.html

（5）有哈喇味的食用油不能食用。食用油存放时间过久，油质就会发生酸败，出现哈喇味，其中的营养成分受损，食用会对人体健康不利。

（编撰人：黄志钰；审核人：黄苇）

140. 食用油有哪些误区？

（1）小作坊压榨的油更加纯正。由于崇尚纯天然等，目前越来越多消费者认为小作坊压榨的油没有经过反复加工，更加纯正，品质更好。但其实只经过压榨或浸出这一道工序而未经精炼等工艺处理的原油称为毛油，由于没有经过精炼加工，因此含有较多的胶质等，是不能直接食用的，只能作为成品油的原料。同时小作坊生产的食用油，油脂原料往往没有进行严格的筛选，花生等坚果在种植、采收、运输或储藏中可能受到黄曲霉等霉菌污染，在一定的气温和湿度条件下容易产生毒素，而在食用油的加工过程中毒素难以去除，如果没有对原料进行严格控制，成品油中往往伴随着黄曲霉素超标的问题，直接威胁消费者的健康。因此在食用油的选购上，还是应该选择具有生产资质、符合生产要求的企业的产品。

（2）油脂选择风味佳的即可。食用油的种类非常多，不同油脂的脂肪酸种类和比例都不尽相同，因此用法也有讲究。如大豆油、亚麻籽油、红花油、小麦胚芽油等，这类油脂的不饱和脂肪酸含量过高，高温下容易氧化，因此不适于高温烹调，适合用作凉拌菜等；而菜籽油、花生油、葵花籽油富含抗氧化物质，抗热能力稍强，可以用在一般炒菜中，但不适合于油炸，也不能反复加热；棕榈油、猪油、牛油、黄油等，热稳定性好，通常用于制作各种煎炸食品，烘焙食物的制作。在食用油的选购过程中，可以根据烹调的需求选择不同的食用油。

（编撰人：杜冰；审核人：杜冰）

141. 浸出油、压榨油的区别有哪些？

浸出油1843年起源于法国，是指用利用萃取原理，浸出制油工艺制成的植物油。而压榨法是指油料经直接压榨制取的油，是使用最早的油脂提取方法，所得成品叫压榨油。浸出油和压榨油的区别主要在于以下两点。

（1）加工方法不同。压榨法利用施加物理压力把油脂从油料中分离出来，不涉及添加任何化学物质，榨出的油各种成分保持较为完整，出油率低；浸出法使用食用级溶剂将油料中的油脂抽提取出来。

（2）应用方面不同。压榨法主要应用于对油脂风味要求较高的油脂种类或出油率较高的油，如花生油、芝麻油、美藤果油多采用压榨法；浸出法主要应用于非风味油的提取。

目前压榨法和浸出法都较为成熟的应用于食用油的生产中，影响食用油好坏的因素不是生产工艺，而是精炼程度及生产过程中是否严格按规范操作。无论是浸出油还是压榨油，只要符合相关的质量标准和卫生标准的，就都是安全的食用油。

压榨油

★深圳新闻网，网址链接：http://www.sznews.com/zhuanti/content/2015-06/14/content_11751640.htm

（编撰人：杜冰；审核人：杜冰）

142. 橄榄油理化特征有哪些？

油橄榄（*Olea europaea* L.）作为世界上重要的木本油料树种，其果实压榨后的橄榄油富含不饱和脂肪酸、角鲨烯、维生素E等多种营养成分，具有极高的营养价值，其特殊的青草香味等受到广大消费者的欢迎，在世界范围内大面积种植。

橄榄油富含脂溶性多种维生素、胡萝卜素等及多种微量元素等天然营养物质，油中不饱和脂肪酸达82%～87%，有独特芳香和美味，饮食上具有独特的烹饪特点，其被人体消化吸收率达93.4%，橄榄油于透明中呈现出一种淡淡的绿色，还带有一点金黄色，呈淡黄—黄绿色。橄榄油由皂化物（三甘油酯）及不皂化物两部分组成。皂化物部分约占99%，形成甘油酯的脂肪酸有饱和脂肪酸及不饱和脂肪酸。橄榄油中各脂肪酸的含量，因产地不同而有所差异。橄榄油以含丰富的不饱和脂肪酸著称，约占75%，最高可达88%。其中含有的饱和脂肪酸有油酸55%～83%、亚油酸3.5%～21%。

橄榄油碘值75～88gI$_2$/100g，皂化值185～196mgKOH/g，相对密度（d$_4^{15}$）0.909～0.915，折光指数（n$_D^{20}$）1.463 5～1.473 1。橄榄油在医药、纺织、日用化学、食品、电子等工业具有广泛用途。

橄榄油

★百度图片，网址链接：https://timgsa.baidu.com/timg?image&quality=80&size=b9999_10000&sec=1525457407211&di=d125bdddcb4775935ca3b575538c25ae&imgtype=0&src=http%3A%2F%2Fnews.youth.cn%2Fjk%2F201412%2FW020141213459653996741.jpg

（编撰人：杜冰；审核人：杜冰）

143. 红花籽油的理化特性有哪些？

红花籽油又称红花油，为菊科植物红花（*Carthamus tinctorius* L.）的种子经压榨等工艺精制而成的黄色澄明液体，红花的种子红花籽习称"西平子"，是以红花籽为原料制取的油品。据《本草纲目》记载，红花籽油具有活血祛瘀、通经止痛的功能，用于治疗痛经、血滞经闭、跌打瘀肿、关节疼痛及斑疹色暗等。

近年来研究发现，红花籽油不仅由于含油量较高而在食用方面价值高，红花籽油属于干性油，具有特别高的抗冻性，呈黄色，油中含油酸、棕榈酸、硬脂酸、亚麻酸和亚油酸，其中亚油酸含量最高，可达到73%～85%，因此享有"亚油酸之王"的美号，此外还有维生素E、黄酮等营养成分，有防治动脉硬化和降低血液胆固醇的效果。

红花籽油的比重为0.919～0.924，折光指数为1.472～1.475，碘价为140～150gI$_2$/100g，红花籽油皂化值为188～194mgKOH/g，不皂化值比例大于1.5%；红花籽油的脂肪酸凝固点为-13～19℃。

红花籽油还长期用于治疗神经心理障碍，如中风等，并且在新生鼠脑中发现红花籽油能有效调节多巴胺和5-羟色胺，具有镇痛等作用。红花籽油在医药、工业原料等方面应用广泛，随着市场需求量的扩大及科学技术的进步，红花籽油的应用前景将越来越广阔。

红花籽油

★百度图片，网址链接：http://img001.globalbuy.cc/201601/18/1136378810.jpg

（编撰人：杜冰；审核人：杜冰）

144. 芝麻油的理化特征有哪些?

芝麻（*Sesamum indicum*），是胡麻的籽种，一年生直立草本植物，高60~150cm。它遍布世界上的热带地区以及部分温带地区。芝麻是一种油料作物，它的种子含油量高达55%。榨取的油称为麻油、胡麻油、香油，特点是气味醇香，生用热用皆可。

芝麻油具有特别香味，故称为香油。榨取方法一般有压榨法、压滤法和水代法，小磨香油为传统工艺水代法制作的香油。芝麻油色如琥珀，橙黄微红，晶莹透明，浓香醇厚，经久不散。可用于调制凉热菜肴，去腥臊而生香味；加于汤羹，增鲜适口；用于烹饪、煎炸，味纯而色正，是食用油中之珍品。

芝麻油营养价值高，常见的脂肪酸含量为：棕榈酸7.9%~12.0%、硬脂酸4.5%~6.7%、油酸34.4%~45.5%、亚油酸36.9%~47.9%、二十碳酸0.3%~0.7%、亚麻酸0.2%~1.0%；维生素E含量可达45~56g/100g。

芝麻油的碘值为104~120gI$_2$/100g，皂化值为186~195mgKOH/g，酸价为0.8~1.9mgKOH/g，过氧化值为0.3~1.1meq/kg，非皂化物含量≤20g/kg。芝麻油的不皂化物主要是甾醇、脂肪醇、维生素、色素等，芝麻油中还含有芝麻素、芝麻酚等芝麻木脂素类物质。

纯麻油含丰富的维生素E，具有促进细胞分裂和延缓衰老的功能，非常丰富的亚油酸、棕榈酸等不饱和脂肪酸，容易被人体分解吸收和利用，能促进胆固醇的代谢，并有助于消除动脉血管壁上的沉积物。香油还有很好的润肠通便作用，对便秘有一定的预防作用和疗效。习惯性便秘患者，早晚空腹喝一口香油，能润肠通便。

芝麻油

★百度图片，网址链接：http://img2.99114.com/group1/M00/E3/26/
wKgGTFVDKEGANSggAABiGY2H9pM178.jpg

（编撰人：杜冰；审核人：杜冰）

145. 米糠油的理化特征有哪些?

　　米糠是大米的皮层、胚芽、米秕和淀粉的混合物。其化学成分以碳水化合物、脂肪和蛋白质为主，还含有较多的维生素和灰分。稻谷加工成大米过程中能得到6%～10%的米糠以及植酸盐（9%～14%）等成分。米糠含油率与稻谷品种有关。糯稻米糠含油率为20%～22%，籼稻米糠含油率为18%～20%，粳稻米糠含油率为16%～18%。一般早稻米糠含油率高于晚稻。我国是世界上最大的稻米生产国，稻谷产量占世界稻谷总产量的37%左右，年产稻谷2亿t左右，约占全国粮食总产量的40%。

　　米糠油的生产主要有浸出法、压榨法、超临界CO_2浸出法、酶催化浸出制油法、膜分离技术、三相分离法等，得到毛糠油和固体脱脂米糠饼（粕）。毛糠油经脱胶、脱酸、脱色、脱臭、脱蜡等工序精制后得到精制米糠油。

　　国家标准对米糠油理化性质的限定为，四级成品油酸值<3.0mgKOH/g、过氧化值<7.5mmoL/kg。有研究表明，米糠油的皂化值可达185.1mgKOH/g、碘值98～120gI₂/100g。精炼米糠油含有38%左右的亚油酸和42%左右的油酸，两者的比例接近1:1，从现代营养学的观点看，这一比例的油脂具有较高的营养效价。此外，米糠油食后吸收率达90%以上，还含有丰富的谷维素、维生素E、角鲨烯、植物甾醇、复合脂质等几十种天然生物活性成分。美国心脏学会指出："米糠油能有效地缓解心脏和脑疾患，其有效性表现为可降低血中低密度胆固醇的浓度，使高密度胆固醇上升。"研究表明，食用米糠油1周后，人体血清胆固醇可下降17%左右。

　　在欧、美、韩、日等发达国家，米糠油已经成为一种与橄榄油齐名的健康营养油，深受高血脂、心脑血管疾患人群喜爱，并早已成为西方家庭的日常健康食用油，用以预防心血管病、预防肿瘤、降血糖、降血脂、减肥、抗疲劳、美容等。由于米糠油本身稳定性良好，适合作为煎炸用油，还可制作人造奶油、起酥油以及高级营养油等。

米糠油

★百度图片，网址链接：http://y.zdmimg.com/201510/23/5629fd336b483.png_d200.jpg

（编撰人：杜冰；审核人：杜冰）

146. 亚麻籽油的理化特征有哪些？

亚麻籽（Flaxseed）是双子叶植物纲蔷薇亚纲亚麻科植物亚麻（*Linum usitatissimum* L.）的干燥成熟种子。亚麻籽中营养丰富，含有木质素、膳食纤维、多不饱和脂肪酸、植物蛋白质等，可作为药物使用，还可以榨出香滑的食用油。

亚麻籽油是从亚麻籽中提炼出的油脂类成分，经调查，亚麻籽油具有较高的药用价值，对人体的生理、病理功效显著，其作为食品的成分之一及药物的使用已有5 000多年的记载。亚麻籽油中含有16种脂肪酸，其中不饱和脂肪酸含量达到73%～90%，主要为α-亚麻酸46%～53.06%、亚油酸12%～16%和油酸17%～20%；亚麻籽油维生素E含量可达到55g/100g。

亚麻籽油的碘值为178～203gI$_2$/100g，皂化值为193～197mgKOH/g，酸价为0.4～1.3mgKOH/g，过氧化值为1.3～2.4meq/kg，黏度为48～57（20℃/mPa·s），亚麻籽油的非皂化物为8%，说明在亚麻籽油中还存在数量可观的高级脂肪醇、甾醇和羟类等。亚麻籽油的皂化值、碘价、不饱和脂肪酸含量均比较高，保存时须采取添加抗氧剂或充氮密闭的办法。

由于亚麻籽含有丰富的α-亚麻酸和亚油酸，被称为"必需脂肪酸的宝库"，具有开发智力、保护视力、降血压、降血脂、抗血栓、延缓衰老、抗过敏、抗病毒、预防乳腺癌及预防心肌梗死等诸多保健作用。亚麻籽油中还含有维生素E，维生素E是一种强有效的自由基清除剂，有延缓衰老和抗氧化的作用。

使用亚麻籽油时应注意：亚麻籽油的烟点较低，加热时非常容易冒烟，适合凉拌食用；但如果将亚麻籽油（少量）与其他植物油（多量）调和后，用来炒菜也是可以的，但炒菜时注意掌控油温，不能过高（建议热锅冷油或油在锅底涌动或泛起波澜时赶紧放菜）；不适合煎炸。

亚麻籽油

★百度图片，网址链接：http://www.haochu.com/uploads/newimg/20140606/14020420997182.jpg

（编撰人：杜冰；审核人：杜冰）

147. 玉米胚芽油的理化特征有哪些?

玉米是我国主要的粮食作物之一，也是重要的经济作物。玉米胚芽是玉米籽粒的重要组成部分，一般玉米的胚芽得率为6.5%，其中油脂含量高达35%～55%，占玉米脂肪总量的80%以上。

玉米胚芽油是从玉米胚芽中提炼出的一种高品质的食用植物油，含有86%不饱和脂肪酸，其中亚油酸占55%，油酸占30%，亚麻酸含量1%，还含有维生素E、维生素A、植物甾醇、卵磷脂、辅酶和β-胡萝卜素等营养成分。

玉米胚芽油营养丰富、品质良好，是联合国粮农组织（FAO）和世界卫生组织（WHO）食品标准安全性认可的16种食用油脂之一，有"长寿油""放心油"的美称，目前玉米胚芽油已经广泛应用于食品、药品、日用品等行业。

玉米胚芽油为淡黄液体，有特殊气味；不溶于水，溶于醚、氯仿、醋酸戊酯、苯与二硫化碳，略溶于酒精。其玉米胚芽油相对密度（15/15℃）0.914～0.928，熔点-15～-10℃，碘值103～128gI_2/100g，闪点254℃，皂化值187～193mgKOH/g，可燃，无毒。

玉米胚芽油是优质的烹调用油及食品加工用油。玉米胚芽油色泽金黄、口味清淡、油而不腻，其极易被人体吸收，对于大多数人特别是老年人来说是理想的保健用油。玉米胚芽油稳定性好，特别适合用于煎炸食品，经玉米胚芽油煎炸的食品色泽金黄、口味纯正、保质期长，且营养价值高。玉米胚芽油脂富含人体必需脂肪酸及其他营养成分，是母乳化奶粉中理想的油脂配料，对婴儿的生长、视网膜及大脑皮质发育非常有益，一些大品牌的奶粉配料中均添加玉米胚芽油。

在食用玉米胚芽油时应注意：不加热至冒烟；不重复使用，一冷一热容易变质；油炸次数不超过3次；不要烧焦，烧焦容易产生过氧化物，致使肝脏及皮肤病变；使用后应拧紧盖子，与空气接触易产生氧化；避免放置于阳光直射或炉边过热处，以防变质，应置于阴凉处，并避免水分渗透；使用过的油千万不要再倒入原油品中，因为用过的油经氧化后分子聚合变大，油呈黏稠状，易劣化变质。

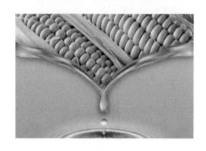

玉米胚芽油

★百度图片，网址链接：http://qdlonghuayuan.com/UploadFiles/FCK/2016-08/636056604560602508240925.jpg

（编撰人：杜冰；审核人：杜冰）

148. 大豆油的理化特征有哪些?

作为应用最为广泛的植物油，大豆油可作为烹调油等用于食品加工业，部分氢化大豆油则可用于制造酥油、人造奶油等。大豆油富含人体所必需的亚油酸、亚麻酸，可以有效降低血浆中胆固醇含量。此外，大豆油含维生素E，是一种抗氧化剂，既有助于大豆油的稳定，还有益于人体健康；同时大豆油发烟点高达220~234℃，因此是理想的食用油。

大豆油色泽深黄，毛油的颜色因大豆种皮及大豆的品种不同而异，一般为淡黄、略绿、深褐色等，精炼过的大豆油为淡黄色。

一级大豆油的碘值为124~139gI$_2$/100g，皂化值为180~200mgKOH/g，酸价<0.15mgKOH/g，过氧化值<3.0meq/kg，不溶性杂质≤0.05%，水分及挥发物≤0.05%。

大豆油在贮藏中，容易受油脂本身所含水分、杂质及环境空气、光线、温度等因素的影响而酸败变质，严重影响其食用品质和人体健康，氧化产物在人体中很难被代谢，对肝脏造成损伤，甚至诱发癌症和心血管等疾病。因此，贮藏大豆油必须尽量减少其中的水分和杂质含量，贮藏在密封的容器中，放置在避光、低温的场所。通常的做法是，油品入库或装桶前，必须将装具洗净擦干，同时认真检验油品水、杂含量和酸价高低，符合安全贮藏要求的方可装桶入库。

大豆油

★东南网，网址链接：http://sn.ifeng.com/a/20170412/5565742_0.shtml

（编撰人：杜冰；审核人：杜冰）

149. 花生油的理化特征有哪些?

花生是我国广泛种植的经济作物之一。据统计，我国近3年的花生种植面积稳定在400万hm²左右，总产量1 400万t左右，约占世界产量的40%。在我国花生除直接食用外，主要用于榨油，我国年产花生油200万t左右。

花生油中富含油酸、亚油酸等多不饱和脂肪酸，以及维生素E等营养素，营养价值较高，其适量摄入对缓解因脂肪摄入过量导致的各类代谢综合征具有重要的作用。

花生油由20%饱和脂肪酸和80%的不饱和脂肪酸所组成，其中主要是油酸、亚油酸和棕榈酸，油中所含脂肪酸的特点是含十八碳以上的饱和脂肪酸比其他植物油脂多，因此它的混合脂肪酸很难溶解于乙醇，纯净花生油的脂肪酸在70%乙酸溶液中的混浊温度是39 ~ 40.8℃，用此温度可以鉴定花生油是否纯品。花生油是优质烹调油和煎炸油，按制作工艺可分为浸出花生油和压榨花生油。

花生油的碘值为94 ~ 96gI₂/100g，皂化值为188 ~ 197mgKOH/g，酸价为0.5 ~ 0.7mgKOH/g，过氧化值为2.9 ~ 7.5meq/kg，相对密度（d_4^{20}）0.911 ~ 0.918。

花生油

★搜了网，网址链接：http://www.51sole.com/b2b/cd_35077028.htm

（编撰人：杜冰；审核人：杜冰）

150. 葵花籽油的理化特征有哪些？

葵花油是以高含量的亚油酸著称的健康食用油，在世界范围内的消费量在所有植物油中排行第三。葵花籽油含有甾醇、维生素、亚油酸等多种对人类有益的物质，其中天然维生素E含量在所有主要植物油中含量最高；而亚油酸含量可达70%左右。葵花籽油能降低血清中胆固醇水平，降低甘油三酯水平，有降低血压的作用。

精炼后的葵花籽油呈清亮好看的淡黄色或青黄色，其气味芬芳，滋味纯正。葵花籽油的人体消化率96.5%，它含有丰富的亚油酸，有显著降低胆固醇，防止血管硬化和预防冠心病的作用。另外，葵花籽油中生理活性最强的 α-生育酚的含量比一般植物油高。而且亚油酸含量与维生素E含量的比例比较均衡，便于人体吸收利用。所以，葵花籽油是营养价值很高，有益于人体健康的优良食用油。

葵花籽油的碘值为118~141gI$_2$/100g，皂化值188~194mgKOH/g，相对密度（d$_4^{20}$）0.918~0.923，不皂化物≤15g/kg。

葵花籽油

★百度网，网址链接：http://www.jdzj.com/shop/productall.aspx?p_
    UserID=720519&cpsortid=1149307

食用葵花籽油应注意：食用时应避免高温；肝病患者不宜多食用葵花籽油；由于吸收较慢，需和其他基础油稀释使用，如甜杏仁油；葵花籽油里面含有一种成分不利于睾丸的生长，因此青壮男要适量食用。

（编撰人：杜冰；审核人：杜冰）

151. 棉籽油的理化特征有哪些？

棉籽油即是以棉花籽榨的油，分为压榨棉籽油、浸出棉籽油、转基因棉籽油、棉籽原油、成品棉籽油几种。颜色较其他油深红，精炼后可供人食用，含有大量人体必需的脂肪酸，宜与动物脂肪混合食用。

棉籽油的闪点是113℃，储存条件2～8℃，稳定，易燃，强氧化剂不相容，对光和热敏感。精炼棉籽油一般呈橙黄色或棕色，脂肪酸中含有棕榈酸21.6%～24.8%，硬脂酸1.9%～2.4%，花生酸0%～0.1%，油酸18.0%～30.7%，亚油酸44.9%～55.0%，精炼后的棉籽油清除了棉酚等有毒物质，可供人食用。棉籽油中亚油酸的含量特别多，能有效抑制血液中胆固醇上升，维护人体的健康。人体对棉籽油的消化吸收率约为98%。

棉籽油的碘值为103～115gI_2/100g，皂化值为191～199mgKOH/g，酸价为0.1～1.0mgKOH/g，相对密度（d_4^{20}）0.917～0.925。

棉籽油

★搜狐网，网址链接：http://www.sohu.com/a/152689716_349412

（编撰人：杜冰；审核人：杜冰）

152. 菜籽油的理化特征有哪些？

菜籽油俗称菜油，又叫香菜油，是世界四大植物油品种之一，产量仅次于棕榈油和豆油。它是以十字花科植物芸薹（即油菜）的种子榨制所得的透明或半透明状的液体。菜籽油色泽金黄或棕黄，有一定的刺激气味，民间叫做"青气味"。

油菜籽富含蛋白质、脂肪、维生素、矿物质等营养物质，蛋白质含量为20%～30%，氨基酸组成平衡，赖氨酸和含硫氨基酸等人体必需氨基酸含量高；菜籽含有35%～50%的粗脂肪，还有维生素E、维生素B_1、维生素B_2、烟酸、叶酸等丰富的维生素和钙、镁、磷等营养元素。菜籽油中维生素E含量在各种食用油中是较高的，还含有维生素F、胡萝卜素等，消化率极高。但不足的是菜籽油含有芥酸，故烹调时有辣子的滋味，炸过一次后辣味可消失，因此菜籽油适用于油炸食物和炒菜。价格低，也是生产奶油的好原料。

菜籽油的碘值为94～120gI_2/100g，皂化值为168～181mgKOH/g，酸价为0.3～1.1mgKOH/g，过氧化值为1.0～3.3meq/kg，相对密度（d_4^{20}）=0.910～0.920，非皂化物<20g/kg。

不同种类的菜籽油中，黄籽油和黑籽油在理化特征指标上表现出较好的油品质量，黄籽油具有良好的抗酸败和抗高温诱导氧化性能，黑籽油具有良好的抗光诱导酸败和氧化性能；黄籽油和黑籽油的芥酸含量在8%左右，离"低硫甙、低芥酸"的双低标准比较接近，亚麻酸和花生烯酸含量较高，不饱和脂肪酸的总含量相比于其他植物油较低。

菜籽油中胆固醇很少或几乎不含，所以怕胆固醇的人可以放心食用，适用量为每天30g。

菜籽油

★商业资讯网，网址链接：http://www.rongbiz.com/info/show-htm-itemid-389008.html

（编撰人：杜冰；审核人：杜冰）

153. 核桃油的理化特征有哪些？

核桃油是采用核桃仁为原料，压榨而成的植物油，属于可食用油。核桃的油脂含量高达65%～70%，居所有木本油料之首。

核桃油脂肪酸构成中，90%左右为不饱和脂肪酸，其中亚油酸63%，油酸18%，亚麻酸9%，它们是脑组织细胞结构脂肪的良好来源。另外，核桃油中含有人体必需的矿物质K、Na、Zn、Ca、Fe等，且富含维生素E、维生素K和维生素A，是一种高级营养保健油。

核桃油的碘值为126～135gI$_2$/100g，皂化值为133～163mgKOH/g，酸价为0.3～0.6mgKOH/g，过氧化值为0.4～1.1meq/kg，相对密度d$_4^{20}$=0.879～0.887。

核桃油具有多种功效，增强免疫力，延缓衰老。核桃油含有丰富的角鲨烯、黄酮类物质和多酚化合物，角鲨烯能促进血液循环，活化身体机能细胞，消炎杀菌，修复细胞；黄酮类物质和多酚化合物能增强血管扩张能力、调节血脂、降低胆固醇和血糖，改善血管微循环，保护细胞不受自由基损伤，全面提高免疫力，延缓人体机能器官衰老。

虽然营养价值很高，但核桃很容易氧化，保质期短。氧化后的核桃不但味道不好，而且生成有害的氧化物（包括具有很强致癌作用的黄曲霉毒素），使其保健功能受到局限。核桃油在榨取工艺中需要去除核桃中的不利成分，使其核桃油的保质期为18个月以上。

核桃油

★三九益年堂，网址链接：http://www.39ynt.com/yinshiyangsheng/26936.html

（编撰人：杜冰；审核人：杜冰）

154. 棕榈油的理化特征有哪些?

油棕属多年生单子叶植物，是热带木本油料作物。植株高大，须根系，茎直立，不分枝，圆柱状。叶片羽状全裂，单叶，肉穗花序（圆锥花序），雌雄同株异序，果实属核果。油棕的果肉、果仁含油丰富，在各种油料作物中，有"世界油王"之称。

棕榈油是指从油棕树上的棕榈果肉中压榨出的一种富含甘油三酯的油脂。其中，从棕榈果肉中压榨出的油称为棕榈油，从果仁中压榨出的油称为棕榈仁油，传统上所说的棕榈油仅指棕榈果肉压榨出的毛油和精炼油。

国标要求棕榈油的碘值为50～55gI$_2$/100g，皂化值为190～209mgKOH/g，酸价<10mgKOH/g，非皂化物<12%。棕榈油中饱和脂肪酸和不饱和脂肪酸各占50%，具有较好的氧化稳定性，是优质的煎炸用油。作为一种饱和度较高的油脂，棕榈油曾经被推测有可能会增加人体血清中胆固醇含量。但经过许多专家进一步的试验论证，发现食用棕榈油不但不会增加血清中的胆固醇，反而有降低胆固醇的趋势，原因是大量研究数据显示，不同的饱和脂肪酸对血脂的影响是不同的，棕榈油中富含中性脂肪酸，促使胆固醇提高的物质在棕榈油中含量微乎其微（1%），棕榈油中富含的天然维生素E及三烯生育酚（600～1 000mg/kg）、类胡萝卜素（500～700mg/kg）和亚油酸（10%）对人体的健康十分有益。

棕榈油富含天然维生素E（生育酚）、维生素A、类胡萝卜素等生物活性物质。根据其物理性质，棕榈油在精炼过程中还可以经过进一步的分提、处理，得到不同熔点的产物，液态棕榈油组分含有较高单不饱和脂肪酸和维生素E，常被加入各种调和油中，而高熔点的固脂是起酥油、糕点用人造奶油和印度人造酥油等产品的天然原料。

棕榈油

（编撰人：杜冰；审核人：杜冰）

155. 调味品的感官鉴别要点有哪些？

日常生活中所使用的调味品主要包括食盐、酱油、食醋、酱料、腐乳、料酒、提味剂（如鸡精、五香粉）等，不同的调味品各有其特定的感官鉴别手段，但也有通用的感官鉴别方法，主要是通过感官评价其色泽、气味、滋味和外观形态等。

首先，拿到一份调味品，可以通过观察色泽来判定其是否变质，看其是否表现出不是本产品应呈现的颜色，具体方法是把调味品放入透明的玻璃容器中，在白色背景下与正常的样品对照观察。其次，可以通过嗅觉来闻其气味，只要调味品品质发生了稍微变化，其气味便会发生明显的改变。再次，可以取少量要观察的调味品来品尝，看其滋味是否发生了变化，是否会有异味。对于一些固体粉末状调味品，还要看其外观形态是否发生了变化，看其是否因吸潮而结块，是否已经感染了微生物发生了变质。一些液态调味料如酱油、食醋是否已经发霉或生蛆，固态调味品如腐乳、酱菜等还要观察有无小虫或杂质等。

调味品

★百度图片，网址链接：http://sc.jb51.net/uploads/allimg/150416/14-150416091003F4.jpg

（编撰人：杜冰；审核人：杜冰）

156. 影响调味品质量的因素有哪些？

影响调味品质量的因素有很多，较为主要的影响因素有微生物、昆虫、空气潮湿度这3个方面。

（1）微生物污染。在温度较高的环境中，酱油、酱、食醋等调味品表面易产生白色霉斑，逐渐形成白色皱膜，颜色也由白色变为黄褐色，俗称生醭。这是由于受到产膜酵母菌污染所致。这种霉菌生命力旺盛，繁殖力较强，在空气中广泛存在，一旦污染这种霉菌，酱油的鲜味、甜味减少，产生酸臭气味。另外这些调味品也容易受到其他微生物的污染。因此贮存这些调味品的容器及售货工具等应进行彻底消毒，并要密闭贮存，以防止微生物污染。

（2）昆虫污染。苍蝇可在酱油、豆瓣和食醋内产卵而生蛆，食醋也可被醋鳗、醋虱、醋蝇等小昆虫污染。因此这些调味品在贮存、销售过程中，一定要采取防蝇和防昆虫的措施，容器加盖，确保密闭性等。

（3）空气潮湿度。味精、辛辣（粉）等在潮湿的空气中较容易吸潮变质而发生结块、发霉、变色、变味等不良现象，因此调味品应在干燥的条件下贮藏。

（编撰人：杜冰；审核人：杜冰）

157. 微生物污染对调味品有何影响？对人体健康有何影响？

微生物广泛分布于自然界，食品不可避免地会受到一定类型和数量的微生物的污染。当环境条件适宜时，微生物会迅速生长繁殖，导致食品腐败与变质。食品腐败变质会导致食品的营养价值降低、食用价值降低甚至丧失，还可能会引起食物中毒。由于调味品原料本身以及在生产、运输、储藏和销售过程中，较容易被自然界中广泛分布的细菌、霉菌等众多微生物污染，引起调味品霉变或腐败和带毒，进而造成食物中毒和食源性疾病。

大多数微生物引起的腐败具有明显的感官性质改变，但有些芽孢杆菌引起的腐败变质感官性质的变化不明显，主要发生在发酵制品和罐头食品中，由于产酸不产气，而这些食品本身又带有酸味，所以特征不明显，容易被误认为没有问题，食用后则可能会引起食物中毒。变质的调味品对人体存在一定程度的危害，甚至导致食源性疾病而死亡。

食源性疾病既包括传统的食物中毒，也包括经由食物罹患的肠道传染病、食源性寄生虫病以及由食物中有毒、有害污染物所引起的中毒性疾病。由调味品引起的大部分为生物性食源性疾病，其中最常见的是微生物、寄生虫及其卵引起的人类食源性疾病。引起调味品污染的微生物大体可分为以下几种：细菌及其毒素、病毒、真菌、寄生虫及其卵。

调味品中微生物污染引起的食源性疾病对人体健康存在威胁。全球每年仅食源性腹泻就造成几百万儿童死亡，即使在发达国家也至少有1/3的人患食源性疾病。

微生物污染

★百度图片，网址链接：http://pic.58pic.com/58pic/15/93/69/46r58PICJ4V_1024.jpg

（编撰人：杜冰；审核人：杜冰）

158. 空气潮湿对调味品质量有何影响？对人体有何影响？

南方各省市气候炎热，空气潮湿，在酿造调味品生产中，杂菌的侵染较为严重。因此，很多酿造厂从四五月份即开始在酱油、食醋中添加苯甲酸（钠）或山梨酸（钾），防止酱油、食醋发生霉变。在对酿造调味品的检测中，往往发现防腐剂的含量高于规定标准。据报道，长期食用含防腐剂较高的食品，对身体健康有某种程度的危害。

食品中的水分降低至一定限度以下，微生物不能繁殖，酶的活性也受到抑制，从而防止食品腐败变质，但空气潮湿的情况下，未做好及时密封措施，容易引起调味品变质。

味精、辛辣（粉）等在潮湿的空气中较容易吸潮变质而发生结块、发霉、变色、变味等不良现象。另外，空气潮湿使得空气中水分含量上升，如果调味品打开后未及时盖严，空气中的水分和微生物会进入到调味品中，水分在一定程度上会促进调味品中微生物的生长和繁殖，较易加速调味品霉变、酸臭等。一般情况下，腐败变质的调味品常引起急性中毒，轻者多以急性胃肠炎症状出现，如呕吐、腹痛、腹泻、发烧等，经过治疗可以恢复健康；重者可在呼吸、循环、神经等系统出现症状，抢救及时可转危为安，如贻误时机还可危及生命。有些变质食品中的有毒物质含量较少，或者由于本身毒性作用的特点，并不引起急性中毒，但长期食用往往会造成慢性中毒，甚至可以表现为致癌、致畸、致突变的作用。由此可见，食用腐败变质、霉变食物具有极其严重的潜在危害，损害人体健康，必须予以注意。因此，调味品应在干燥的条件下贮藏。

调味品

★百度图片，网址链接：http://s9.sinaimg.cn/bmiddle/49836db7t7a31a341a8a8&690

（编撰人：杜冰；审核人：杜冰）

159. 调味品食用时有何禁忌？

调味品在烹饪中起着重要作用，常见的调味品主要有油、盐、糖等。从营养学角度，在使用调味品时应注意调味品的用量，尽量保持清淡口味，常见禁忌可以总结为以下5点。

（1）每日摄盐应小于6g。人体对钠的安全摄入量为1 000～2 500mg，盐中含40%的钠，也就是每日只能摄入2.5～6g食盐，因此世界卫生组织（WHO）建议，盐的摄入量每人每天应在6g以下。除了食盐能够提供钠之外，酱油中含18%的盐，盐腌食品如咸菜、酱制品、咸鸡蛋等都有较高的食盐量。

（2）与酱油相克的食物。在服用优降宁、闷可乐等治疗心血管疾病及胃肠道疾病时，不可与酱油同食，否则会引起恶心、呕吐等副作用。

（3）食糖不宜过量。过量摄入糖会导致龋齿，并引发肥胖、糖尿病、动脉硬化症、心肌梗死，甚至对乳腺癌等癌症也有促进作用。糖尿病人、肝炎病人要尽量少摄取。

（4）控制食用油使用量。饮食脂肪是乳腺癌和结肠癌等的加速剂和诱发剂。所以，当今营养学界推荐，饮食组成中应将食用油的摄入量减少到总能量的30%以下。

（5）煎炸食品的油不应反复用。长时间加热油脂形成的产物有挥发性的降解物，如游离脂肪酸、低分子烷烃、饱和与非饱和醛、酮，故当煎炸油出现发泡、发烟、黏稠度增加、产生不良气味时，应弃用。

调味品

★百度图片，网址链接：http://blog.linkshop.com.cn/u/yuanwen@126.com/image/k_20151017/20151017180236_9765.jpg

（编撰人：杜冰；审核人：杜冰）

160. 调味品中使用的食品添加剂有哪些？

越来越多的新型食品添加剂被运用到调味品的生产中，各种调味原料提取或深加工的调味品均运用食品添加剂。调味品中的添加剂可分为以下几类：增稠剂、增味剂、甜味剂、乳化剂、酸味剂、着色剂、抗氧化剂、防腐剂，这些食品添加剂在调味品中具有一定的作用。以下列举应用于调味品中的食品添加剂，并对其在调味品中发挥的作用进行简单的阐述。

种类	品种举例	作用	酱料举例
增稠剂	卡拉胶、还原胶、明胶、麦芽糊精、PGA、羧纤钠等	增稠、保持形态	蚝油
增味剂	肌苷酸、鸟苷酸、谷氨酸、甘氨酸、琥珀酸及其钠盐、乙基麦芽酚等	突出风味、增加鲜味	鸡精
甜味剂	麦芽糖醇、木糖醇、糖精钠、甜蜜素、甜菊糖、A-K糖等	增加甜味、保健作用	番茄酱
乳化剂	单甘酯、蔗糖酯、吐温、卵磷脂等	乳化、维持形态	沙拉酱
酸味剂	柠檬酸、苹果酸、磷酸等	调整酸味	陈醋
着色剂	辣椒红、焦糖色素、姜黄色素、红曲米等	着色	老抽酱油
抗氧化剂	维生素C、茶多酚、植酸、BHA、BHT、PG、EDTA等	抗脂肪氧化	牛肉酱
防腐剂	山梨酸及其钾盐、苯甲酸及其钠盐、尼泊金、丙酸及其盐、双乙酸钠等	防腐、延长保质期	料酒

（编撰人：杜冰；审核人：杜冰）

161. 细盐与粗盐有哪些品质区别？

细盐与粗盐的品质区别主要有以下5方面。

（1）粒形。粗盐是未经加工的大粒盐，形态呈颗粒状，形态大；细盐是大粒盐经过加工的盐，形态呈片状，形态小。

（2）咸味。粗盐杂质中含有酸性盐类化合物（硫酸镁与氧化镁），这些酸性盐分子水解后，会刺激味觉神经，因而会感到粗盐比细盐的咸味大。

（3）香味。粗盐中的氯化镁在受到热量时，会分解出盐酸气，盐酸气能帮助食物中蛋白质水解成味鲜的氨基酸，刺激嗅觉神经后，会使人感到粗盐比细盐的香味浓。

（4）氯化钠。食盐的主要化学成分是氯化钠。氯化钠能帮助人体起到渗透作用，如食物经过消化变为可溶体后，必须有足够的浓度，才能经过各种细胞渗透到血液中，使其中的养分送到人体各部组织，所以，氯化钠的作用很大。通常粗盐中含氯化钠85%～90%，细盐在96%以上。

（5）可溶物。食盐的主要化学成分，除氯化钠以外，还含有水、氯化镁、硫酸镁、氯化钾、硫酸钙、碘等微量化合物，这些化合物是人体必需的物质，在粗盐中存在一定的数量，但是在细盐加工中被清除掉了。

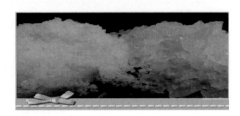

细盐与粗盐

★搜狐网，网址链接：http://m.sohu.com/n/483569984/?mv=3&partner=liantong

（编撰人：杜冰；审核人：杜冰）

162. 怎样鉴别食盐的卫生质量？

民以食为天，食以安为先。食盐作为生活中重要的调味料，是生活中必需的，也是食品加工中必不可少的添加成分，所以食盐的卫生质量、安全性是食品加工中首要把关的第一道关卡。学会简单的鉴别食盐的卫生质量是消费者必须把握的小常识。

（1）观察其颜色。看其是否发生变色，品质良好的食盐其色泽一般呈洁白色，呈暗灰色或者黄褐色的可能为劣质食盐，其原因可能是食盐里的矿物质发生了氧化导致食盐发生了变质，观察时可以在白色的背景下观察，这样更加易于观察到食盐颜色的变化。

（2）观察其外形。看其有无肉眼可见的杂质，看盐粒的大小是否均一。品质好的食盐其外形整齐一致，坚硬透明，无结块。

（3）闻气味。质量好的食盐一般无气味，有异臭或其他非本产品所具有气味的食盐不宜食用。

（4）从感官评价上鉴别。取少量的食盐添加蒸馏水，用筷子点取少量来品尝，良好的食盐具有纯正的咸味，有苦味、涩味或其他不良气味的食盐建议不要食用。

（编撰人：杜冰；审核人：杜冰）

163. 亚硝酸钠与食盐有何区别?

（1）色泽。食盐外观是白色晶体状或白色粉末；亚硝酸钠外观是白色或微带淡黄色斜方晶体或粉末。

（2）氧化还原性。食盐无氧化还原性；亚硝酸钠以氧化性为主，但也有还原性。取适量样品溶于水，然后加入微量的高锰酸钾，如果高锰酸钾的颜色由紫变浅，则说明该样品是亚硝酸钠，如果不变颜色，就是食盐。

（3）水溶液的酸碱性。食盐溶液呈中性，亚硝酸钠溶液呈碱性。

（4）熔沸点。亚硝酸钠的熔点为270℃，而食盐的熔点为801℃。所以把两者放在烧热的锅上，亚硝酸钠会熔化，食盐则不会熔化。

（5）滋味。亚硝酸钠略带咸味，食盐则比较咸。

（6）溶解度及溶解反应热。氯化钠和亚硝酸钠都溶于水，但亚硝酸钠溶解度比较高，且溶解时吸热，导致水温下降。

以上方法只是用于纯亚硝酸钠和食盐的区分，但如果在食盐中掺杂了亚硝酸钠，用上述方法是难以较好地区分"真假食盐"的。所以消费者在购买时尽量购买大品牌或者在合法商店购买，以免买到假食盐。

（编撰人：杜冰；审核人：杜冰）

164. 如何科学地吃盐?

食盐是人们日常饮食中不可缺少的调味品，其主要成分为氯化钠，钠离子和氯离子在人体内起到调节渗透压和维持酸碱平衡的作用。

（1）不同人群每日摄入量。幼儿（2~6岁）低于2~3g；青少年（7~17岁）低于4~5g；成年人（18~64岁）低于6g；老年人（65岁以上）低于5g。

（2）不同种类的食盐对人体健康的影响。

①碘盐。指在食盐中加入营养强化剂，包括碘酸钾、碘化钾和海藻盐。碘对人体健康至关重要，它在人体能合成甲状腺激素，有效预防大脖子病，并且碘对体格发育、脑发育都有重要影响。

②低钠盐。普通食盐中98%为氯化钠，而低钠盐则用氯化镁、氯化钾代替一部分的氯化钠。与钠相反，钾通过扩张血管，降低血管阻力而降低血压，高血压病人可常吃低钠盐从而减少钠的摄入量，降低血压。

③钙强化营养盐。主要原料为煅烧钙和食盐，适用于各类需要补钙的人群，

对患有软骨病、骨质疏松的人很有帮助。

④铁强化营养盐。主要原料为葡萄糖酸亚铁等营养强化剂和优质无碘精盐，对中老年人、女性和婴儿因缺铁而引起的缺铁性贫血大有裨益。

⑤锌强化营养盐。以葡萄糖酸锌和精制碘盐为主要原料，是幼儿、孕妇和老人的理想补锌佳品，对儿童提高记忆力以及身体发育有明显作用。

低钠盐　　　　　　　铁强化营养盐

★东莞时间网—东莞日报，网址链接：http://epaper.timedg.com/html/2012-03/21/content_943543.html

★湖北盐业集团有限公司，网址链接：https://st.so.com/stu?a=siftwaterfall&imgkey=t01a2fc7c2839833c58.jpg&cut=0

（编撰人：吕秋洁；审核人：黄苇）

165. 食用过量味精是否会损害视力？

味精对人体健康有没有害处，每天应该食用多少，这些问题一直困扰着大家。有报道称，过量食用味精会损害视力，究竟有没有科学依据，首先就要从味精的成分进行分析。

（1）味精的主要成分。谷氨酸钠是味精的主要成分，属于氨基酸的钠盐。通常是淀粉等物质，经过微生物发酵，然后通过一系列提取获得谷氨酸，与钠结合形成谷氨酸钠。据研究表明，在代谢和生理上，人工生产的谷氨酸和天然的谷氨酸并无区别。

（2）过量食用味精的症状。因味精中含有钠，故人体过量食用味精，会感到口渴。

（3）过量食用味精的危害。

①导致人体缺锌。食用超过机体代谢能力的味精，会使血液中的谷氨酸含量增高，从而与锌结合，生成的谷氨酸锌因不能被利用而被排出体外，导致人体缺

锌，尤其影响青少年的发育。

②可导致胃癌。在100℃以上的高温中，谷氨酸钠会转变成对人体有致癌性的焦谷氨酸钠，碱性环境中发生化学反应，产生谷氨酸二钠。这些物质会参与胃的消化吸收，引起胃部疾病，时间久了会导致胃癌。

③使神经功能处于抑制状态。当摄入过多味精时，人体中的各种神经功能会被谷氨酸钠所抑制，间接影响人体的神经功能，对视力有一定的伤害。

综合来说，适量摄入味精并没有什么问题，过量则会影响人体健康。

谷氨酸钠的外观

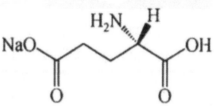

谷氨酸钠的分子式

★腾牛健康网，网址链接：https://www.qqtn.com/health/131465_1.html
★百度，网址链接：https://baike.baidu.com/item/%E8%B0%B7%E6%B0%A8%E9%85%B8%E9%92%A0/5385210?fr=aladdin

（编撰人：黄志钰；审核人：黄苇）

166. 如何鉴别酱油的优劣？

酱油是以豆饼、麸皮等为原料，经发酵酿造而成的一种家庭常见的调味品。鉴别酱油的优劣主要从以下几点来看。

（1）看品牌。品牌酱油一般有ISO、HACCP、BRC认证体系，质量体系健全，信誉好，产品的质量也比较可靠。

（2）看标签。质量等级高、氨基酸态氮高、粮食原料多是选择优质酱油的关键。此外，看标签上标注的是酿造还是配制酱油，酿造的酱油品质较好。

（3）看颜色。正常酱油的颜色一般为红褐色，品质好的颜色会稍微深一些。不过若酱油颜色太深，则表明其中添加了焦糖色，香气、滋味就会相对差一些。

（4）着色力。取少量酱油，倒入白色陶瓷内，轻轻摇动。优质酱油因含有较多的脂类物质，着色力较强，在碗壁附着时间长；劣质酱油，脂类物质含量很少甚至没有，着色力弱，附着时间短。

（5）看泡沫。优质酱油含有较多有机物质，摇晃后会有很多泡沫，不易散去，且有独特的酯香气，香气纯正。劣质酱油晃动产生少量泡沫，且容易散去。若味道呈酸臭味、糊味都是不正常的。

 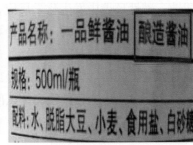

酱油颜色　　　　　　　　　　　酱油标签

★优聚优网，网址链接：http://www.jy135.com/gouwu/13150.html
★搜狐网，网址链接：http://www.sohu.com/a/105875961_391380

（编撰人：黄志钰；审核人：黄苇）

167. 怎样用大米酿制米醋?

米醋，就是以大米或其他粮食谷物为原料，经过发酵酿造而成的酸性调味料。据文献记载米醋起源于中国，中国酿醋历史至少在3 000年以上。米醋是众多种类醋中营养价值较高的一种，含有丰富的碱性氨基酸、糖类物质、有机酸、维生素B_1、维生素B_2、维生素C、无机盐、矿物质等。用大米酿制米醋的工艺步骤主要如下。

（1）原料处理。选取无发霉、无杂质、品质优良的碎米50kg加水浸泡3天，每天换一次水。第4天把米沥干，放入锅中蒸2h。蒸饭时，把水泼在米上，使米变软。

（2）液体酒精发酵。米蒸熟后，盛入酒坛中，加入沸水43kg。冷后，加入醋曲粉5kg，搅拌均匀。把酒坛斜放在地上，四周用一些东西包裹。大约两天后，醋醅就会发热。

（3）醋酸发酵。醋醅发热以后，可将其移入缸中，加清水200kg，搅拌均匀，让它继续发酵。在发酵期间，要常常加以搅拌。搅拌次数要看温度高低而定。如温度在40℃左右，10余天后醋液上面就会生出一层白膜，以后发热逐渐下降。这样，每过3天要搅拌一次。待醋渣完全下沉，就不必再搅拌了。

（4）大约经过3个月后，就可以滤出醋槽，把醋液加热煮沸后即可食用。

米醋

（编撰人：杜冰；审核人：杜冰）

168. 怎样加工草莓酱？

（1）选料。挑选果胶和果酸含量高、八九成熟、果面呈红色或淡红色、香气浓郁的草莓作原料。

（2）洗净。将挑选出来的草莓，用清水洗净，去除蒂把、萼片、腐烂果和杂质等。

（3）加热。将洗净后的草莓倒入夹层锅内，加入50%的糖溶液，用火加热，使其充分软化。经充分搅拌，再加入余下的糖溶液和山梨酸、柠檬酸溶液，然后，继续加热，直至将混合料浓缩到可溶性固形物达66.5%～67.0%出锅。

（4）包装。对出锅的草莓酱，应趁热装入已经消毒的瓶、罐，并在酱体温度不低于85℃时，旋紧瓶、罐盖密封。如酱体温度过低，封盖后应立即投入沸水中杀菌5～10min，再分段冷却，即为新鲜草莓酱。

草莓酱成品呈紫红色或红褐色，有光泽，颜色均匀一致。酱体呈浓黏稠糊状，可看到部分果肉块，无糖的结晶，无果梗及萼片，可溶性固形物不低于65%。

草莓酱储藏过程中应避免与铁、铜等金属接触。另外，加热浓缩应注意火候，及时搅拌。成品采取冷藏保存，也可放在阴凉处。

草莓酱

（编撰人：杜冰；审核人：杜冰）

169. 怎样加工猕猴桃的泥状果酱?

鲜猕猴桃不耐贮存，开发其深加工产品可有效延长其供应期。加工果酱是果品深加工的有效途径，可显著提高果品综合效益。猕猴桃泥状果酱的加工工艺流程如下。原料验收-催熟-挑选-洗涤-预煮-碎果-压滤-榨汁打浆-加热浓缩-配料浓缩-装罐密封-杀菌-冷却-保温-检验-成品。

加工工艺要点如下。

（1）原料验收。生产猕猴桃泥状果酱应采用充分成熟的原料，一般成熟度在95%以上，果肉全部变软，风味浓郁，维生素C含量丰富，可溶性固形物含量达7%~9%，总酸度含量在2.7%以下。

（2）采摘果实达不到加工要求，一般都要经过人工催熟法进行后熟。

（3）预煮。沸水煮透果实为止。

（4）榨汁打浆。碎果后经过压滤去除部分果汁，再用螺旋榨汁机打浆，除去果皮和种子。

（5）加热浓缩。打浆后的浆体加入适量白砂糖浓缩至可溶性固形物45%左右，浓缩方法有常压浓缩和真空浓缩。

（6）配料浓缩。配料的添加剂有淀粉、果胶、柠檬酸、猕猴桃香精，根据一般果酱标准和原料的成分及有关规定进行添加。先将淀粉和果胶搅拌下后慢慢加入，再加入白砂糖使可溶性固形物达50%以上，最后加入柠檬酸、香精稍加热，即出锅。

（7）装罐及密封。果酱出锅后，迅速装罐（在30min内完成），封口温度在80℃以上。

（8）杀菌冷却。采用高温灭菌，杀菌后迅速冷却。

（9）保温、检验、成品。在25~30℃下保温5~7天检查有无变质、果酱流出现象，然后装箱入库。

猕猴桃的泥状果酱

★淘图网，网址链接：http://www.taopic.com/tuku/201407/571393.html

（编撰人：杜冰；审核人：杜冰）

170. 怎样加工猕猴桃的块状果酱？

　　猕猴桃果酱是开发猕猴桃资源的加工产品之一，它能够体现出猕猴桃的独特风格，具有浓郁的原果清香味，甜酸适口，备受消费者喜爱。其中，猕猴桃块状果酱加工工艺流程如下。原料验收-挑选-漂洗-浸碱去皮-清洗-修整-切块-加热浓缩-配料浓缩-装罐密封-杀菌冷却-保温-检验-成品。

　　涉及的工艺要点有如下。

　　（1）原料验收。块状果酱原料成熟度一般在80%左右，果肉刚开始变软，轻压果皮不破。

　　（2）挑选。剔除虫果、烂果、不成熟果和过熟果，且按大小分级。

　　（3）浸碱去皮。于10%～15%的沸碱中煮5～10min，脱皮后立即用大量清水漂洗。

　　（4）修整切块。漂洗去皮后的果用小刀削去残留果皮，剔去果蒂；再用刀或切块机将修整后的果肉切成小块。

　　（5）加热浓缩。打浆后的浆体加入适量白砂糖浓缩至可溶性固形物45%左右，浓缩方法有常压浓缩和真空浓缩。

　　（6）配料浓缩。根据一般果酱标准和原料的成分及有关规定，先将淀粉和果胶搅拌下后慢慢加入，再加入白砂糖使可溶性固形物达50%以上，最后加入柠檬酸、香精稍加热，即出锅。

　　（7）罐装。果酱出锅后，迅速装罐（在30min内完成），封口温度在80℃以上。

　　（8）杀菌冷却。采用高温灭菌，杀菌后迅速冷却。

　　（9）保温、检验、成品。在25～30℃下保温5～7天后检查有无变质、果酱流出现象，然后装箱入库。

猕猴桃的块状果酱

★拍新网，网址链接：http://www.paixin.com/photocopyright/142377612

（编撰人：杜冰；　审核人：杜冰）

171. 酿造食醋和配制食醋有何区别?

（1）酿造食醋。按照GB/T 18187—2000酿造食醋中规定，酿造食醋是指单独或混合使用各种含有淀粉、糖的物料或酒精，经微生物发酵酿制而成的酸性液体调味品。酿造食醋主要成分除醋酸外，还含有各种氨基酸、有机酸、糖类、维生素、醇和酯等营养成分及风味成分。传统的酿造食醋采用固态发酵，工艺效率低，发酵过程由复杂多种类微生物参与。液态发酵是现代的改良工艺，培养和发酵基质采用液体形式，发酵效率高，更容易对菌种和工艺进行控制，产量大，但风味和固态发酵的有较大区别。还有一种发酵方法是固稀发酵法，酒精发酵阶段为稀醇发酵，醋酸发酵阶段为固态发酵，此法出醋率高。

（2）配制食醋。按照SB/T 10337—2012配制食醋中的规定，配制食醋是指以酿造食醋为主体，与冰乙酸、食品添加剂等混合配制而成的调味食醋。根据行业标准，配制食醋中酿造食醋的比例不得少于50%，其总酸含量≥2.5g/100ml，可溶性无盐固形物≥0.5g/100ml。GB 7718—2004《预包装食品标签通则》中规定食醋产品标签中要标明"酿造食醋"或"配制食醋"。

食醋

★百度图片，网址链接: http://s10.sinaimg.cn/mw690/006x671Jzy79cZNdPWp79&690

（编撰人：杜冰；审核人：杜冰）

172. 酿造酱油和配制酱油有何区别?

（1）酿造酱油。按照GB/T 18186—2000酿造酱油规定，酿造酱油是指以淀粉和蛋白质为原料（如各种豆类、小麦或麸皮等），经微生物发酵而制成的具有特殊色泽、香气、滋味和体态的天然液体调味品。其发酵工艺有高盐稀态发酵和低盐固态发酵两种。其色泽一般呈鲜艳的红褐色或浅红褐色，表面具有光泽，体态澄清，味道醇美，营养丰富，具有多种氨基酸和香气成分，是目前家庭常用的烹饪调味品。但由于其发酵生产周期长，其生产成本相对配制酱油来说可能比较高。

（2）配制酱油。按照SB/T 10336—2012配制酱油的规定，配制酱油是指以酿造酱油为主体，添加了酸水解植物蛋白调味液、食品添加剂等配制而成的液体调味品。其中标准中规定配制酱油中的酿造酱油比例不得少于50%。所以只要经过良好的调配技术，配制酱油与酿造酱油在外观与感官上可能没有很大的差别，普通人难以区分，需要有丰富经验的专家才能区分二者。在口感上，由于配置酱油是酿造酱油经过稀释的，其酱香、酯香可能不及酿造酱油，但经过适当的调配，如氨基酸的添加等方式，其鲜味、口感、香气也能与酿造酱油媲美。

酱油

★百度图片，网址链接：http://pic.qqtn.com/up/2017-4/201704261943034755094.png

（编撰人：杜冰；审核人：杜冰）

173. 酒类产品的品种有哪些？

中国酒的分类按传统分类可以分为白酒、啤酒、黄酒、葡萄酒、果酒以及药酒等。

（1）白酒是以粮谷或薯类或者其他含有淀粉和糖类成分的物质为主要原料，以大曲、小曲或麸曲及酒母等为糖化发酵剂，经蒸煮、糖化、发酵、蒸馏而制成的蒸馏酒。按发酵工艺不同，可以分为固态发酵白酒和液态发酵白酒。我国白酒香型可分为酱香型、浓香型、清香型、米香型等。

（2）啤酒是以大麦芽、酒花、水为主要原料，经酵母发酵作用酿制而成的饱含二氧化碳的低酒精度酒。根据是否杀菌，可将啤酒分为鲜啤酒和熟啤酒。鲜啤酒是指生产的啤酒在装瓶之后没有经过杀菌工序杀菌，口感一般比较鲜爽，但可储存时间不长。熟啤酒就是装瓶后经过杀菌工序杀菌得到的，其保存期比较长。此外，根据啤酒颜色的深浅还可以分为淡色啤酒和黑啤酒。

（3）黄酒一般是以稻米、黍米、玉米、小米、小麦等为主要原料，经蒸煮、加酒曲、糖化、发酵、压榨、过滤、煎酒、贮存、勾兑而成的。黄酒营养丰富，经常适量饮用可以达到舒筋活血、健身强心、延年益寿的功效，除此之外还可以用于烹饪菜肴、作调味料解腥增香的作用。

（4）葡萄酒，国标规定是以鲜葡萄或葡萄汁为原料，经全部或部分发酵酿制而成的，酒精度不低于7.0%的酒精饮品（国际定义的酒精度是不得低于8.5°）。葡萄酒分为红葡萄酒和白葡萄酒，红葡萄酒是用皮红肉白或者皮肉皆红的葡萄带皮发酵酿造的，白葡萄酒是将葡萄原汁与皮渣进行分离后，用葡萄汁发酵制成的。

（5）果酒是用葡萄以外的水果或野生果为原料酿制的酒。一般都以果实的名称命名，我国的果酒大多属于甜酒型。果酒清亮透明、酸甜适口、醇厚纯净而无异味，具有原果实特有的芳香，属于一种保健、营养型酒。

（6）药酒是选配适当的中药，经过必要的加工，用度数适宜的白酒、黄酒或米酒为溶媒，浸泡或煎煮，使加入的中药有效成分溶出，去掉药渣，制成的具有治疗和滋补性质的澄清液体，也有的是在酿酒过程中加入中药的。用酒浸泡药物，可使有效成分充分溶出，提高人体对其中有效成分的吸收利用，从而达到治疗疾病和养生保健的目的。

酒类

（编撰人：杜冰；审核人：杜冰）

174. 不同酒类的保存要点有哪些?

不同的酒，有不同的保存方法，应该根据要保存的酒的特点而选择相应的方法。

（1）白酒。应保存在干燥、清洁、光亮和通风较好的环境，空气的相对湿度不宜太高，温度也不宜太高，以免白酒瓶盖发生霉烂。同时要注意避免火源，严禁烟火靠近。

（2）黄酒。黄酒在包装上可以利用陶坛和泥头封口，这样会有利于黄酒的老熟，生成较多的香气物质，使黄酒越陈越香。像白酒一样，保存黄酒的地方也应以凉爽、温度变化不大为宜，其周围不宜同时存放异味物品，以免影响黄酒品质。

（3）啤酒。啤酒的特点注定啤酒要保存在阴暗、凉爽、清洁、卫生、温度不宜太高的地方，并注意要避免阳光的直射，减少震动次数，避免出现浑浊的现象，最好保存在温度较低的地方。

（4）果酒。由于果酒中含糖量较高，所以果酒要特别注意避免微生物的污染，必须注意封口的清洁和牢固，温度和湿度要保持适宜，且要避免阳光暴晒，防止果酒变质。

（5）药酒。药酒由于是由多种中药材浸泡而得，因此药酒中含有较多的中药活性成分，长期贮存时，受温度，阳光照射的影响，可能会产生微量的浑浊、沉淀，此为正常现象，但若品尝到有异味，则说明已经发生了变质。所以，药酒也要注意保存在通风、凉爽处，同时避免阳光的照射，使用棕色的瓶子来保存，且保存时间不要过久，以免发生变质。

（编撰人：杜冰；审核人：杜冰）

175. 酒类产品的感官鉴别要点有哪些？

中国酒按传统分类有白酒、黄酒、啤酒、葡萄酒、果酒等。其感官鉴别的要点主要是从其色泽、香气和滋味上来鉴别。

（1）白酒的类型较多，根据香型的不同和酒精度的不同会有不同的国家标准，但一般要求其色泽为无色透明（个别类型的品种允许出现淡黄色），无悬浮物、浑浊和沉淀。其香气一般具有本产品类型所特有的香气，或浓香，或酱香，或清香，或三者都有的为特香。滋味一般为白酒应有的纯正醇和的滋味，不得有异臭味。

（2）黄酒。根据《GB/T 13662—2008黄酒》的规定，不同类型的黄酒感官特点也不同，但其色泽一般应符合橙黄色至深褐色，清亮透明，瓶底允许有少量或微量聚集物。香气一般为具有黄酒特有的醇香，无异香。滋味为醇厚，具有该品种黄酒特有的滋味，如鲜甜或鲜爽等。

（3）啤酒。根据《GB 4927—2008啤酒》的规定，不同级别和类型的啤酒要求也不同，但其色泽一般应符合清亮或者有光泽，允许有肉眼可见的微细悬浮物和沉淀物（非外来异物）。泡沫要求细腻挂杯，香气具有明显的酒花香气或麦芽香气，滋味要求口味纯正，爽口或杀口，柔和无异香异味。

（4）葡萄酒。根据《GB 15037—2006葡萄酒》的规定，葡萄酒色泽应具有其产品品种所特有的色泽，如白葡萄酒应近似无色，微黄带绿等；红葡萄酒应为紫红或深红等。应为澄清，有光泽，无明显悬浮物（带软木塞的允许有少量的木渣，保存超过一年的允许有少量沉淀）。其香气应为纯正、优雅、和谐的果香与酒香，陈酿葡萄酒应有陈酿香或橡木香。其滋味应符合各种类型葡萄酒所应有的滋味，一般具有纯正、优雅、爽怡的口味和悦人的果香味，有的具有陈酿的酒味、酸甜协调。有的具有杀口感。

（5）果酒。由于品种的不同，没有统一的标准。其色泽各异，一般要求果酒色泽接近原果实的真实色泽，同时也要求清亮、透明、有光泽。香气应有原果实的芳香和酒的醇香，且越醇越好。甜型酒要求甜而不腻，干酒干而不涩，一般要求酸甜可口协调，纯净而无异味。

（编撰人：杜冰；审核人：杜冰）

176. 工业用酒精对人体有何影响?

工业用的酒精通常含有甲醇等有毒物质，只能在工业生产上使用，如果有人误饮将会发生中毒。

正常的酒含有酒精，学名乙醇，不含甲醇，而工业酒精含甲醇。甲醇有毒。甲醇和乙醇进入体内之后，在醇脱氢酶作用下变成甲醛、乙醛，甲醛和乙醛在醛脱氢酶作用下变成甲酸和乙酸。乙酸会被细胞内的氧化酶体系进一步代谢分解，最终变成二氧化碳和水。而甲酸就不能继续被代谢，会蓄积起来，造成中毒。

假酒中毒事件，大部分是因为不法商家在白酒中混入工业用的酒精而导致的甲醇中毒。当人们饮用含甲醇的假酒，数小时后就会感到不适，其症状是头晕、头痛、酩酊大醉、呕吐、烦躁、抽搐、视力模糊、严重者视力迅速下降，直至双目失明，更严重时会出现心跳加快、脉搏变弱、呼吸麻痹等症状，最后导致死亡。所以当不慎误饮或吸入工业用酒精时，应立即用2%~3%碳酸氢钠溶液洗胃，这对阻止毒物在体内氧化吸收有一定的意义，如果是吸入蒸汽中毒的，应迅速将患者移至空气新鲜处，吸入氧气并注射呼吸兴奋剂。严重中毒者，可考虑透析疗法以加速甲醇排泄。

工业酒精

★百度图片，网址链接：http://img5.imgtn.bdimg.com/it/u=889802458,3787829795&fm=27&gp=0.jpg

（编撰人：杜冰；审核人：杜冰）

177. 如何鉴别名优白酒的真伪?

白酒是我国的传统饮品,深受消费者喜爱,经过长期发展形成了多种名优品牌,比较有名的有茅台、五粮液、杜康、汾酒、西凤酒、董酒、剑南春、泸州老窖、古井贡、竹叶青。

近年来许多不法商家以次充好,通过模仿名优白酒的生产包装来欺骗消费者。对于普通消费者来说,鉴别名优白酒需从酒的品质和标识两个方面入手。

(1)感官。名优白酒具有白酒自身的香型特征,有独到的色、香、味,在口味上突出的是香与味的平衡性,口感绵柔、醇和。假酒时间久了一般会发黄或浑浊,香气不正。正品酒一般无色、清亮透明,香气纯正,口感醇和。

(2)包装。名优白酒的生产厂家通常都会采用防伪措施,有自己独特的商标。看其包装的字迹是否清晰,有无污迹和划痕,有无生产厂家设计的防伪标记如防伪盖、脖标、水印等。

但如今白酒的制假技术越发高超,真假难辨。为避免购买假酒,建议消费者通过正规渠道购买。

(编撰人:杜冰;审核人:杜冰)

178. 正确选购啤酒有哪些基本方法?

啤酒按颜色可分为淡色啤酒、浓色啤酒和黑啤酒。经过了巴氏杀菌的叫熟啤酒,未经巴氏杀菌的叫鲜啤酒,只经过过滤除菌的啤酒叫生啤酒,纯鲜啤酒含有发酵的酵母菌仍生存于啤酒酒液中,酵母细胞体含有较多营养,因此更易于开脾健胃,营养较熟啤酒丰富,但生啤酒未经杀菌,酵母菌还会在啤酒中繁殖,会使啤酒混浊,所以要现买现喝,不宜存放。啤酒按发酵方式又可分为桶上发酵(上层发酵)和桶底发酵(下层发酵)。

(1)优质啤酒有光泽,清亮透明,黯淡无光的不是好啤酒。

(2)在保质期内的啤酒必须保持洁净透明,无小颗粒和悬浮物,不应有任何浑浊或沉淀现象产生。

(3)泡沫是啤酒的重要特征之一,啤酒也是唯一以泡沫体作为主要质量指标的酒精类饮料,起泡力强,泡沫窜起,洁白细腻、厚实且盖满酒面,挂杯持久,在4min以上者为好啤酒。

(4)常见的淡色啤酒应具有较显著的酒花香和麦芽清香、酯香以及细微的酒花苦味,入口苦味爽快而不长久,酒体爽而不淡,柔和适口,无生酒花味、无老化味，无酵母味、酸味及其他异味。具有饱和充足的二氧化碳气，能赋予啤酒一定的杀口力，给人以合适的刺激感。

啤酒（戚镇科 摄）

（编撰人：田兴国，徐小艳，谌国莲；审核人：谌国莲）

179. 啤酒浑浊是何原因？对人体有哪些影响？

啤酒浑浊的主要原因是啤酒酿造过程中蛋白质的析出和多酚物质发生聚合反应、多酚与蛋白质发生络合反应而产生的。

（1）由蛋白质引起的啤酒浑浊有两种。冷浑浊（或称可逆浑浊）和不可逆浑浊。

冷浑浊主要是指在低温下啤酒发生失光或像雾一样浑浊，在加热20℃以上，浑浊减少或消失的情况。当啤酒加热到20℃以上时，与蛋白质结合的热氢键很容易断裂。蛋白质又重新和水以氢键相连，重新形成亲水胶体，啤酒又恢复透明外观。

不可逆浑浊主要是指啤酒中花色苷和蛋白质，在氢参与下发生氧化聚合反应，它们之间以共价键相连，形成疏水的大分子，产生沉淀，引起了浑浊。由于它们的结合是共价键，结合牢固，不受外界条件（如加热）破坏，因此，这种浑浊为不可逆浑浊。

（2）多酚类引起的浑浊也有两种。一种是由于多酚物质在酸性条件下或有氧条件下，会缓慢发生聚合反应而生成多酚聚合物引起啤酒浑浊。另一种情况是啤酒中的多酚与蛋白质发生络合反应，形成蛋白质—多酚络合物，此物质是浑浊不溶的，在低温下容易浑浊析出。

以上两种由于非生物因素引起的浑浊虽然啤酒的口感不佳，但是对健康不会造成危害。但如果是生物因素造成的浑浊或沉淀物出现，说明啤酒已经受到微生物污染，饮用后轻者腹泻，重者会危及生命健康。

啤酒浑浊现象

★百度图片，网址链接：http://y3.ifengimg.com/news_spider/dci_2013/01/d7ec8a0b82856ae2b8a541a17c09861d.jpg

（编撰人：杜冰；审核人：杜冰）

180. 怎样同时从山楂中提取果胶和山楂原酒？

目前，对山楂的综合利用仅限于制作山楂制品以及从山楂中提取黄酮类化合物等。山楂中含有丰富的果胶物质，其含量居水果之首，鲜山楂中果胶含量达6.4%，是优质的果胶工业生产原料，应用山楂生产果胶是对山楂的一种精深加工。

（1）果胶提取。取山楂粉，加入蒸馏水，在恒温水浴槽中灭酶数分钟，取出自然冷却后按不同料液比补充加入蒸馏水，搅拌，调节pH值，恒温水浴下进行搅拌提取，滤液趁热用纱布挤压过滤，再离心分离，取清液加入2%活性炭在恒温水浴锅中搅拌脱色，再用纱布过滤，滤液在搅拌下慢慢加入饱和硫酸铝溶液，再用10%氢氧化铵溶液在搅拌下调节pH值至4.0，静置。滤布过滤后用蒸馏水冲洗至清亮，然后搅拌脱盐，离心，再用无水乙醇洗涤2次，离心，取出果胶产品置于平板，并在烘箱中烘干，即得果胶粉。

（2）山楂酒制作。①分选。应尽量挑选色泽良好饱满优质的果粒，以提高山楂酒的质量。②清洗。去除山楂表面的尘土、残留农药以及果皮上的杂菌。③破碎压榨。在山楂的破碎压榨过程中，应及时分离果核果梗，避免造成原酒口感苦涩。要求破碎后果核、果梗与果肉分离，同时破碎目测应达到均匀，果汁不得流失。全部破碎过程中环境应保持清洁。④入罐浸提。将破碎均匀的果肉投入罐中，加入软化水控温保存，充分浸提山楂中的有效成分。然后加入软化水，使料液比控制在1：（2~3），继续降温至低于50℃，加入果胶酶和亚硫酸浸约1天。⑤调糖。继续降温，取样测定汁中的糖度和pH值，要求调节至糖度20°~24°Bx。⑥发酵。将调糖完毕后的果浆送至已杀菌好的发酵罐，干酵母此时也同时加入，正常发酵。

（编撰人：杜冰；审核人：杜冰）

181. 怎样用山楂原酒配制健身开胃酒？

山楂有重要的药用保健价值，自古以来，就成为健脾开胃、消食化滞、活血化痰的良药。山楂中含有大量维生素，含量在水果中仅低于鲜枣和猕猴桃；维生素和胡萝卜素都是抗氧化剂，这些成分被人体吸收后能提高机体免疫力，增强体质。常吃山楂可以防老化，起到美容、防癌和防治动脉硬化的功效。山楂中丰富的膳食纤维和果胶成分可以促进肠道的蠕动和消化腺的分泌，有助于食物的消化和废物排泄。山楂酒是一种常见的果酒，制作方法也较为简单。

（1）配制型山楂保健酒（浸泡酒）。山楂保健酒含维生素、氨基酸、多糖类物质和磷、钾、锌、铁等微量元素，营养丰富，保健作用强，可根据消费者的要求生产出不同质量的产品，满足多层次的消费需要。具体方法是：①制备脱臭酒精。酒精经降度、脱臭，然后静置、过滤得到脱臭酒精。②制备山楂浸泡基酒。把山楂洗净，然后破碎浸泡后过滤，在过滤过程中加入一次浸泡酒和果渣。果渣再经浸泡过滤得到二次浸泡酒，将两者混合再经过下胶、过滤得到基酒。③最后经过陈酿、过滤、杀菌，灌装成成品山楂酒。

（2）营养型山楂保健酒（调制酒）。以口子酒为基酒，以碱水和酒精作为浸提剂，采用优质山楂浸泡工艺，同时以优质蜂蜜、蔗糖等为配料，经多次提取生产山楂营养保健酒。调制酒无色透明，香气浓郁，口感细腻醇甜，酒精度20%～35%Vol，总酸<1.0g/100ml（以乙酸计），糖度>2g/100ml。

营养型山楂保健酒

（编撰人：杜冰；审核人：杜冰）

182. 正确选购白酒有哪些基本方法？

白酒是我国传统的饮料酒，它工艺独特、历史悠久、享誉中外。从古至今白酒在酒类消费者心目中都占有十分重要的位置。当前市场上白酒品种繁多，质量参差不齐，有时会出现买到假酒的情况，所以消费者在选购白酒时要注意以下几点。

（1）尽量购买大品牌。消费者在选购白酒时，首先应选择大中型企业生产的白酒类产品。这些企业的产品都经过国家严格的监督生产，其质量上乘，感官品质、理化指标俱佳，低度化的产品也能保持其固有的独特风格。

（2）观察其包装。买白酒时应查看其包装盒、瓶签、瓶盖的印刷是否正规，有无注册商标、防伪标志、条码等。印刷的字迹是否清晰规范。

（3）观察其食品标签。白酒包装上的食品标签印刷应符合国家《食品标签通用标准》的要求，注意产品的标签是否标明产品的名称、产地、香型、酒精度、原料、生产企业、产地、生产企业的地址、联系方法、执行标准等。不要购买无生产日期、厂名、厂址的白酒。

（4）看内在的质量。正常白酒应是无色、透明、无悬浮物和沉淀物。在购买时，若是无色透明玻璃包装，可以把酒瓶慢慢倒置过来，看是否有杂质。

（5）购买白酒并非越陈越好。例如酱香型白酒适合长期贮存，经过较长时间的贮存，其质量会变得温润醇厚。而低度白酒贮存时间过长会使酒精度降低，酒味变淡，挥发损耗也会增大，所以消费者在购买时要注意区别。

白酒

★搜狐网，网址链接：http://www.sohu.com/a/163668597_487187

（编撰人：杜冰；审核人：杜冰）

183. 正确选购葡萄酒有哪些基本方法？

市场上的葡萄酒种类繁多，真假难辨，选购葡萄酒时应遵循一定的方法和步骤，选择适合自己饮用的、品质好的葡萄酒。

（1）看标识。挑选葡萄酒时，可以先观察其食品标签，按照我国食品标签标准的规定，在葡萄酒的标签上应该标注该产品所执行的标准。留意酒瓶标签印刷是否清楚，是否仿冒翻印。

（2）看颜色、闻香。好的葡萄酒外观应该澄亮透明（深颜色的酒可以不透明），有光泽，颜色与酒的名称相符，色泽自然、悦目；质量差的葡萄酒，或混浊无光，或颜色与酒名不符，没有自然感，或色泽艳丽，但有明显的人工色素感。留意葡萄酒上是否有不明悬浮物，但瓶底少许沉淀属正常。质量好的葡萄酒具有葡萄的果香、发酵的酒香和陈酿的醇香，而且香气相互平衡、协调、融为一体。质量差的葡萄酒则不具备这些特点，或有突出水果味（外加香精），或酒精味突出，或有其他异味。

（3）从口感判断。品质好的葡萄酒，其口感是舒畅愉悦的，各种香味应细腻、柔和，有层次感和结构感；品质差的葡萄酒，或有异味，或者异香突出，或者酒体单薄没有层次感，或没有后味。另外，在选择葡萄酒时也要注意个人的口味特点和食物的类型选择相应的葡萄酒。口味清淡的建议选择新鲜白、桃红、红葡萄酒为主；口味浓厚的则以陈酿红、白葡萄酒为主。

葡萄酒

★百度图片，网址链接：http://img3.qianzhan.com/news/201709/08/20170908-0eaba0a8327df48d_600x5000.jpg

（编撰人：杜冰；审核人：杜冰）

184. 如何合理而适量地饮用葡萄酒？

按照国标GB 15037—2006规定，葡萄酒是以鲜葡萄或葡萄汁为原料，经全部或部分发酵酿制而成的，酒精度不低于7.0%的酒精饮品（国际定义的酒精度是不得低于8.5°）。葡萄酒分为红葡萄酒和白葡萄酒，红葡萄酒是用皮红肉白或者皮肉皆红的葡萄带皮发酵酿造的，白葡萄酒是将葡萄原汁与皮渣进行分离后，用葡萄汁发酵制成的。

葡萄酒营养丰富，不仅具有葡萄的芳香和醇香，而且还含有多种氨基酸、维生素、有机酸等。研究表明，葡萄酒中含有白藜芦醇（RES）、黄酮类、多酚类等功效成分。其中的白藜芦醇具有保护心血管、抑制肿瘤、抗氧化、消除自由基、预防糖尿病、预防心肌病等功效；黄酮类化合物如儿茶素类衍生物具有抗氧化、抗脂肪肝、抗癌等作用。

葡萄酒作为一种酒精饮品，在饮用时要掌握适度的原则，即要做到适时、适量和适当地饮用葡萄酒。适时，即最好选择在晚餐时饮用葡萄酒，因为此时肝脏中的乙醇脱氢酶活性较高，酒精更容易被代谢。适量，即一次不可过多的饮用葡萄酒，应控制在一定范围之内，以免引起酒精中毒。适当的饮用方式是指在喝葡萄酒时，最好边进餐边喝酒，这样会有利于减少人体对酒精的吸收，使人不容易喝醉，减少酒精中毒的风险。同时，要避免空腹喝酒，在喝完酒后多喝一些水，使酒精代谢加速，以尽快排出体外。

（编撰人：杜冰；审核人：杜冰）

185. 怎样加工黄酒？

黄酒是世界上最古老的酒类之一，其起源于中国，且唯中国有之，与啤酒、葡萄酒并称世界三大古酒。黄酒品类繁多，农家酿制黄酒的原料一般是以糯米或一些薯类为主要原料，大曲或小曲发酵，其加工工序如下。

（1）浸泡，蒸饭。选取无发霉、无杂质品质良好的糯米10kg（也可以用大米替代），洗净后用清水浸泡约12h；过滤后将糯米置于蒸笼中蒸约40min，然后取出摊凉，降温至32～37℃。

（2）糖化。称取大曲或小曲约150g，捣细后均匀地拌入糯米饭中，然后盛进洁净的小缸进行糖化，糖化时需将缸面盖住，以利保温和减少水分挥发。温度保持在28～30℃，12～15h。

（3）发酵。取凉开水约12.5kg，倒入糯米糖化醅中，盖紧缸面进行保温发酵，发酵时间为10天左右。

（4）澄清。将发酵后的糯米醅液过滤与澄清，就获得生黄酒。

（5）灭菌。将生黄酒置于锅内，用文火烧至80～85℃并保持20～30min即可完成灭菌。

（6）封存。灭菌后的黄酒用陶瓷坛装盛。这样，一杯香气浓郁、酒体甘醇、风味独特、营养丰富的新鲜黄酒就制成了。

黄酒

★搜狐网，网址链接：http://www.sohu.com/a/143135693_167581

（编撰人：杜冰；审核人：杜冰）

186. 怎样用大米酿制米酒？

米酒，又叫酒酿、甜酒。用糯米酿制，是中国汉族和大多数少数民族传统的特产酒。其具有治疗鼻出血、贫血、口疮、牙龈出血、腰腿酸痛等食疗功效。由于其酿制工艺简单、口味香甜醇美、含酒精量极低，所以在中国古时候过节或者有喜事时一般都会酿制饮用，其酿制工艺步骤如下。

（1）泡米。选择无霉变、无杂质的糯米，用水洗净浸泡4h（冬季用温水浸泡6h）。

（2）蒸米。将泡好的米滤掉水，平铺在蒸笼上，蒸至米饭熟透又不至于过烂，以不粘手、不成团为度。

（3）发酵。把蒸熟的米放入盘子中，翻拌降温至32℃左右，加入米量1%的白曲拌匀后，移至之前高温灭菌过的酒盆，用通气的盖子盖好。放到干燥避风的地方。发酵时间一般为冬天需3天，夏季1天左右，春秋存两天即可。当米粒表面见有菌丝覆盖，加水稀释使温度降至30℃，不久温度仍会上升，再加水稀释、降温，如此重复操作7~8次，到4~5天后，盆内温度不再升高，说明发酵已经完全。此时，米酒已经酿造成功，如果想得到较高浓度的白酒可以继续蒸馏。

（4）蒸馏。滤取低度米酒液，用蒸馏器蒸出较高浓度的酒分。

米酒

★新浪网，网址链接：http://blog.sina.com.cn/s/blog_ec0df22b0102xqdp.html

（编撰人：杜冰；审核人：杜冰）

187. 怎样利用野生酵母酿造猕猴桃酒？

猕猴桃酒是果酒之一。猕猴桃酒色泽晶亮透明，微黄带绿色，气味带有浓郁的果香，入口醇厚、爽口。含有丰富的维生素、氨基酸和大量的多酚，可以起到抑制脂肪在人体中堆积的作用，此外还具有护理心脏、调节情绪的作用，其营养成分和功效都优于葡萄酒。

采用人工培养纯种酵母发酵猕猴桃酒，发酵迅速稳定，酒质较好，但对设备和技术要求较高，一般乡镇企业难以达到。利用野生酵母自然发酵酿造猕猴桃酒，发酵慢、易污染、酒质难以提高。人工培育野生酵母发酵猕猴桃酒，发酵迅速稳定，酒质好，对设备和技术要求不高，适用于乡镇中、小型酒厂生产猕猴桃酒。

猕猴桃酒酿造方法：野生酵母菌培养→挑选猕猴桃→清洗→破碎→微生物发酵→榨汁→提纯→二次发酵→杀菌→灌装→贴标→检验→出厂，具体的酿造要点如下。

（1）选果。选无霉烂的九成熟软果，过磅称重，洗净后沥干水。

（2）破碎榨汁。可将猕猴桃果于95～100℃的20%NaOH溶液中浸1～2min去皮后，洗净，破碎，榨汁。破碎后按60mg/kg添加偏重亚硫酸钠，抑制杂菌生长，还可起护色、保护维生素C的作用。

（3）入坛调配。果汁入坛中，按果汁量的5%～6%加蔗糖。蔗糖配成60%糖水，煮沸溶化后过滤，冷却到30℃，加入果汁中。

（4）前发酵。在果浆中加入5%的酵母糖液（含糖8.5%），搅拌混合，进行前发酵，温度控制在20～26℃，时间5～6天。

（5）榨酒。当发酵中果浆的残糖降至1%时，需进行压榨分离，浆汁液转入后发酵。

猕猴桃酒

★天气网，网址链接：http://www.tianqi.com/toutiao/read/13631.html

（6）后发酵。按发酵到酒度为12°计算，添加一定量的砂糖（也可在前发酵时，按所需的酒度换算出所需的糖量，一次调毕），保持温度在15~20℃，经30~50天，进行分离。

（7）调整酒度。用90%以上酒精调整酒度达16°左右，贮藏。

（编撰人：杜冰；审核人：杜冰）

188.怎样配制猕猴桃香槟啤酒？

以啤酒、猕猴桃汁为基础，酿制成的猕猴桃香槟啤酒，其色浅黄，具有明显的猕猴桃香味和酒花香味，口味清爽、调和，既有香槟酒的风味，又兼有啤酒的后味，特别受消费者的欢迎。而且猕猴桃香槟啤酒中氨基酸种类丰富，含量较高，是一种对人体有益的营养饮料。猕猴桃香槟啤酒的制作方法如下。

（1）酒花液的制备。啤酒花量是视当地群众的习惯和嗜好而定，一般用量是成品重量的0.06%~0.15%，煮沸操作在夹层锅内进行，先放水后放酒花，并将酒花浸入水中，煮沸30~50min。过滤后弃渣取酒花液于冷却器中急冷至室温，即可和糖浆等混合。酒花渣可回收重复利用一次。

（2）糖浆制备。先用白砂糖1/3的水投入夹层锅内，后加糖，升温并适当搅拌，当温度升至90℃左右加入酸味剂，煮沸1~3min即可停止加热，取少量热糖浆将防腐剂溶化倒回糖浆锅内，将糖浆过滤，冷却至室温则可与酒花液混合。

（3）混合、调香、冷却、将糖浆、酒花液混匀后，加入猕猴桃原汁进入真空脱气机进行脱气处理，经高温瞬时灭菌，然后加入酒精、调香剂、调色剂和营养发泡剂充分混匀，通过制冷系统冷却至3~5℃，并保持2h以上，经硅藻土过滤，高位罐自流到灌浆机上定量注瓶。

猕猴桃香槟啤酒

（4）充碳酸水。方法与一般汽水、汽酒生产相同。由于香槟啤酒内含有0.15%~0.3%的可溶性蛋白质，泡沫十分丰富，灌装时浆液容易流失，故必须对原料水进行脱气处理，尽可能除去其中的空气，并尽量减小碳酸水和浓浆的温差，防止"翻浆"现象。

（5）贴标签、装箱。可采用640ml啤酒瓶或500ml耐压玻璃瓶进行灌装，据生产经验，产品灌装后放一周以后，产品风味比刚制出来时更加柔和、协调。

（编撰人：杜冰；审核人：杜冰）

189. 如何制作家酿葡萄酒？

葡萄酒是以鲜葡萄或葡萄汁为原料，经全部或部分发酵酿制而成的，含有一定酒精度的发酵酒。葡萄酒具有调节新陈代谢、促进血液循环、预防癌症等功效，是我国大众喜爱的酒种之一。市售葡萄酒的产品质量和价格高低不一，消费者往往很难挑选到满意的葡萄酒，家酿葡萄酒工艺简单，还可根据个人喜好对产品进行调节，因此日益受到群众的喜爱。

家酿葡萄酒的工艺为：选料→消毒清洗→去梗破碎→装罐→添加其他物料→前期发酵→过滤与二次添加蔗糖→后期发酵（陈酿）→澄清→勾兑与调配→贮存。

将事先准备的玻璃瓶消毒并用清水清洗晾干待用，选择成熟、饱满、无腐烂、无病害的葡萄，去坏葡萄，然后用清水清洗并浸泡20min。用双手将葡萄粒摘下放入盆中，压碎（忌使用铁盆），将葡萄皮、葡萄汁及葡萄籽一起倒入缸内或坛子，装罐量一般为容器体积的2/3。按照100L葡萄汁加入100ml亚硫酸；1L葡萄汁中加入17g蔗糖经发酵后可产生纯酒精1°的比例根据个人口味先后添加亚硫酸、糖以及干酵母。

将容器密封置于室内自然发酵。发酵室内温度25~30℃为最佳，发酵时间25~30天，当发酵液中只有少量CO_2气泡产生，液面比较平静，皮渣开始下沉，发酵温度接近室温，并且有明显酒香时停止前发酵。待酒呈澄清状态，对酒进行过滤，过滤过程中任酒自然流出，过滤后剩下的渣滓用多层纱布过滤、压榨，压出的酒液装入另一容器中，添加适量蔗糖。在12~15℃进行后期发酵。6天内放气2次后密封保存60~70天。

最后将经过后发酵、过滤后葡萄酒再装入密封的酒瓶中，添加酒液将容器添满，置于室温6~12℃的环境内，放置6个月至两年。

但家酿葡萄酒有一个常见的问题就是变质、长霉，这与家庭酿制的局限性有关，原材料、器皿清洗不彻底，发酵过程中与空气接触，都是造成葡萄酒"长毛"的原因，自制葡萄酒时应反复清洗葡萄原料和器皿。

（编撰人：杜冰；审核人：杜冰）

190. 怎样酿制樱桃利口酒?

利口酒是一种配制酒，由英文音译而来。它是以发酵酒、蒸馏酒或中性酒精为酒基，加入各种果汁、香料、植物的花、茎、叶、根等具有芳香或健胃功效的物料，经长期浸泡，蒸馏或发酵，再添加呈色呈味物质调配而成。这种酒的特点是酒度居中，15%～24%Vol，香味浓厚、味甜、颜色美观。

利口酒能增进食欲，调节消化，舒筋活血。同时，其口感符合我国及东南亚人的饮食习惯，我国有丰富的药材、香料植物资源，均可作为利口酒的原料。可见，制定中国的利口酒标准，开发相应的新品种，市场前景广阔。

樱桃色彩艳丽，营养丰富，将其作为利口酒原料，不仅丰富了利口酒类型，而且扩大了樱桃深加工途径。目前樱桃利口酒酿制一般采用发酵法。将果实破碎，浸渍一段时间后接种酵母发酵，当发酵达到要求的含糖量时，加入强化酒精，同时进行冷冻、离心。

加工方法如下。①选果。挑选成熟度高的无病虫害、无残次、无疤污、颜色艳丽的新鲜樱桃。②去核、打浆。将樱桃果进行破碎处理，去掉核，果肉打碎。③预浸。将樱桃果放置在木桶中，用发酵酒浸泡一段时间，使其中的香味物质溶入酒精中。④离心分离。将浸泡后的酒和果渣离心分离，液体用于蒸馏提香，果渣用于发酵。⑤蒸馏提香。通过蒸馏得到浓郁芳香无色透明的酒液。⑥接种发酵。将果渣中接入酿酒酵母并适当补充糖，进行酿酒发酵。⑦调配。将果渣发酵结束后得到的发酵酒与蒸馏提香的酒合并。⑧过滤、装瓶。

樱桃利口酒

★也买酒网，网址链接：http://www.yesmywine.com/goods/5175421.html

（编撰人：杜冰；审核人：杜冰）

191. 怎样酿制草莓汽酒？

草莓汽酒是以草莓原酒为酒基，调配白糖或其他甜味剂、柠檬酸或其他酸味剂、香料，充入二氧化碳而制成的起泡酒。草莓原酒用量较小，酒精度很低（2%左右），属清凉型饮料，是为妇女、儿童提供的节日助兴饮品。其加工过程如下。

（1）酒母制备。选用啤酒酵母，用麦芽汁为培养基扩大培养酵母。先制备麦芽汁，再利用麦芽汁扩大培养酵母菌。

（2）草莓的发酵与醇化。采购完全成熟、色深、香浓的草莓，清洗去蒂后沥干，与0.8倍草莓重量的甜菜糖混合一起，装入不锈钢罐中。第2天，从罐底抽取糖化汁送入醇化罐，加入精制酒精。在原罐中加入酒母，发酵2天后，捞出浮在表层的草莓，反复几次，草莓全部捞出。把草莓发酵酒简单过滤后，送入醇化罐与草莓糖化汁混合，再加入精制酒精，使酒精度达到20%以上，加入二氧化硫，使之达到200mg/L。密封贮存3个月，即为草莓原酒。

（3）下胶澄清。利用皂土沉淀胶质。

（4）调整。检测和调整草莓原酒的理化成分，使糖含量30%～40%，酒精度20%～25%，酸含量（以柠檬酸计）0.4%～0.5%，二氧化硫100～150mg/L。

（5）汽酒调配。按需调配，如按草莓原酒10%，糖4%，甜味剂（折算4%），柠檬酸0.3%，草莓香精0.08%，苯甲酸钠0.02%，乙基麦芽酚20～30mg/L。用天然色素或食用色素调整颜色呈草莓红色。

（6）杀菌冷冻过滤。巴氏杀菌法灭菌，冷冻处理去除遇冷析出的沉淀物，提高二氧化碳的溶解量。冷冻处理后趁冷过滤，选择合适孔径过滤设备。

（7）混合二氧化碳。在二氧化碳混合机中混合酒液和二氧化碳。

（8）灌装。将汽酒在灌装机中灌装。

草莓汽酒

★买购网，网址链接：http://www.maigoo.com/zhishi/154653.html

（编撰人：杜冰；审核人：杜冰）

192. 怎样酿造梨白兰地酒？

杂果蒸馏酒属于广义上的白兰地。许多水果都可以蒸馏成酒，但产量和知名度远比不上葡萄蒸馏酒。梨蒸馏酒在法国称william，在瑞士称williamine，以梨为原料，榨汁后酒精发酵，再蒸馏取酒，木桶陈酿后装瓶出售，酒度为40°~45°。

（1）原料处理。果实表皮粗糙，果肉中石细胞大而多，鲜食价值低，也不适合加工罐头、果脯、蜜饯等带肉制品的品种，可用于酿造白兰地酒，但要求酸含量较高，有独特香味，且有较强的耐贮性。选用个大饱满、完全成熟的梨，剔除伤果、病虫害果及腐烂果，清水清洗干净后，破碎成1~1.5cm的小块，加入一定量的果胶酶制剂后进行压榨分离。加入约0.2%的果胶酶，出汁率明显提高（65.2%），汁液清亮，无黏稠感。

（2）发酵。将梨汁适当加入硫酸铵调整营养后，添加5%左右的酵母或活性干酵母入发酵罐，在20℃左右开始发酵。待残糖小于0.5%时，发酵结束。

（3）蒸馏。采用壶式或塔式蒸馏方法，馏出液的酒精度为65%~72%。

（4）快速陈酿。成品经调配后，入陈酿罐，保持温度45~50℃，并添加橡木粉，用泵进行循环浸提10~15天，逐渐冷却。待品温降至35℃以下，转入贮酒罐中贮存。

（5）成品加工。在贮酒罐中贮存5~6个月，入冷冻罐中速冻，使温度保持在-13~-10℃，维持48~72h，趁冷过滤，回温后装瓶，检验合格即为成品。

由此酿造的梨白兰地酒，色泽棕黄，澄清透明，果香幽雅，酒香浓郁，醇厚爽口，具有陈酿白兰地的典型风格。

梨白兰地酒

★亚马逊网，网址链接：https://www.amazon.cn/%E6%A4%8B%E7%86%B7%E6%90%A7/dp/B00DR6DDBW

（编撰人：杜冰；审核人：杜冰）

193. 怎样制成石榴保健酒？

石榴果实色泽艳丽，外形美观，汁多味甜，营养丰富，是人们喜爱的鲜食水果之一。石榴属浆果类水果，可食部分占56%，非可食部分占44%，其中果汁约占51%。石榴果汁中除含有79%的水分外，可溶性固形物含量达15%～17%，含酸量0.4%～0.6%，含维生素C 6～10mg/100ml，最高可达24.47g/100ml，在常见水果中仅次于中华猕猴桃、红枣和柑橘，是苹果、梨的1～2倍。石榴中含有多种抗氧化活性物质，有黄酮、生物碱、有机酸和多酚类化合物，具有很好的抗炎作用和强抗氧化作用，能避免人体受自由基破坏。

石榴发酵酒的加工工艺复杂，相较于传统的葡萄酒、苹果酒，主要存在以下难点。

（1）石榴汁自身含糖量较葡萄、苹果低，发酵后酒度也低，约7%，这不利于石榴酒的长期贮存。

（2）石榴取汁较浆果类水果如葡萄等复杂，不能全靠压榨法取汁，石榴皮中含有大量单宁、色素和苦味物质，若石榴全果经破碎后，直接压榨取汁，发酵酒的质量很差，味苦涩。压榨时种子破碎，油脂类物质大量溶于酒中。

因此，石榴保健酒的具体加工工艺为：分选→去果皮隔膜→破碎石榴籽→打浆→调配发酵→成品，在实际生产中要注意果皮和石榴籽的处理，同时选择合适的发酵菌种，才能够制作风味佳、品质好的石榴保健酒。

（编撰人：杜冰；审核人：杜冰）

194. 怎么加工铁皮石斛酒？

铁皮石斛（*Dendrobium officinale*）是一种兰科植物，主要分布于我国的浙江、云南、广西、安徽等地岩溶地区，是珍贵的中药材植物，民间有"救命仙草""药中黄金"的美称。由于铁皮石斛生长条件的特殊性和分布的局限性，又经长期采挖，自然资源濒临枯竭，国内市场供应紧缺。铁皮石斛内含有大量有益于人类健康的药用活性成分，主要为多糖、生物碱、氨基酸、酚类和许多对人体有益的微量元素，因此具有独特的药用价值，具有抗肿瘤、抗凝血、降血脂、降血压、提高免疫力、抗衰老等功效。近年来，在疾病治疗、疾病预防、营养保健、美容养颜等领域有着广泛的应用。由于铁皮石斛的生长条件环境要求较高，具有地域性，大多数食用者不能就地取用鲜品来食用，因此以铁皮石斛为原料，结合其他物质（如淀粉、糖质等）开发的低度营养发酵酒不但保留了原料本身的营养价值，而且通过发酵作用，产生了大量的有益微生物，是新型的低度保健酒。铁皮石斛酒加工工艺主要为筛选及清洗→破碎→冷却→加入发酵剂→控温发酵→检验→分离除渣→后发酵→调配→精滤→杀菌→无菌灌装封口→贮藏试验→成品。

野生铁皮石斛   铁皮石斛酒

★百度，网址链接：https://b2b.hc360.com/viewPics/supplyself_pics/373457208.html
★百度，网址链接：https://baike.baidu.com/item/%E9%B2%9C%E7%9F%B3%E6%96%9B/4734822

（编撰人：黎攀；审核人：杜冰）

195. 怎样加工陈皮酒？

陈皮酒相传是宋朝天圣元年范仲淹为母亲治疗疾病，八方求医后得一良方，用精白糯米为原料，配以陈皮、党参等中药，采用现代科学配制、传统淋饭法工艺，经浸泡、蒸煮、压榨、陈酿等工序酿成饮用酒。陈皮酒酒色橙黄，属黄酒，绵润甜爽，香味独特，别具一格。陈皮酒的自制比较简单，主要分为以下步骤。

（1）原料的选择。选用上好陈皮50g，低度白酒500ml。

（2）原料预处理。陈皮洗净，切细丝，晒干。

（3）浸泡。晒干后的陈皮置于瓶中，白酒浸泡，密封，每日振荡2次，10~15天即可饮用。

陈皮酒在服时若感味微苦，可酌加蜂蜜，口感便觉香甜。每次服20~30ml，1日2次。陈皮酒的制作对于材料的要求较高，应该选用品质较佳的陈皮，同时白酒应该选择60°以上的优质纯粮酒。

陈皮酒

★亲亲宝贝网，网址链接：http://www.qbaobei.com/yingyang/711921_2.html

（编撰人：黎攀；审核人：杜冰）

196. 瓶装饮用纯净水的感官鉴别要点有哪些?

随着人们生活水平的提高，越来越多的人选择购买瓶装饮用水。瓶装饮用水的质量也成为我们关注的焦点之一。根据包装饮用水食品安全国家标准GB 19298—2014的定义，饮用纯净水是指以符合生活饮用水卫生标准的水为源水，通过电渗析法、离子交换法、反渗透法、蒸馏法及其他适当的水净化工艺而得，加工制成的包装饮用水。瓶装饮用纯净水感官鉴别要点如下。

（1）瓶装水原料要求为以来自公共供水系统的水为生产用源水，其水质应符合GB 19298—2014的规定。

（2）感官要求应符合色度不大于5，浑浊度不大于1，状态为无正常视力可见的外来异物，其滋味、气味为无异味、无异嗅。

（3）瓶装饮用纯净水由于去除了水中的矿物质、有机成分、有害物质，口感上甘甜醇和，生理上溶解力、渗透力、代谢力、扩散力更强。

（4）瓶装饮用纯净水对有机物、致癌物、重金属等各类有毒有害物质的去除要求99.97%。

瓶装饮用纯净水

★百度图片，网址链接：http://pic.58pic.com/58pic/14/00/53/858PICJ58PICIgx_1024.jpg

（5）瓶装饮用纯净水中微生物（菌落总数、大肠杆菌）指标要求较高，增加了致病菌、酶菌、酵母菌的检测，而且不得检出；瓶装饮用纯净水最基本的应符合以上几点要求，否则达不到最基本的国家标准。

（编撰人：杜冰；审核人：杜冰）

197. 饮用大桶桶装纯净水应注意哪些问题？

由于桶装水的卫生和使用方便，桶装水越来越受到消费者的青睐，是许多家庭、学校及办公场所必备的饮用水消费品。现在传统的饮水机是采用空气压力原理进行工作的，必须有空气进入桶内，不致使桶内形成负压，从而保证出水顺畅。这样在水流出时就有等体积的空气从透气孔进入桶中，这些进入桶中的空气会有细菌等污染物对水造成二次污染，如果再有阳光直射还可产生藻类。因此桶装水在使用时必须注意的问题有：一是打开的桶装水，要在限定时间内喝完，避免微生物大量滋生；二是饮水机要避光放置，以免滋生绿藻；三是饮水机不要长时间通电加热、反复烧开，避免亚硝酸盐超标；四是要定期消毒，避免微生物二次污染；五是要购买正规厂家生产的饮用水，因为一些黑心厂家使用的是工业级的桶装材料，也称之为"黑桶"，这种桶较脆、易破，桶身发黑，达不到食品卫生标准，在长期使用中，会造成有毒有害物质如乙醛、乙二醇、双酚A、氯化氢等的浸出而污染水质。

桶装纯净水

★百度图片，网址链接：http://img03.hc360.com/js/201705/201705311030213777.jpg

（编撰人：杜冰；审核人：杜冰）

198. 如何安全选用矿泉水？

根据GB 8537—2008饮用天然矿泉水标准的规定，饮用天然矿泉水是指从地下深处自然涌出的或经钻井采集的，含有一定量的矿物盐、微量元素或其他成分，在一定区域采取预防措施避免污染的水。所以我们在购买矿泉水时要注意以下几点。

第一，注意选择品牌产品，瓶装饮用水已纳入质量安全市场准入制度管理，产品上应有QS标志。

第二，检查矿泉水包装标签的标注是否清晰，标注应该包括产品名称、净含量、制造者名称、地址、生产日期、保质期、产品标准号等。检查产品包装容器是否完整、干净、密闭。

第三，检查矿泉水的色泽、气味等感官指标，合格安全的矿泉水应无色、透明、清澈、无异味、无肉眼可见物。

第四，查看产品标签所标含的营养物质。比如矿物质饮用水及营养素强化水等所含各类营养素指标是否符合国家标准，矿泉水中的阴阳离子的比例是否协调等。

第五，包装打开后，应尽量在短期内喝完，尤其是在炎热的夏季，温度高，细菌繁殖速度也加快，更不能久存。而且，最好放在避光、通风阴凉的地方，避免在阳光下暴晒。

矿泉水

★百度图片，网址链接：http://www.jituwang.com/uploads/allimg/141113/259075-1411130T11144.jpg

（编撰人：杜冰；审核人：杜冰）

199. 天然矿泉水、矿物质水有何不同？

众所周知，天然矿泉水对人体有益，可是由于水资源较少加上国家控制开采，市场上逐渐出现了一些"替代品"——矿物质水。那么矿物质水等于天然矿泉水吗？

根据GB 8537—2008饮用天然矿泉水国家标准中对"饮用天然矿泉水"的定义，饮用天然矿泉水是指从地下深处自然涌出的或经钻井采集的，含有一定量的矿物盐、微量元素或其他成分，在一定区域采取预防措施避免污染的水。在通常状况下，其化学成分、流量、水温等动态在天然波动范围内相对稳定，水质的界限指标符合国家标准。而矿物质水则没有相应的国家标准，曾经有过定义为在纯净水的基础上，添加矿物质类食品添加剂或天然矿物质提取液后制成的饮用水，它的成品水有的具有少量沉淀物，颜色、浊度一般大于天然矿泉水，因此也有人称它为人工矿泉水。所以矿物质水与天然矿泉水并不属于同一种产品，两者不可以混淆。

由于水中的矿物质是天然按照生命结构配比的，长期适量饮用天然矿泉水对人的身体是有益的，能补充人体所需要的矿物质元素。而矿物质水是人为方式添加矿物质，使之接近人体需要的元素的纯净水，不建议长期饮用。否则，有可能导致身体对人为设计的矿物质产生其他未知的抗性反应。

（编撰人：杜冰；审核人：杜冰）

200. 自来水、饮用纯净水、纯净水有何不同？

自来水是指通过自来水处理厂净化、消毒后生产出来的、符合相应标准的、供人们生活和生产使用的水。其主要是通过水厂的取水泵站汲取江河湖泊及地下水、地表水，由自来水厂按照《国家生活饮用水相关卫生标准》，经过沉淀、消毒、过滤等工艺流程的处理，最后通过配水泵站输送到各个用户。自来水的理化指标不符合人体直接饮用，必须通过加热升温才可以达到饮用的标准。

饮用纯净水是以符合生活饮用水卫生标准的水为原料，通过电渗析法、离子交换法、反渗透法、蒸馏法及其他适当的加工方法制得的，密封于容器中且不含任何添加物可直接饮用的水。

纯净水为了区别于饮用纯净水可将其简称纯水或高纯水，是指化学纯度极高的水，其主要应用在生物、化学化工、冶金、宇航、电力等领域，但其对水质纯度要求相当高，所以一般应用最普遍的还是电子工业。例如，电力系统所用的纯水，要求各杂质含量达到"μg/L"级。

（编撰人：杜冰；审核人：杜冰）

201. 如何正确健康地饮水？

水是生命之源，人可以几天不吃饭，但不可以一天没有水，虽然饮水看似是一件小事情，但实际上却有大大的学问，养成科学的饮水习惯将会帮助你健康地度过每一天。所以，饮水在水质、水量和方法上一定要注意科学饮水才会收到有益的效果。

（1）选择优质饮用水。理想优质饮用水水质的定性要求应当是洁净卫生、康体益寿、可以生饮。亦即感观好、味纯美、无毒害。这样的水，对人体不仅具有正常可靠的生理功能，而且能增强机体新陈代谢的效率和能力，促进体内废物和毒素的排泄，改善全身营养的传递供应等。

（2）喝饮料不能代替饮水。饮水不仅是为了解渴，更在于它的生理功效。从健康的角度看，白开水是最好的饮品，因为它不含热量，不用消化就能被人体吸收。

（3）饮水温度不宜过高或过低，以接近人体体温、不感觉烫为宜，这种温度的水，特别有利于身体的吸收和利用，有助于肠胃消化作用。

（4）要在口渴前就适量饮水，不要在口渴后才暴饮。饮水不仅是为了解渴，更是机体水平衡的需要。口渴是人体水分失衡后细胞脱水到一定程度时，中枢神经发出的补水信号。所以当口渴才喝水，已经晚了。

（5）一天饮水要适量。根据世界卫生组织（WHO）2003年提出的饮水标准，在25℃气温、空气湿度≤60%，且不进行任何运动的安静状态下，人每天的饮水量分别是：儿童1L，成年男性2.9L，成年女性2.2L，孕妇4.8L，哺乳期妇女3.3L。在高温或强体力劳动的情况下，不同群体的饮水量标准都要提高到每天4.5L。这个标准中的饮水量应该包括我们所吃的食物中含有的水。《2016年中国居民膳食指南》指出，成年人每天应该喝7～8杯的水（1 500～1 700ml），但要根据职业体能消耗和气候条件变化，运动量和人群做适量改变。

饮水

★中华养生网，网址链接：http://www.cnys.com/zixun/67808.html

（编撰人：杜冰；审核人：杜冰）

202. 喝水不当会"中毒"吗？

人每天都要饮用大量的水，所以饮水水质对人体健康至关重要，优质水会有利于健康，被污染的水质将会危害人体健康引起疾病。饮用水水质可能导致疾病的因素有3类：一是水中没有经过高温杀菌，由病原微生物引起中毒。二是超量或不足的各种矿物元素，可能引发各种疾病。三是水品质受到重金属、有机物和有毒物质的污染，这些污染物通过饮水加入人体引起急性或慢性中毒。所以在饮用水时应当注意以下几点。

（1）购买优质的正规厂家的瓶装水或饮用开水时要经过充分的加热消毒，以免引起细菌中毒。否则，轻则会引起腹泻等症状，重则会危及生命。

（2）在夏季或者在大量运动后，应及时补充一些淡盐水或者运动饮料，不要过多地饮用淡水，否则会引起人体内过多的电解质、盐分的损失。当血液中的盐分减少到一定程度，就会出现头晕眼花、呕吐乏力和手臂、腿部肌肉疼痛等轻度"水中毒"的常见症状。

（3）不要饮用"千滚水""蒸锅水""老化水"等问题水，这些水中含有过多的亚硝酸盐和重金属成分，久饮这些水，会干扰人的胃肠功能，出现暂时腹泻、腹胀；饮食过多的有毒的亚硝酸盐还会造成机体缺氧，严重的会昏迷惊厥，甚至死亡。

（4）饭后不宜多喝水。饭后喝水过多会冲淡胃酸，进而减弱杀菌力，不利于消化。

（5）喝水要适量，不宜过多也不宜过少。要少量多次喝，尽量在口渴之前喝水。

（编撰人：杜冰；审核人：杜冰）

203. 应如何烧水?

水是生命之源，而白开水是人们平常生活中喝的最多的食用水，是最好的解渴"饮料"。它清淡无味，极其普通，但对人体的生理机理具有很重要的调理作用。人们一般说的"白开"指的就是用自来水烧的开水了，所以学会科学的烧水方法就显得很重要。

首先，自来水经过次氯酸盐灭菌消毒后会残留或形成较多的卤代烃、氯仿等有毒的致癌化合物。当把水加热到90℃时，卤代烃含量会升高，甚至超过国家标准的2倍；当水温达到100℃时，卤代烃含量会持下降趋势，继续加热沸腾2～3min后，卤代烃、氯仿含量达到了饮用的标准。所以，烧开水建议以沸腾后2～3min为最好。

其次，避免重复烧水，因为反复烧开水，会使水中的矿物质浓度加大，水中含有的镁、铜、钙等矿物质便会不断析出，成为小颗粒物体，进入人体后会逐渐聚合形成大颗粒，存在诱发患肾结石病的风险。此外，不断反复加热的水，也会使水中的亚硝酸盐的浓度升高，亚硝酸盐一旦大量进入人体，能使血液中的红细胞失去携带氧气的功能，致使组织缺氧，长期喝这种水会出现恶心、呕吐、头痛、指甲与嘴唇发紫、心慌等症状，严重的还能引起缺氧，甚至可能诱发癌症。但亚硝酸盐在白开水中含量一般非常少，几乎可以忽略不计，但长期积累，浓度过高对身体也没有好处。

（编撰人：杜冰；审核人：杜冰）

204. 如何选择合格的饮用水？

水是生命之源，万物生长离不开水。获取饮用水的途径大致有两种，一种是家中将自来水煮沸后晾成白开水饮用；另一种就是从市场中获取各种包装饮用水，而后一种已经是今天人们比较普遍的摄取饮用水的方式。那么，在选购包装饮用水时，消费者应该注意什么呢？

首先，根据GB 19298—2014《食品安全国家标准包装饮用水》的规定，合格的包装饮用纯净水应符合以下感官指标要求：色度不得超过5度，不能有其他异色；浑浊度不得超过1度；不能有异臭、异味；不得含有肉眼可见的外来异物。此外，还应符合一定的理化指标、微生物指标等。所以消费者在购买饮用水时，可以透过包装仔细观察水质的情况，合格的饮用水起码从外观上，应该是清澈透明，无色、无味、无任何肉眼可见物或沉淀物。颜色发黄、浑浊、有絮状沉淀或杂质的水一定不能购买饮用。

其次，消费者在购买饮用水时要注意观看食品标签，合格的饮用水产品标签应清晰标注其产品名称、净含量、制造者名称、地址、生产日期、保质期、产品标准号、营养物质等内容。

根据世界卫生组织公布的健康水的7项国际标准，合格的健康水应符合：①不含任何对人体有毒、有害、有异味的物质——干净的水。②pH值呈弱碱性（7.0~8.0）——弱碱性的水。③人体所需的矿物质和微量元素的含量及比例适中（钙含量≥8mg/L）——有营养的水。④水的硬度适中（以碳酸钙含量计，以50~200mg/L为宜）。⑤水中溶解氧及二氧化碳适中。⑥水分子团小。⑦负电位水。所以我们可以通过观看食品标签来选购适合自己的健康水。

最后，消费者在购买饮用水时，尽量选择品牌企业正规厂家，因为他们无论从水源、检测检验、加工、包装、运输等环节都是值得信赖的，质量和卫生条件保证性强，消费者相对可以放心购买和饮用。

（编撰人：杜冰；审核人：杜冰）

205. 如何选购冷冻饮品？

根据GBT 30590—2014冷冻饮品分类中对冷冻饮品的定义为以饮用水、乳和（或）乳制品、蛋制品、果蔬制品、豆制品、食糖、可可制品、食用植物油等的一种或多种为主要原辅料，添加或不添加食品添加剂等，经混合、灭菌、凝冻或冻结等工艺制成的固态或半固态制品，主要包括冰激凌、雪糕、雪泥、冰棍、食用冰、甜味冰等。炎热的夏天，人们总喜欢购买冰激凌、雪糕等冷冻饮品来品尝解渴。消费者在选购冷冻饮品时，应注意以下几点。

（1）要选购有一定规模产品质量和服务质量较好的名牌企业的产品。

（2）购买时要查看产品包装上的标签标识是否齐全，产品包装上应注明生产企业的名称和地址、产品名称配料表（食品添加剂中的甜味剂、防腐剂和着色剂应标明具体名称）、净含量、生产日期和保质期、贮藏条件、产品标准号。

（3）要选购包装完整、封口完全的产品，因为产品包装封口不完全，容易造成二次污染，影响产品卫生状况。选购时，如果发现其形态曾因溶化引起变形（再次冷冻），最好不要购买。

冰激凌

★素彩网，网址链接：https://www.sc115.com/tupian/384157.html

（编撰人：杜冰；审核人：杜冰）

206. 怎样加工浓缩苹果汁？

浓缩果汁是在水果榨成原汁后再采用低温真空浓缩的方法，蒸发掉一部分水分制成具有原水果果肉的色泽、风味和可溶性固形物含量的制品。苹果含丰富的糖类、苹果酸、维生素等营养成分，且营养成分可溶性大，易被人体吸收。将苹果榨汁后进行浓缩，制品可作为营养饮品饮用或作为饮料的基础配料。浓缩苹果汁加工工艺如下。

（1）原料。在国际市场上，浓缩苹果汁酸度越高，销路就越好，售价也越高。要提高苹果浓缩汁的酸度，就要使用高酸度的优质专用酸苹果作为加工原料。

（2）清洗。按生产要求洗净苹果上的尘土、杂质。

（3）破碎、压榨。为了提高果汁的出汁率，一般都采用二次压榨的方法，尽量将果肉细胞破坏。

（4）巴氏杀菌。巴氏杀菌的目的是利用高温瞬时杀灭果汁中的微生物和活性酶，高温使得果汁中多酚氧化酶大部分钝化，有效地抑制了果汁的酶促褐变。同时，高温也使得蛋白受热凝聚沉淀，使得果汁中部分色素、多酚和蛋白聚合体及多酚氧化聚合物沉淀出来。

（5）酶解。酶解工艺主要是用来减轻浊度，同时加入果胶酶和淀粉酶可以分解果胶和淀粉，同样减轻果汁的浊度，抑制果汁的二次浑浊。

（6）吸附。目前果汁工业上常用的吸附剂主要包括明胶、硅藻土、活性炭、干酪素和聚乙烯吡咯烷酮、壳聚糖以及树脂等。

（7）超滤。膜分离技术是用半透膜作为选择障碍层，在分子水平上，不同粒径的混合物质在通过半透膜时，允许某些组分透过而保留混合物中其他组分，从而达到分离的目的。

（8）浓缩。浓缩过程中时间要短，温度要低，这样才能尽量减少营养损失和感官变化。对于浓缩要求，国标规定浓缩苹果汁清汁糖度≥65%，浊汁≥20%。

（9）无菌灌装。

（10）密封、冷藏。

果汁

★百度图片，网址链接：http://img.mp.itc.cn/upload/20170606/c50b1155b0114da48cca955dd24 5854d_th.jpg

（编撰人：杜冰；审核人：杜冰）

207. 怎样加工苹果奶茶?

　　奶茶是奶与茶相结合的一类饮品,兼具了牛奶和茶的双重营养,是家常美食之一,风行世界,具备广阔的开发价值。果蔬奶茶是集天然、营养、保健于一身的身形饮品,符合人们越来越注重营养的消费潮流。苹果含多种维生素、糖类、脂肪、矿物质、苹果酸、鞣酸和细纤维等成分,具有补心益气、生津止渴、润肺除烦、健胃和脾之功,是制作果蔬奶茶的重要原料。制作苹果奶茶的主要工艺如下。

　　(1)苹果汁的制备。选取清洗好的苹果榨汁,净化澄清后离心过滤,在过滤完的苹果汁中充入氮气,用无菌不锈钢贮缸(罐)贮存备用。

　　(2)茶叶浸提物制备。选取干燥无异味的市售合格绿茶或花茶,用糊精溶液恒温抽提后压榨取汁。再将残渣用热水浸提后榨汁,将制成的茶叶浸提液用离心机去渣后充氮气,无菌容器贮存备用。

　　(3)牛奶。将新鲜牛奶进行脱脂处理后调配即可,也可直接选购市售优质脱脂奶粉。

　　(4)调配。先将柠檬酸、白砂糖、乳化剂等辅料分别配成溶液后过滤备用,再按配方要求将苹果汁、茶汁、牛奶等半成品加入配料罐,搅拌均匀再过滤。

　　(5)均质。将滤液通过高压均质机进行均质处理,保持溶液稳定均匀的状态。

　　(6)杀菌、罐装、封口。用超高温瞬时灭菌机杀菌,杀菌后速冷至一定温度后,趁热罐装封口,必要时可再进行巴氏杀菌。

苹果奶茶

★百度图片, 网址链接: http://cp2.douguo.net/upload/caiku/7/d/b/600x400_7d658a2747029bd9d a8d8be524718b6b.jpg

(编撰人: 杜冰; 审核人: 杜冰)

208. 怎样用苹果和芹菜加工果菜汁?

芹菜苹果汁是以芹菜、苹果榨汁加上柠檬、冰块等而成的饮品,对高血压、糖尿病、肝脏病、肾脏病、肠胃病患者饮后均有裨益,含有大量的天然抗氧化成分,能减少细胞癌变的发生,预防癌症,另外这些抗氧化成分还能减少人体内自由基的生成,延缓细胞老化,对延缓衰老和延长寿命有很大的好处。制备芹菜苹果汁的工艺主要是将制备的芹菜汁和苹果汁经调配后,精滤、脱气、装瓶、封盖、杀菌这几个步骤,加工过程需要注意芹菜的护绿和预煮温度和时间的把握,主要工艺是如下。

(1)芹菜汁的制备。选取鲜嫩、无色变的芹菜,去根留叶,洗净,置于葡萄糖酸锌溶液中,进行护绿处理,接着进行预煮,预煮结束后捞出榨汁,经压滤去掉残渣。

(2)苹果汁的制备。去皮、去核的苹果用0.02%亚硫酸钠和0.2%柠檬酸溶液浸泡护色,切成薄片,放入沸水中预煮后取出榨汁,压滤去渣。

(3)芹菜原汁、苹果原汁澄清。利用果胶酶作为澄清剂,恒定温度下作用数小时。去除果胶等物质对溶液澄清度的影响。

(4)调配。芹菜原汁、苹果原汁采用一定的比例复合,加入适量的柠檬酸和蔗糖,以纯净水稀释,调配经精滤得到澄清汁液。

(5)脱气、灭菌。采用高温瞬时灭菌,于瞬时灭菌器中快速加热至高温环境,维持数十秒,灭菌后迅速水冷至室温。

果菜汁

★百度图片,网址链接: http://www.jituwang.com/uploads/allimg/150810/258451-150Q014132070.jpg

(编撰人: 杜冰; 审核人: 杜冰)

209. 怎样加工猕猴桃的浓缩汁？

猕猴桃（*Actinidia chinensis* Planch.），又名基维果（Kiwi fruit），是一种藤本植物。猕猴桃果实含有丰富的营养物质，特别是维生素C含量比一般水果高数十倍，是一种营养价值极高的优质水果，因此被誉为"水果之王"。我国的猕猴桃资源丰富，但猕猴桃属皮薄多汁的浆果，而且对乙烯敏感，采收时期又正值高温季节，果实采后极易变软腐烂，严重影响猕猴桃种植业的发展。若将鲜果及时加工成半成品，便具有良好的耐贮性。

加工猕猴桃浓缩汁的工艺为：原料→分选→0.1% $KMnO_4$消毒、清洗→破碎→榨汁→调配→预热→过滤→杀菌→装瓶→冷却至40℃→成品，具体操作要点如下。

（1）榨汁。将破碎后的果肉放入榨汁机内榨汁，经榨汁后的果渣加入15%清水，进行二次压榨。

（2）调配。按原果汁重量的40%加白糖，加热浓缩至糖度为35%。

（3）杀菌、装瓶。滤液用热交换器加热至90~92℃杀菌，趁热装瓶，装瓶后内温实测为86~87℃，一般可掌握在85℃为宜。把榨成的果汁用真空浓缩锅以（6.7~8.7）×10^4Pa，35~37℃浓缩后，泵至管式杀菌器以92℃杀菌1min，迅速装罐、密封即成浓缩果汁。

注意事项：猕猴桃浓缩汁在生产过程中要尽量减少接触空气的机会，避免直接接触铁、铜等机械设备，因为浓缩汁中过多的金属离子将促进其中维生素C等成分的氧化，使果汁中的营养价值和风味质量都受到损害。

猕猴桃的浓缩汁

★中国青年网，网址链接：http://news.youth.cn/jk/201401/t20140101_4474170_1.htm

（编撰人：杜冰；审核人：杜冰）

210. 如何加工猕猴桃浑浊果汁?

猕猴桃浑浊果汁的加工方法如下。

（1）原料清洗。拣选成熟度高的软果实，剔除发酵变质的，用清水冲洗，去尽果皮上的泥沙及杂质。

（2）压榨及粗滤。将洗干净的果实沥干水分，倒入压榨机内压榨，果汁经过滤机粗滤，滤去果皮、果籽及部分粗纤维。

（3）调配。将果汁送入带有加热器和搅拌器的容器内。首先加水稀释果汁，使果汁浓度为4%（折光度），再按90kg果汁加10kg白砂糖的比例，加入预先制好的糖浆，并不断搅拌，使之均匀，此时果汁浓度为14%（折光度）。糖度可根据实际情况调配。

（4）过滤。调配好的果汁，经过内衬绒布的离心过滤机过滤、分离，除去残余的果皮、果籽及部分粗纤维、碎果肉等杂质。

（5）均质。过滤清的果汁，经均质机均质，使细小果肉进一步破碎，保持果汁均匀的混浊状态。均质机压力为10～12MPa。

（6）装罐与灭菌。均质后的果汁泵入片式加热器预热，加热温度掌握在85℃左右。装罐果汁温度保持在80℃以上，装罐后立即封口，尽快灭菌（半小时内），杀菌公式：5-10min/100℃，快速冷却至40℃左右。然后擦干罐身，入库。

（编撰人：杜冰；审核人：杜冰）

211. 如何加工猕猴桃清果汁?

猕猴桃果汁的加工中，主要为猕猴桃浓缩汁、浑浊汁和清汁。目前国内厂家主要生产浑浊汁，它的营养价值较清汁高，但外观状态和稳定性差，易产生沉淀。澄清是水果清汁加工过程的关键技术之一，目前，在果汁加工工业中，果汁澄清通常是采用果胶酶和淀粉酶水解，结合助凝剂加膨润土、硅胶等处理来完成。传统的加工方法为：原料选择→破碎和酶处理→压榨取汁→澄清→调配→杀菌与包装，具体操作要点如下。

（1）破碎和酶处理。用锤式破碎机或类似机械破碎，为了增加果汁的得率，用果胶酶处理果浆，以分解部分可溶性的果胶。果胶酶的用量和反应时间，根据加工所使用果实的贮存期有所增减。酶解反应结束，加入1%～2%的纤维素粉作为压榨助剂，1h后榨汁，以保证获得较高的果汁得率。

（2）澄清。将压榨出来的果汁，以15～25℃温度静置过夜。果胶酶仍在继续作用，混浊的绿色果汁变成了微混浊的黄绿色果汁。初步澄清的果汁中，含有0.2%的可溶性蛋白质，其主要成分是猕猴桃酶，会在35℃或更高一点的温度下沉淀，因此在热装罐前必须除去蛋白质。加入澄清剂如膨润土（750mg/kg）或硅溶胶（250mg/kg），对除去蛋白质有一定的作用。最有效的方法是，将果汁加热到85℃保持3s，然后在板式热交换器中迅速冷却到室温，再将果汁静止1～2h，蛋白质即凝聚而沉淀。将上部澄清的果汁抽出，用硅藻土过滤机过滤，硅藻土用量为2%。罐底的蛋白质沉淀中，混有部分果汁，用离心机分离除去蛋白质后，再用硅藻土过滤。

（3）调配。猕猴桃果汁平均酸度为1.5%（以柠檬酸计），一般不为人们所接受，需用水、糖调配，或与酸度低的果汁掺和，达到降酸的目的。降酸之后，调整可溶性固形物为波美11.5度。

传统方法操作复杂、周期长、费用高，而且不能从根本上解决在贮藏过程中引起的非生物性浑浊和褐变。目前比较前沿的澄清方法是利用壳聚糖聚阳离子电解质的特性澄清猕猴桃汁，具体的工艺为：猕猴桃→压榨取汁→高温瞬时灭酶→壳聚糖处理→离心→过滤→清汁。

猕猴桃清果汁

★百度图片，网址链接：http://img3.duitang.com/uploads/item/201403/22/20140322053058_NSwBS.jpeg

（编撰人：杜冰；审核人：杜冰）

212. 怎样加工猕猴桃果茶？

猕猴桃以其营养丰富，风味独特，功效特异而被誉为果中珍品。猕猴桃药用价值也很高，现代药理研究表明，猕猴桃有滋补阴阳、止渴、利尿、生津润燥、和中理气之功效，对高血压、冠心病、动脉硬化、肝硬化等病有防治之效。

猕猴桃果茶的生产工艺为：猕猴桃→检选→清洗→去皮→软化→打浆去籽→细磨→调配过滤→均质→脱气→灌装→杀菌→冷却→成品。操作要点如下。

去皮时可用不锈钢刀手工去皮或者使用化学方法，将果实倒入10%NaOH中煮到皮黑时捞出，在清水中搓动去皮，然后用1%的HCl中和后用水冲洗。

软化时将去皮后的果样按料水为1∶1（w/w）的比例投入不锈钢夹层锅中，加入0.5%柠檬酸，在85~95℃下软化5~10min；采用卧式带筛网双道打浆去籽机，打浆时料水比为1∶0.5（w/w），筛孔直径为0.5mm。

调配过滤：按产品标准用白砂糖、柠檬酸、稳定剂、软化水和果浆进行调配，调配后用双联过滤器过滤。过滤、均质，使组织均匀黏稠，口感细腻，防止浆液分层沉淀。

采用真空脱气，40~50℃的果浆在700mmHg下脱气，通过脱气除去果浆中的大量泡沫，以避免果浆褐变及维生素损失，保证产品质量。

最后将果浆加热到85℃以上，趁热灌装，立即密封。果浆经调配后，pH值在4.5以下。因此可采用常压灭菌，在100℃/10min条件下进行，杀菌后立即冷却到38~40℃。

猕猴桃果茶

★搜狐网，网址链接：http://www.sohu.com/a/116405112_443295

（编撰人：杜冰；审核人：杜冰）

213. 怎样加工猕猴桃晶？

果晶是一种固体饮料冲剂，其加工程序是：选料洗净后浸泡在60℃温水中，抽提出汁液，将汁液浓缩，加适量糖粉及食用色素，搅拌均匀，经颗粒机成型，再经烘干后即成。因加工过程中加入干燥步骤，不属于果茶、饮料范畴。

猕猴桃晶是用中华猕猴桃果汁加工的固体饮料，用它冲饮的果汁，色泽淡黄鲜艳，香气清爽宜人，风味酸甜可口，而且还含有丰富的维生素C，因此是夏令清凉佳饮。下面简单介绍一下猕猴桃晶的加工方法。

工艺流程：原料分选、清洗、破碎→榨汁→浓缩→配料→成型→烘烤→包装→成品。

操作要点如下。

（1）原料分选、清洗、破碎、榨汁操作同猕猴桃汁工艺。

（2）浓缩。用不锈钢夹层锅或真空浓缩锅浓缩。浓缩时要不断搅拌加快水分蒸发，防止焦化。当浓缩到果汁可溶性固形物达60％即要出锅。要求每锅浓缩时间不超过40min。真空浓缩真空度0.08～0.09MPa，浓缩温度50～60℃，真空浓缩汁色泽浅，果香浓，维生素C含量高。

（3）配料、造型。一份浓缩果汁，加6～7份白砂糖粉和少量糊精，搅拌均匀，在颗粒机内成型。如没有颗粒机，可用手轻轻搓揉使粉团松散，再用孔径2.5mm和0.9mm的尼龙筛或金属筛造成颗粒。

（4）干燥。将成型的果晶摊放在钢化玻璃或搪瓷盘中，摊厚为1.5～2cm，在60～65℃下烘烤约3h，当烤至2h用竹耙将猕猴桃果晶上下翻动，使受热均匀，加速干燥。如采用真空干燥成品色泽淡黄、香气浓、维生素C含量比常压干燥的有显著提高。

（5）包装。干燥后的果晶用二层筛筛选，除去过粗和过细果晶作再加工。成品用双层聚乙烯袋或旋口玻璃瓶包装。塑料包装时最好进行真空热合。成品宜贮藏在干燥凉爽的仓库。

（6）成品质量特点。淡黄色的圆柱状颗粒，冲溶后均匀浑浊，具有猕猴桃的清香和酸甜爽口的风味。

猕猴桃晶

★中国农业网，网址链接：http://www.agronet.com.cn/News/1033869.html

（编撰人：杜冰；审核人：杜冰）

214.怎样加工橙汁？

橙汁是以柑橘类为原料经过压榨、过滤等加工处理制成的果汁或果汁饮料，一般包括鲜榨橙汁和浓缩橙汁。鲜橙汁是以橙子为原料经过榨汁机压榨得到的果汁饮料，比较新鲜，营养价值高，可经过冷冻的方法饮用或直接饮用；浓缩橙汁是在水果榨成原汁后再采用低温真空浓缩的方法，蒸发掉一部分水分，在配制100%果汁时须在浓缩果汁原料中还原进去果汁在浓缩过程中失去的天然水分，制成具有原果的色泽、风味和可溶性固形物含量的制品。橙汁及橙汁饮料味道酸甜可口，颇受市场欢迎，目前市场上销售的橙汁主要加工方法如下。

（1）原料筛选。橙汁加工需要选用甜橙或专门用于果汁生产的品种，原料要求新鲜完整，采摘期尽可能短，以成熟度较高、色泽鲜艳、果香味浓的为佳，切忌使用烂果、落果等残次果或苦味明显的品种。

（2）清洗、分选。采用喷水或流动水对果实进行充分洗涤，适当加入洗涤剂或按特殊生产需求采用酸碱液，洗涤结束后注意再次筛选掉残次果。

（3）压榨。由于柑橘类果实的外皮中含有柚皮苷等物质，在果汁加工过程中受热会产生苦味物质，因此橙汁的榨汁工艺一般不采用破碎压榨法，而采取锥刺取汁，根据果实特点和生产目标，选用专用的榨汁机完成此道工序。

（4）过滤（粗滤和精滤）。为了保证压榨果汁的外观和风味，去除压榨中产生的纤维等杂质，需要对压榨果汁进行过滤。第一步是粗滤，主要是除去大的颗粒、悬浮物等，得到的透明果汁再进行精滤，主要去除一些果胶等易产生沉淀的物质。可以采用离心机离心后再采用精滤机过滤，加快过滤速度。

（5）除氧、脱气。加工环境及果实细胞中自带的氧、二氧化碳等气体一般也会溶解在橙汁中，会导致橙汁中维生素C等营养成分受到破坏，而且会引起一些氧化反应，对橙汁的香气和色泽产生不良影响，对下一步的加热杀菌不利，因此必须采用脱气机进行脱气处理。

（6）杀菌。一般采用温度较低的巴氏杀菌等手段进行橙汁的杀菌，钝化果汁中的酶，消除有害菌对橙汁造成的不良影响。

（7）均质。压榨果汁一般比较浑浊，采用均质机对橙汁进行处理，使得果汁中的颗粒趋于均一稳定，果胶等成分能够均匀分布在橙汁中，在保证果汁一定浊度的前提下不引起沉淀或者分离。

（8）灌装、冷藏。采用经过杀菌处理的贮料桶保存杀菌后的橙汁，封口后降温、冷藏。

（9）浓缩。加工浓缩果汁还需采用浓缩设备去除掉部分水分后再灌装冷藏。

橙汁产品

★美国中文网，网址链接：http://news.sinovision.net/portal.php?mod=view&aid=91355

（编撰人：黎攀；审核人：杜冰）

215. 怎样用苹果汁酿制醋酸饮料?

苹果醋酸饮料是指以苹果汁经发酵而成的醋，再对以苹果汁等原料，利用酵母发酵和醋酸发酵原理制成的发酵饮料。酵母发酵所用菌种为酵母，醋酸发酵所用菌种为醋酸菌。这种饮料含有丰富的有机酸、氨基酸、维生素，有良好的营养、保健作用，味道柔和、适口，具有醒脑、提神、消除疲劳、生津止渴、增进食欲等功效。制作苹果醋酸饮料常用酒精发酵法，主要工艺如下。

（1）将清洗过的苹果榨出苹果汁，将压榨出的苹果汁加入果胶酶进行澄清处理。

（2）接入预先制备好的酵母发酵剂进行酒精发酵。待发酵液内无气泡发生时，测定发酵液的酒精浓度。

（3）经酵母发酵的苹果汁，以一定接种量接入预先制备好的醋酸菌发酵剂，在适当温度下培养，培养期间，通入无菌空气，当总酸（以醋酸计）达到规定值时发酵结束。

醋酸饮料

★大河网，网址链接：http://news.dahe.cn/2016/12-30/108060368.html

（4）根据产品的理化指标规定，将发酵苹果按一定比例加水稀释，调整糖酸比和调香，并按一定口味酌情添加适量苹果汁，以弥补发酵稀释后果味的不足。

（5）澄清处理后即可灌装、封口、杀菌，成为成品。

加工注意事项：第一，在进行醋酸发酵时，高浓度的酒精会抑制醋酸菌的生长和代谢而延长发酵周期，应注意调整苹果汁的糖度，使之在酵母发酵之后，酒精度处于适合醋酸发酵的范围内；第二，醋酸发酵过程中，温度过高会导致微生物酶失活，发酵产酸低，所以要选择适宜的发酵温度。

（编撰人：杜冰；审核人：杜冰）

216. 怎样加工梨、银耳带肉果汁饮料?

（1）银耳浆的制备。选取银耳肉肥厚、颜色洁白微黄、蒂头无黑点杂质的原料，清水漂洗后，加水浸泡8～12h，使银耳充分吸水膨胀。将膨胀好的银耳加入适量水入打浆机打浆，再经胶体磨均质后细度达μm，经160目筛过滤后备用。

（2）梨汁的制备。将梨清洗后破碎成小块，加入果胶酶榨汁分离、过滤出清梨汁。

（3）混合调配及脱气处理。将银耳浆及梨汁按一定比例混合，并加入一定量的甜味剂（达到所需甜度）和稳定剂，同时加入3%左右的蜂蜜。为保护其色泽不被氧化，需加入约0.04%的抗坏血酸作为抗氧化剂。银耳梨带肉果汁是一个多相的悬浮体系，呈不稳定状态，需添加适量的稳定剂。添加量可为0.15%的琼脂或0.2%的羧甲基纤维素钠，或0.1%的琼脂和0.1%的羧甲基纤维素钠配伍使用。为保护产品的营养成分和风味，防止氧化变色，在均质前需进行脱气处理。

（4）均质处理。利用高压均质机使不同粒度、不同比重的果肉颗粒均质化，以增加带果肉果汁的悬浮稳定性。

梨、银耳带肉果汁饮料

★好豆网，网址链接：http://www.haodou.com/recipe/249217/?_src_=qzone

（5）成品加工。采用定量灌装机灌装，盖子预封后蒸汽加热10min，以排出瓶中顶隙部分的空气，封盖后高温杀菌处理15～20min，分段冷却即可。

（编撰人：杜冰；审核人：杜冰）

217. 怎样加工粒粒黄桃汁饮料？

粒粒黄桃汁饮料生产选用藏黄桃，色泽金黄，肉质细腻，甜酸适口，香味浓郁，营养丰富。目前大多数厂家在生产黄桃罐头时，装罐及修整工序捡下来的小桃片及不规则果肉，全部当作废料被丢弃。既造成原料的大量浪费，又污染了环境。为了提高黄桃的利用率，用黄桃下角料制成粒粒黄桃汁饮料，品质甜酸可口，色泽金黄，果粒均匀悬浮。工艺过程如下。

（1）果肉挑选。小桃片及细碎果肉，除去虫害斑，并清洗干净。组织较大的用于造粒，并切粒，较小的用于制造果汁。

（2）打浆并细化果浆。用胶体磨将果浆细化，使颗粒直径在3～4μm。

（3）糖水调配。将果浆调成果汁糖浆。

（4）均质脱气。脱气真空度0.06MPa左右，果汁温度25℃，均质压力15～20MPa。

（5）灌装封口。为了保证果粒定量装瓶，首先将果粒在柠檬酸沸水中热烫，然后迅速装瓶，再灌入调好的果汁，果汁温度不低于85℃，迅速封口。

（6）杀菌冷却。杀菌公式：5-15-5min/100℃，杀菌结束后迅速冷却至常温。

粒粒黄桃汁饮料

★腾讯网，网址链接：http://hb.jjj.qq.com/a/20170810/040833.htm

（编撰人：杜冰；审核人：杜冰）

218. 怎样加工柿汁饮料?

柿子味甘、涩，性寒，有清热去燥、润肺化痰的作用。据《千金·食疗》记载，柿子性寒、味甘，入肺、脾、胃、大脑诸经，具有润肺止逆、调理胃肠、脾逆止呕、清热消炎、凉血止血等作用。而现代医学也表明，用柿子浸出液治疗慢性气管炎的有效率为90.7%。因此制作柿果果汁饮料，既便于食用，又保留了柿果的营养价值和保健作用。柿汁饮料的主要加工流程为：选果→洗果→脱涩→破碎→榨汁→粗过滤→二次脱涩→精滤→调配→脱气→高压均质→灭菌→灌装→检验→成品。

其中脱涩处理是指将刚采摘并洗净的鲜硬柿果装入密闭容器中，加入一定量调配好的脱涩液，将柿果没入液体中，保持在50℃左右，密闭一定时间，即可脱涩。而二次过滤则是为了避免防止柿果汁复涩，往往会采用将粗滤液泵入不锈钢罐中，加入0.1%明胶静置20h后，果汁混浊但无涩味时，再加0.12%果胶酶澄清的操作方法。

柿汁饮料的调配可以加入一定的白砂糖、稳定剂以得到较佳的口感，同时也能够与其他的果蔬汁复配，制作复配型柿汁饮料。

柿汁饮料

★绿色食品网，网址链接：http://www.lssp.com/doc/5224.html

（编撰人：杜冰；审核人：杜冰）

219. 怎样加工草莓果茶?

草莓果茶的工艺流程为：原料→清洗→去果蒂→挑选→打浆→灭酶→调配→脱气→均质→加热→热灌装→封口→二次杀菌→冷却→成品。操作要点如下。

（1）原料。作为草莓带肉果汁饮料深加工的原料，应粒大、匀整、色鲜、无泥污、无伤烂和疤痕，而且汁多、甜酸适口、香气浓郁。

（2）清洗。采用粗洗和精洗两道工序进行。草莓原料在采摘和运输过程中会污染泥土及杂物，在进入打浆以前应采用人工或机械方法进行清洗。在粗洗以后，对草莓果蒂进行摘除以及削除霉烂果实。

（3）打浆。草莓属于浆果类果实，其组织较为柔软，水分含量丰富。为了最大限度地保持草莓风味及营养成分，建议采用冷打浆，其出浆率可高达90%以上。

（4）灭酶。草莓果实含有丰富的氧化酶及果胶酶，对原浆的颜色和稳定性产生严重影响，冷打浆后的原浆如不及时灭酶，原浆就会产生严重的褐变现象，对饮料的外观质量也产生严重的影响。灭酶温度95℃时间3~5s。

（5）调配。加入糖和柠檬酸以调整草莓的风味，最佳的糖酸比为（16~17）:1。

（6）脱气。草莓饮料在加工过程中，混入大量空气，空气中氧的存在会加速草莓中还原物质的氧化，产生褐变现象，同时对饮料的稳定性及维生素的保存产生不利影响。因此必须进行脱气，主要采用真空法脱气。

（7）均质。果肉果汁在通过均质后能使料液中残存的果渣小微粒破碎，制成液固两相均匀的混合物，减少成品沉淀的产生。均质压力采用20~40MPa。

（8）加热杀菌。果肉饮料在均质后灌装前，采用高温瞬时加热，对饮料进行初步杀菌，同时保证灌装时的温度为90℃，10s。

（9）灌装封口。灌装采用热灌装，温度保持在80℃以上，主要目的是为了保证一定真空和减少微生物污染。

（10）二次杀菌。果肉饮料在封口后，再行商业杀菌，杀菌公式：10-15-30min/95℃。

草莓果茶

★搜狐，网址链接：http://www.sohu.com/a/130529611_672870

（编撰人：杜冰；审核人：杜冰）

220. 怎样用柿叶加工保健茶?

用柿树叶片制成的茶称为柿叶茶。柿叶茶不同于传统的普通绿茶、红茶和花茶,它不含咖啡碱和茶碱,含有丰富的天然营养物质维生素、芦丁、黄酮等功能性成分,具有抗菌消炎、生津止渴,清热解毒、润肺强心、镇咳止血、抗癌防癌等保健作用,适用于当今人们追求健康生活消费的需要。

柿叶制茶,最早起源于日本,日本人称它为一种健身饮料,为"保健益寿茶",在我国台湾地区柿叶茶称为"天然美容茶",柿叶茶含有与绿茶、红茶相类似的酚类物质,经常饮用能增强机体的新陈代谢。柿叶茶的主要加工工艺为:采摘→去脉→杀青→切丝揉捻→干燥→保存。

其中,"杀青"是制茶工艺的重要工序之一,是利用高温使茶叶中的酵素停止作用,免除酵素发酵茶叶中的茶多酚,使茶叶保持茶多酚应有的色素。如果杀青温度过高,不仅会产生爆点、烧焦,而且还易损失掉叶片中某些有效成分,如可溶性糖类、游离氨基酸、咖啡碱等。反之,如果叶片受热不足,不能短时间内达到杀青所需温度,叶片内酶蛋白不仅不能变性凝固,反而酶的活性会被激活,氧化形成红梗红叶。柿叶茶采用的是绿茶加工方法,采用炒青、蒸青、水潦青等杀青处理方式,因此干茶能够较好地保持鲜叶的原色原味,茶汤色泽黄绿。

保健茶

★百草录网,网址链接: http://www.baicaolu.com/pic-view-2330-46045.html

(编撰人: 杜冰; 审核人: 杜冰)

221. 儿童喜欢喝的酸酸乳是一种什么饮料?

每种加工包装食品,购买前养成看其成分和配料表的习惯,酸酸乳的配料表一般含水、鲜牛奶、白砂糖、益菌因子(低聚糖)、增稠剂、乳酸、柠檬酸、安赛蜜、阿斯巴甜、食用香料等,产品配料表是从多到少顺序依次排列,酸酸乳中含量最多的是水,而非牛奶,而纯牛奶和酸奶的配料表中,鲜牛奶排在前面,因此，酸酸乳不是酸奶，只是一款含乳饮料。另外，从蛋白质含量也可以判断，按照国家有关规定，纯牛奶、纯酸牛奶中蛋白质的含量不得低于2.9%；调味奶、调味酸牛奶、果料酸牛奶中蛋白质含量不得低于2.3%；乳饮料、乳酸菌饮料中蛋白质含量不得低于1%；乳酸饮料中蛋白质含量不得低于0.7%，因此，酸酸乳只是一种乳饮料，其蛋白质、钙含量低，酸奶是经乳酸菌发酵牛奶，在发酵过程中，乳酸菌分解了牛奶中的乳糖而产生了乳酸，不仅更利于钙的吸收，其中的活性乳酸菌还能有效抑制肠道内腐败菌繁殖，调整肠道菌群平衡，酸酸乳中除了含少量牛奶，添加了甜味剂、酸味剂、防腐剂、香精等，是儿童喜欢喝的一款饮料，因此酸酸乳营养价值不可与酸奶媲美。

酸酸乳饮料（戚镇科 摄）

（编撰人：田兴国，徐小艳，谌国莲；审核人：谌国莲）

222. 常喝汽水易骨折吗？

碳酸饮料俗称"汽水"，是指充入二氧化碳的液态饮料，是炎热夏季人们的首选饮料。但如果长期大量饮用碳酸饮料，可能对人体健康造成不利影响。大量临床研究发现，经常饮用汽水跟骨折有一定的关系。2011年哈佛大学的研究表明，青少年经常饮用碳酸饮料其发生骨折的概率是同龄人的3倍。

大部分碳酸饮料的主要成分是磷酸。大量磷酸的摄入会加重胰岛细胞的负担，降低钙、铁等多种微量元素的吸收利用，通过碳酸饮料摄入的磷含量增加，引起钙磷比例失调，延缓钙质吸收，并会导致骨钙流失，钙的流失引起骨的有机质含量降低从而造成骨质疏松。饮用碳酸饮料导致骨丢失可能是因为碳酸饮料与蛋白质摄入的负相关关系，从而影响骨质代谢。研究还显示，也可能通过摄入磷酸而增加酸负荷，进而增加尿钙排出从，而增加骨丢失风险。

长期饮用汽水对处于发育期的儿童、青少年来说不利于骨骼发育，对中老年人尤其是处于更年期的妇女更容易导致骨质疏松，加大骨折的风险。

汽水

★全景网，网址链接：

http://news.40777.cn/UploadFile/2010330105016625.jpg

http://mpic.tiankong.com/131/555/131555af66def84e7a8f8e749757c7a2/640.jpg

（编撰人：林咏姗；审核人：高向阳）

223. 如何正确食用冷冻饮品？

炎炎夏日，冷冻饮品能给人们带来凉爽的快感，适量食用可以防暑降温，但不恰当地食用会对健康不利。

冷饮的温度比消化道的温度低很多，大量饮用冷冻饮料可能会导致胃黏膜下血管收缩，导致胃的防卫能力下降，影响胃的健康。进入肠道后还可能引起肠鸣，甚至会引起肠道菌群失衡导致腹部不适，严重的会腹泻。另外，空腹和饭后饮用易伤脾胃，剧烈运动或大量出汗后饮用会导致汗毛孔宣泄不通，机体散热困难，极易引起中暑。在空调房也不宜饮用冰镇饮料，因为空调房温度更低，更容易引起肠胃不适。以下几类人群不宜饮用冷冻饮品。

（1）幼儿、6个月以下的婴儿禁食冷饮，因为很多冷饮含有香精、甜味剂等化学物质，婴幼儿的免疫系统尚未发育成熟，过早接触可能导致早期过敏，给今后埋下过敏反应隐患。

（2）老人食用冷饮会影响胃肠道的消化和杀菌功能。

（3）体质偏寒的人群，少喝冷饮避免加重不适症状。

（4）糖尿病患者，冷饮中含糖量较高会引起血糖升高。

（5）消化系统功能较差人群，例如患有胃炎等病人，冷饮对消化道具有刺激性，会加重病情。

冷饮　　　　　　　　　　冰激凌

★全景网，网址链接：
　http://mpic.tiankong.com/e9c/cb5/e9ccb59fc30d8ec2641a683cd17e1c87/640.jpg
　http://p2.so.qhimgs1.com/t01673c9c461ed4cfc2.png

（编撰人：杜方敏；审核人：高向阳）

224. 为什么不宜喝烫口的饮料?

在寒冷的时候，一杯热腾腾的饮料是人们的首选，但饮用烫口的饮料有损健康，是食道癌的致病因素之一。

人的食道壁覆盖了一层娇嫩的黏膜上皮，只能承受50～60℃，超过了这个温度，食道的黏膜就会被烫伤。为了及时修补这些损伤，食道黏膜的上皮细胞就要加快增殖。如果经常吃烫的食物，黏膜损伤尚未修复又受到烫伤，可形成浅表溃疡。反复地烫伤修复，就会引起黏膜质的变化，进一步发展变成癌瘤。

有人习惯从寒冷环境中回到温暖室内马上喝热的饮料取暖，往往容易发生吐血等症状，在寒冷环境中机体容易出现"冷适层"，这种状态下的食管黏膜层及其附近组织内的毛细血管和稍大一些的血管不能一下子承受烫口饮料的热刺激，会出现暂时性调节功能紊乱，部分血液就会穿透血管壁和毛细血管壁进入食道和胃，使人出现吐血或便血等症状。这种情况大多发生在血管脆性增加的人身上，体弱者和老年人尤其要注意。

热咖啡　　　　　　　　　　热茶

★全景网，网址链接：
　http://mpic.tiankong.com/272/ec9/272ec98ea0dd2920b8be4f89f37d5002/640.jpg
　http://mpic.tiankong.com/29b/43e/29b43ef594a2a66115a7f7a2e3a4c491/640.jpg

（编撰人：杜方敏；审核人：高向阳）

225. 怎样加工糖水猕猴桃罐头？

糖水猕猴桃罐头分为猕猴桃整果罐头和猕猴桃片罐头两种。两者加工工艺基本相同，下面以猕猴桃片罐头加工为例。

（1）原料选择。选果型大、肉质厚、含糖多、香味浓的品种，以无毛的圆形或椭圆形品种较为适宜。加工前将霉烂、病虫害、机械伤、畸形、成熟过度及直径小于30mm的猕猴桃剔除。

（2）原料选好后，用水洗净，投入浓度为20%～25%、温度在92～97℃的碱液中浸渍3～4min后，立即取出漂洗，并摩擦去皮。按大、中、小3级分别切片，厚度4～6mm。切片后选片，装罐。注入浓度35%，温度为80℃的热糖水。排气，封罐。按杀菌公式5-15min/100℃杀菌，然后冷却至40℃左右，擦净入库贮藏。

糖水猕猴桃罐头

★中国蜂蜜产业网，网址链接：http://www.jxold.com/jssh/food/5531.html

（编撰人：杜冰；审核人：杜冰）

226. 怎样加工猕猴桃片罐头？

猕猴桃营养丰富，口味独特，且具有一定的保健价值。猕猴桃可生食，亦可加工制作各种食品，如罐头、果酱、果脯等。其中，加工罐头一般是将猕猴桃切片后加以制作，工艺流程为：原料选择→清洗、去皮→漂洗、切片→热烫、配糖水→装罐→封口→杀菌、冷却→入库。具体工艺要点如下。

（1）原料选取。选取果型大、肉质厚、含糖多、香味足的品种，要求果直径一般不小于30mm，成熟度适中，无机械损伤、病虫害、霉烂或畸形。

（2）清洗、去皮。将果实倒入洗涤槽中，用清水冲洗干净，一般采用浸碱法去皮，要求去皮干净，表面光滑。

（3）漂洗、切片。去皮后果实先用流动水冲，随后浸酸后，立即在流动水中漂洗干净。用刀切去果实两端，修去斑疤，根据分级标准分级切片。

（4）热烫、配糖水。选好的片按大小分别在预煮机内预煮或在锅内热烫，一般热烫时间不超过5min，煮后即迅速冷却待用；按照生产要求调配糖水浓度，煮沸过滤备用，温度保持在75℃以上。

（5）装罐。要求每罐果肉色泽、大小、厚薄大致均匀。

（6）封口。调节真空度，逐个检查封口良好。

（7）杀菌、冷却。封口后迅速杀菌，然后冷却至40℃左右。

（8）贮藏。冷却后将罐擦干净入库贮藏。

猕猴桃片罐头

★中国图库，网址链接：http://shop.99114.com/41361242/pd75753008.html

（编撰人：杜冰；审核人：杜冰）

227. 怎样加工染色樱桃罐头？

樱桃上市季节短，而且极易腐烂，必须通过加工才能长期保存，满足消费需要。由于品种和气候条件的差异，一些樱桃成熟时无红色或着色不匀，因此必须通过染色得到色泽均匀一致的红色樱桃。由此产生了染色樱桃罐头这款产品。目前常见的染色樱桃罐头制作过程如下。

（1）选料、分级。选择成熟度在八至九成适于罐藏的果实，剔出带病虫害、机械伤的不合格果。摘除掉果柄，按果实的大小分成3级。

（2）清洗、硬化。洗去果实表面灰尘等杂质。清洗后，放入明矾溶液浸泡，进行硬化处理，可降低樱桃果实的煮烂率。

（3）预煮、冷却。将分级樱桃用尼龙网袋分装预煮。根据果实成熟度调节水温和时间，尽量避免煮烂果，捞出后迅速冷却。

（4）染色、漂洗。一般用胭脂红、苋菜红、柠檬酸等混合均匀后调染色剂，加入经预煮透后冷却好的樱桃果，浸泡染色。染色后从染色液中取出，果实用清水漂洗一次，洗去浮色。

（5）固色、清洗。用0.3%的柠檬酸水，对已染色漂洗过的樱桃果浸泡进行固色，用清水把固色后的樱桃淘洗两遍，沥干水后即可装罐。

（6）装罐、加糖水、封口。根据罐大小和规定净重装入樱桃果和糖水。

（7）杀菌、冷却。将封装好的罐头放在沸水中5~15s，取出后立即进行冷却。

（8）保温检查、成品。杀菌处理后的樱桃罐头，还要存放在库房内保存数天，随后包装出厂。

染色樱桃罐头

★一比多网，网址链接：http://shop.ebdoor.com/Shops/6027/Products/66724.aspx

（编撰人：杜冰；审核人：杜冰）

228. 罐头的酸败是什么原因？对人体有何影响？

罐头的酸败变质主要发生于微酸性（pH值4.5~6.5）罐头中，如青刀豆、青豆、蘑菇、竹笋、菜花、马铃薯、茄汁、鱼类等罐头。引起罐头酸败变质的微生物，是一种抗热性很强、有芽孢的杆菌，罐头工业称之为平酸菌。这类细菌属于酸性厌氧菌，能够分解碳水化合物而产生酸类，如乳酸、蚁酸和醋酸等，但不产生气体。这些细菌污染食品后，由于其抗热性很强，罐头杀菌很难将其杀死。残留在罐头中的细菌在外界条件适宜的情况下，即开始生长繁殖，使罐头酸败变质而不胀罐，外形保持正常，与好罐头很难区别，只有开罐后才能辨别。酸败的罐头有不正常的酸味和异味，汤汁浑浊不清，色泽发生改变。如蘑菇色泽变灰白，表面不光滑，豆芽菜色泽变微红等。

平酸菌的生长温度为37~60℃，最适宜的温度为45~55℃。一般在28℃以下不能生长。故罐头在20℃以下贮藏时，发生严重菌败的机会很少。

罐头开罐后如发现不正常的酸味和异味，应丢弃处理，不应食用。

罐头的酸败

★搜狐网，网址链接：http://m.sohu.com/n/460636286/

（编撰人：杜冰；审核人：杜冰）

229. 怎样鉴别变质罐头?

选择罐头归纳起来是"看""算""验"3个字。

（1）看外形标志及内容物。马口铁罐头表面清洁无锈斑，底和盖稍凹进，焊缝和底部卷边无损伤，封门严密不变形者一般就是好罐头。玻璃罐头盖稍凹进，内容物不浑浊、无沉淀、无变色、块形完整、汤汁清澈多是合格产品。

（2）计算保存期限。尽可选择能新鲜的罐头、知名品牌的罐头。

（3）检验罐头是否腐败变质。当罐头内部压力大于空气压力时，罐头的两底端就膨胀凸出，这种现象叫胖听，可用敲打、按压、密闭试验来检验。①敲打试验。用中指轻轻叩打罐盖及罐底，判别音响。发出"砰砰"鼓声的多是生物性或化学性胖听，而发实音的都多是物理性胖听。②按压试验。用手按压罐盖或罐底，生物化学性胖听，罐头都不容易被按下，或按下后仍能复原；物理性胖听罐头则较容易按下，松开后不再回复原状。③密闭试验。将罐头撕去便签，洗净擦干，放入85℃水中，水面高于罐头3～5cm，5min后如果水中有气泡连续逸出并有腐败气味，属于生化性胖听；物理性胖听则无气体逸出。

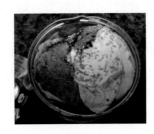

变质罐头

★新浪网，网址链接：http://blog.sina.com.cn/s/blog_13351689d0102v06u.html

（编撰人：杜冰；审核人：杜冰）

230. 如何正确购买罐头?

消费者购买罐头产品要注意如下方面。

（1）看包装。观察外包装是否整洁干净，字迹印刷是否清晰，标签是否完整正规。如果印刷质量差，字迹模糊不清，标注内容不全，未打生产日期钢印，则很可能是冒牌产品，质量很难保证。

（2）查内质。质量好的玻璃瓶装罐头内容物呈原料食品固有的自然、新鲜色泽，块形、大小基本一致，完整不松散。若是水果罐头，水果颜色不应发生褐变，糖水清亮透明，除允许有极轻微的果肉碎屑沉淀外，应无杂质、无悬浮物。对金属罐包装的产品，其表面应清洁无斑锈，底和盖稍凹进，焊缝和底部卷边无损伤，封门严密不变形。如发现金属罐的内外壁或罐盖有因腐蚀引起的生锈等现象，千万不要购买和食用。

（3）防"胖听""漏听"。正常水果罐头底和盖的铁皮中心平整或呈微凹状，无泄漏现象。当被微生物污染失去食用价值时，水果罐头便经常会出现"胖听"，即罐头底和盖的铁皮中心部分凸起，这是罐内的细菌繁殖产生气体，致使罐内压力大于空气压力造成的。"漏听"是指密封失灵有泄漏的罐头。金属罐包装的产品在运输过程中受物体碰撞，常出现外壁内陷，致使空气容易进入，造成内容物腐败变质。

罐头

★微博网，网址链接: https://weibo.com/ccfia?is_all=1

（编撰人：杜冰；审核人：杜冰）

231. 哪些内容属于罐头包装上应正确标识的?

根据GB/T 27303—2008《食品安全管理体系 罐头食品生产企业标准》中6.6产品标识要求，罐头食品生产企业应建立和实施产品标识程序，并形成文件。其中，产品代码应符合QB/T 2683—2005中第4章和第5章及附录A的要求，食品标签应符合GB 7718—2004中第4章和第5章的要求。现GB 7718—2004已被GB 7718—2011《食品安全国家标准 预包装食品标签通则》替代。

根据GB 7718—2011的要求，罐头食品的标识应直接向消费者提供的预包装食品标签标识应包括食品名称、配料表、净含量和规格、生产者和（或）经销者的名称、地址和联系方式、生产日期和保质期、贮存条件、食品生产许可证编号、产品标准代号及其他需要标识的内容。

其中，其他需要标识的内容有是否辐照处理的食品、是否转基因食品、特殊膳食类食品和专供婴幼儿的主辅类食品，应当标识主要营养成分及其含量，标识方式按照GB 13432执行。非直接提供给消费者的预包装食品标签应按照标准中4.1项下的相应要求标识食品名称、规格、净含量、生产日期、保质期和贮存条件，其他内容如未在标签上标注，则应在说明书或合同中注明。

罐头包装标识

★呢图网，网址链接：http://www.nipic.com/show/9428230.html

（编撰人：杜冰；审核人：杜冰）

232. 罐头中不允许检出的物质有哪些?

根据《食品安全国家标准食品添加剂使用标准》（GB 2760—2014）、《食品安全国家标准食品中污染物限量》（GB 2762—2017）、《食品安全国家标准罐头食品》（GB 7098—2015）、《关于印发〈食品中可能违法添加的非食用物质和易滥用的食品添加剂名单（第四批）〉的通知》（整顿办函〔2010〕50号）等标准、法规及产品明示标准和指标的要求，罐头微生物检验不允许检出肉毒梭状芽孢杆菌、沙门氏杆菌、志贺氏杆菌、致病性葡萄球菌、溶血性链球菌5种致病菌。

其中，肉毒梭状芽孢杆菌能产生强烈的外毒素，致病性葡萄球菌一般是金黄色葡萄球菌，溶血性链球菌能产生溶血素等外毒素，引起腹泻、腹痛、恶心、呕吐等急性肠胃炎症状。沙门氏杆菌对人类致病力很强，如摄入沙门氏杆菌污染的食品，大量的活菌在肠道内繁殖后经淋巴系统进入血液循环，出现暂时性菌血症，引起全身感染，发生呕吐和腹泻。志贺氏杆菌中毒后呈痢疾症状。

其他应符合GB 7098—2015中关于原料、感官、理化、污染物、真菌、霉菌、微生物、食品添加剂以及食品营养强化剂的限量要求。

以下项目检验应符合相关的限量标准：锡（限镀锡薄板容器包装的罐头）、铬、苯甲酸、山梨酸、亚硝酸盐、苯并（α）芘（限烧烤和烟熏肉罐头）、盐酸克伦特罗（限畜肉罐头）、沙丁胺醇（限畜肉罐头）、莱克多巴胺（限畜肉罐头）、苯甲酸、山梨酸、苯并（α）芘（熏烤水产品罐头）、多氯联苯、组胺（限鲐鱼罐头）、二氧化硫残留量、合成着色剂（柠檬黄、日落黄、诱惑红、胭脂红、苋菜红、亮蓝）、糖精钠、环己基氨基磺酸钠（甜蜜素）、乙酰磺胺酸钾（安赛蜜）、乙二胺四乙酸二钠、展青霉素（限以苹果、山楂为原料的罐头）、霉菌计数（限番茄酱罐头）、商业无菌。

黄桃罐头

★站酷网，网址链接：http://www.zcool.com.cn/work/ZMjM0NjQ4OTI=.html

（编撰人：杜冰；审核人：杜冰）

233. 纤维素吃得越多越好吗？

食物纤维素被称为第七营养素，是维护人体健康必需的食物所含的营养成分之一。食物纤维素及其分解产物对消化系统的功能有非常重要的影响。它们不仅可以延缓胃排空，改变胃肠动力，缩短小肠运行时间，增加粪便体积和湿重使结肠内压增加，促进粪便排出，而且能够明显增强胃肠黏膜的适应性，保护肠屏障功能，降低结肠癌的发病率。

人们高呼"食物纤维益健康"，尤其在美国和加拿大，常鼓励人们摄入高食物纤维素食物，这样又使得有些人走向另一个极端，即摄入过多的食物纤维素。研究发现，高纤维含量的食物会干扰胃肠对蛋白质、无机盐以及锌、钙等微量元素的吸收，如大豆做成豆浆或者豆腐过程中由于去除了纤维素，人体对蛋白质的消化率由炒大豆的50%～60%提升到豆浆的90%；因为食物中的纤维素在肠道内包裹了食物中的蛋白质，使肠道内的蛋白质接触不好，蛋白质的消化、吸收便减少了。而食物中的无机盐、微量元素的吸收也与纤维素形成的植物酸盐浓度有关，食物中的盐与植物酸形成不溶性的盐类，就会影响无机盐、微量元素的吸收。较大剂量的食物纤维素（40g/天）可使铜、铁造成负平衡，而锌、钙、镁则为正平衡。

国际相关组织推荐的膳食纤维素日摄入量如下。

（1）美国防癌协会推荐标准为每人每天30～40g。

（2）欧洲共同体食品科学委员会推荐标准为每人每天30g。

（3）世界粮农组织建议正常人群摄入量为每人每天27g。

（4）中国营养学会提出中国居民摄入的食物纤维量及范围为低能量饮食1 800kcal为25g/天；中等能量饮食2 400kcal为30g/天；高能量饮食2 800kcal为35g/天。

（编撰人：杜冰；审核人：杜冰）

234. 怎样用大米加工米豆腐?

米豆腐是流行于四川、湖南、贵州、江西、湖北等地区著名的地方小吃，它润滑鲜嫩、酸辣可口，深受当地老百姓的喜欢。它主要是用大米淘洗浸泡后加水磨成米浆，然后加碱熬制，冷却，最后形成块状"豆腐"，因而称为米豆腐。其食用方法是切成小片放入凉水中再捞出，盛入容器后，将切好的大头菜、腌菜、酥黄豆、酥花生、葱花等添加上去，再加入适合个人口味的不同佐料与汤汁即可食用。用大米加工米豆腐主要包括以下步骤。

（1）备料。用普通籼米即可，要求米质新鲜、无杂质，不能用糯大米，因其黏性重，不易制作；要用新鲜生石灰，用量可根据大米重量而定。

（2）磨浆。按每100kg大米加50kg新鲜石灰的投料量，预先用清水把石灰化开，滤取石灰乳投入泡米水中拌匀。静置浸泡约4h，至大米泡成浅黄色时捞出洗净，用2倍清水放入磨浆机中磨成米浆。

（3）熬煮。加入约大米2倍量清水到无油渍而干净的铁锅中，投入米浆在搅拌下大火熬煮，至半熟时小火煮熟为止。

（4）成型。将薄布铺在豆腐格上，趁热把煮熟的米浆倒入格内，料厚以3cm为适宜。而后自然冷却至室温，用刀划成小块即得成品。

米豆腐

★搜狐网，网址链接：http://www.sohu.com/a/116405112_443295

（编撰人：杜冰；审核人：杜冰）

235. 怎样加工膨化米饼？

膨化米饼是近代新兴的一种以大米为原料的米制品。其制造过程主要包括大米的掏洗、浸泡、沥水、制粉、蒸煮、冷却、揉练成型、干燥等过程。一般制作工艺原料包括糯米粉、玉米淀粉、花生、白砂糖、精盐等。根据品种不同可以添加其他原料。其工艺流程主要包括以下几个步骤。

（1）掏洗、浸米。选取无霉质无杂质的优质糯米用自来水洗干净，工厂生产可用洗米机将米洗净。而后将其浸泡约30min，让其吸水，以便于粉碎。

（2）沥水、制粉。将浸好的米倒入金属网上沥水，使米粒内水分均匀。沥水后的米粒用粉碎机粉碎。

（3）调粉。用水先将称量好的砂糖和精盐溶化过滤后，再加入米粉中充分调粉。调粉时加水量以35%左右为宜，

（4）蒸煮。蒸煮时选用120℃、5min的蒸煮条件。

（5）冷却。可以采用自然冷却，冷却后放置1~2天，让其硬化。

（6）揉练成型。硬化后即可以成型了，成型前，粉团要经过反复揉搓，至粉团中无硬块，质地均匀，有一定透明度即可。然后加入膨松剂、香精及其他辅

料，做成直径约10cm、厚2.5～3mm的饼坯。

（7）干燥。如果将水分偏高的米饼直接烘烤，表面会结成硬皮，内部仍过软，因此需预先干燥。

（8）烘烤。将干燥、静置后的米饼坯放入烤箱。在米饼坯品温上升时，首先产生软化现象，继续加热则产生膨化，经降温烘烤硬化饼坯，再升温焙烤上色，即可形成膨化米饼。若烤后的米饼需调味，可在表面喷涂调味料后再烘干。

膨化米饼

★搜狐网，网址链接：http://www.sohu.com/a/111142006_459935

（编撰人：杜冰；审核人：杜冰）

236. 巴氏杀菌乳和灭菌乳的感官鉴别要点有哪些？

液态乳制品以其丰富的营养和良好的滋味和气味而深受消费者的喜爱，所以感官质量一直是企业研发的重点。根据灭菌方式不同，液体乳制品一般分为巴氏杀菌乳和灭菌乳。

巴氏杀菌乳：巴氏杀菌法通常指将原奶加热到85℃（15s），在杀灭微生物的同时最大限度地保留牛奶天然、原始的营养成分，鲜牛奶的营养成分较高，因此其储存条件必须全程放在冷藏柜2～6℃中保存，保质期只有4～7天。

灭菌乳：超高温瞬间灭菌技术下生产的，将原奶在137～145℃下进行4～6s的瞬间灭菌处理，破坏其中可生长的微生物和芽孢，实现常温储存的目的，因此又称超高温灭菌奶。

根据中华人民共和国农业行业标准《无公害食品液体乳》中所述，巴氏杀菌乳和灭菌乳色泽都呈均匀一致的乳白色或微黄色。滋味和气味方面，巴氏杀菌乳和灭菌乳都具有牛乳或羊乳固有的滋味和气味，无异味。组织状态方面，巴氏杀菌乳为均匀的液体、无凝块，无沉淀，无黏稠现象；而灭菌乳也为均匀的液体，无凝块，无黏稠现象，但允许有少量沉淀。巴氏杀菌乳和灭菌乳在指标控制方面，灭菌乳需达到商业无菌要求。

消费者在选购液体乳时可以通过以下几个方面进行感官鉴别。

（1）通过保质期进行鉴别。巴氏杀菌乳一般保质期为3~15天，而灭菌乳保质期较长，可以达到3个月以上。

（2）通过包装标签进行鉴别。一般包装标签中有注明巴氏杀菌的即为巴氏杀菌乳。

复原乳的鉴定

★陕西日报，网址链接：http://esb.sxdaily.com.cn/tbarticle.do?epaper=viewarticle&Auto
ID=116615

（编撰人：杜冰；审核人：杜冰）

237. 如何鉴别生鲜牛乳的卫生质量？

生鲜牛乳的卫生质量对人体健康非常重要，鉴别生鲜牛乳的卫生质量对人体健康具有重要意义。生鲜牛乳的卫生标准一般检测以下2类指标。

（1）理化指标。采用仪器法快速测定，通过采用快速乳成分分析仪法中超声波传感器测定生鲜牛乳的脂肪、非脂乳固体、相对密度、掺水率、冰点、蛋白质的含量可以鉴别生鲜牛乳的卫生质量。

（2）微生物检测。生鲜牛乳中较为常见的卫生问题是黄曲霉和抗生素等含量超标，通过微生物检测分析测定生鲜牛乳中的黄曲霉毒素的含量，按GB/T 6914—1986中3.10进行。采用双流向竞争性酶联免疫吸附分析法测定黄曲霉毒素M_1、抗生素残留的含量测定，与中华人民共和国农业行业标准NY 5045—2008《无公害食品生鲜牛乳》中微生物限量标准对比，从而鉴别鲜牛乳的卫生质量。

以上的鉴别方法需要具备专业技术和借助仪器设备才能进行，作为消费者，可以从以下几方面进行鉴别。

（1）从味觉上区别。生鲜牛乳的奶香浓、奶腥味大；反之，掺进杂物的牛乳奶香淡，奶腥味小。

（2）与水掺和在一起后出现固状物的牛乳可能不新鲜，不建议饮用。

（3）从颜色上进行鉴别。生鲜牛乳颜色呈乳白色。

（4）观察煮沸的生鲜牛乳。生鲜牛乳煮沸后，其表面有乳脂出现。

生鲜牛乳

★千图网，网址链接：http://www.58pic.com/psd/14069998.html

（编撰人：杜冰；审核人：杜冰）

238. 乳粉的感官鉴别要点有哪些?

乳粉一般可分为以下几类。

（1）全脂乳粉。仅以牛乳或羊乳为原料，经浓缩、干燥制成的粉状产品。

（2）脱脂奶粉是将鲜牛奶脱去脂肪再干燥而成，除脂肪可降低至1%左右外，其他变化不大。

（3）全脂加糖乳粉是仅以牛乳或羊乳、白砂糖为原料，经浓缩、干燥制成的粉状产品。

根据GB 5410—1999《全脂乳粉、脱脂乳粉、全脂加糖乳粉和调味乳粉》规定，乳粉产品标签应标明蛋白质、脂肪、蔗糖（只限全脂加糖乳粉）的含量。一般鉴别方法：取适量试样于自然光下观察色泽和组织状态。闻其气味，用温开水漱口，品尝滋味。主要注意以下几点：色泽呈均匀一致的乳黄色；滋味、气味具有纯正的乳香味；组织状态为干燥均匀的粉末。

消费者通过感官评定进行乳粉鉴别应注意以下要点。

（1）通过色泽、气味进行鉴别的要点。对于全脂乳粉、脱脂乳粉和全脂加糖乳粉应该有浓郁而纯正的乳香味，调味乳粉应具有调味乳粉应有的滋味和气味，且各类乳粉均要求气味自然。如果乳粉有异味，有可能已经变质。

（2）通过乳粉的形态等进行鉴别的要点。乳粉干燥、颗粒均匀、适中、松散、流动性好；色泽均匀一致、有光泽、呈乳黄色或浅黄色，调味乳粉要具有其应有的色泽。如果乳粉的颗粒黏结或不均匀一致，可能是乳粉吸潮引起，不建议食用。

（3）通过乳粉的冲调性进行鉴别的要点。乳粉的冲调性要好，冲调后无团块，经搅拌后可以迅速溶于水、不结块、杯壁无小白点或絮片，杯底无沉淀。如果乳粉出现较为严重的结块或沉淀等不良现象，建议停止食用。

乳粉

★亿邦动力网，网址链接：http://www.ebrun.com/20160610/179054.shtml

（编撰人：杜冰；审核人：杜冰）

239. 干酪的感官鉴别要点有哪些？

干酪是一种新鲜或成熟制品，它是在牛乳、稀奶油、脱脂或部分脱脂乳、酪乳或其中的化合物凝结后通过排放液体（乳清）而得到的。

根据国际酪农联盟提出的分类方案，干酪可分为以下几类：特硬质奶酪（水分含量<41%）、硬质奶酪（水分含量为49%~56%）、半硬质奶酪（水分含量为54%~63%）、半软质奶酪（水分含量为61%~69%）、软质奶酪（水分含量为>67%）。

消费者可以通过感官评定来鉴别奶酪，一般感官鉴别方法为，取适量试样于自然光下观察色泽和组织状态。闻其气味，用温开水漱口，品尝滋味。通过感官评定来鉴别干酪有以下几大要点。

（1）通过质地鉴别干酪的要点。①特硬质奶酪。这一类奶酪也经过煮熟和挤压处理，其水分含量少，质地坚硬，食用时需要切块或磨碎，如熟化黄波奶酪、巴斯克奶酪、切达干酪、帕尔马干酪、意大利绵羊干酪。②硬质奶酪。这一类奶酪通常经过煮熟和挤压处理，质地较硬，可以切块。③半硬质奶酪。这一类奶酪通常经过挤压，结构稳固，口感湿润，其中一些奶酪还容易破碎（如卡谢尔蓝奶酪、普瓦图奶酪、摩尔比也奶酪）。④半软质奶酪。这一类奶酪未经煮熟且未经压榨，通常可以用来涂抹面包等（如布里干酪）。⑤软质奶酪。这一类奶酪通常具有爽滑的口感，其质地柔软（如布拉塔奶酪、茅屋奶酪、马斯卡波尼奶酪、奶油干酪、意大利乳清干酪）。

（2）通过颜色鉴别干酪的要点。奶酪的颜色多变，由于熟化期和乳脂含量的不同，会呈现出从白色到巧克力棕等不同颜色。一般奶酪熟化时间越长，乳脂含量越高，则颜色越深。

干酪

★特产大全网，网址链接：http://www.tcdqw.com/detail-tcjieshao.php?id=78039&guanjianci=干&guanjianci1=

（编撰人：杜冰；审核人：杜冰）

240.怎样加工山楂果冻粉?

果冻粉又称啫喱粉，是一种具有夏天消暑作用的高膳食纤维粉的食品，有丰富的水溶性纤维，可有效地把重金属原子和放射性同位素从体内排出，起到"胃肠清道夫"的作用，具有保健功能。常见的有纯果冻粉、果胶果冻粉、果胶果实果冻粉、配制果冻粉等。制作果冻粉常用的原料如下。

（1）果实原料如山楂、苹果、草莓等，一般果实含果胶量和含酸量的多少，对形成软硬适度的胶冻影响很大，如果用果胶量及酸量少的果实制造果冻粉，必须外加一定量的果胶及酸。

（2）凝胶。常用到的包括果胶、琼脂、明胶、海藻酸钠。

（3）糖。主要是蔗糖和葡萄糖。

（4）果冻粉含酸量一般控制在3%左右。因此一般用柠檬酸，此外还使用苹果酸、酒石酸或乳酸等。

山楂中果胶及果酸含量丰富，适合制作纯果冻粉。基本工艺流程如下。

（1）原料选取及处理。选取无损新鲜的山楂洗净后热烫，去果梗、果核，放入护色液中，取出后榨汁，并用纱布过滤得山楂汁。

（2）糖胶体制备。将选好的凝胶粉与糖混合均匀，加入水浸泡，待凝胶充分吸水后进行煮胶，边搅拌边加热，结束后过滤，得到透明、黏稠的糖胶。

（3）调配。将山楂汁加入糖胶液中，搅拌均匀，加入柠檬酸调节酸度。

（4）浓缩、干燥。将调配好的果汁凝胶液浓缩，浓缩液经过喷雾干燥得到果实果冻粉。

（5）包装、成品。将果冻粉放入密封包装中，分装入库。

山楂果冻粉

★永诚，网址链接：http://www.ycbake.com.tw/Web/index.php?lang=1

（编撰人：杜冰；审核人：杜冰）

241. 全脂乳粉与脱脂乳粉有何区别？

（1）全脂乳粉。根据GBT 5410—2008乳粉（奶粉）中有关全脂乳粉的定义，全脂乳粉是仅以乳为原料，添加或不添加食品添加剂、食品营养强化剂，经浓缩、干燥制成的粉状产品。其脂肪含量要求不低于26%，蛋白质含量要求最少达到非脂乳固体的34%，复原乳酸度/°T≤18.0（标准中定义的乳固体是指乳中的干物质，包括乳蛋白质、乳脂肪、乳糖和无机盐。非脂乳固体是指乳固体中扣除脂肪的剩余物质）。由于含有一定的脂肪，所以全脂乳粉能量相对较高，适合需能或正在生长发育阶段的人群。

（2）脱脂乳粉。根据GBT 5410—2008乳粉（奶粉）中有关脱脂乳粉的定义，脱脂乳粉是指以乳为原料，添加或不添加食品添加剂、食品营养强化剂，脱去脂肪，经浓缩、干燥制成的粉状产品。其蛋白质含量要求与全脂乳粉要求一样，脂肪含量要求不多于1.5%，复原乳酸度/°T≤20.0。脱脂乳粉由于脱去了一定量的脂肪，所含能量相对减少，特别适合对能量要求不高的"三高"人士、肥胖者和老年人。

乳粉

★百度图片，网址链接: http://img61.foodjx.com/9/20161103/636137653929259362911.jpg

（编撰人：杜冰；审核人：杜冰）

242. 如何区别好米和坏米？

稻米是稻的种仁，主要成分为淀粉、蛋白质、脂肪、矿物质，含少量维生素B群，多种有机酸及糖类，是我国南方地区人们的主要食品。如何挑选品质优良的大米直接关系人们的日常生活。在日常选购大米的过程中，消费者可以通过以下3个方面辨别大米的优劣。

（1）硬度。表面光亮、整齐均匀、硬度大的米往往蛋白质含量高，品质较佳；而断粒多，较容易碾压成粉末状的则可能由于其蛋白质含量较低，品质不好。

（2）外观。优质的大米在中心区域会有一个不透明的白斑，叫做"心白"，在外腹部叫做"外白"。腹白区域过大可能代表稻谷成熟度不够或者含水量过高；若大米的外观中，若出现明显的裂纹，裂纹越多质量越差，说明品质越差。

（3）气味。品质不佳的大米会出现明显的霉味，而品质佳的大米具有清香气味，若大米出现霉变、生虫子等现象，说明大米已经变质，不宜食用。

（编撰人：杜冰；审核人：杜冰）

243. 如何识别新陈大米？

新米是指新收获的稻谷所碾的米，从外观上看，新米呈半透明，晶莹透亮，有光泽，有新米的清香气。好的新米放在嘴里嚼时有微微甜的感觉，煮饭时米吸水少，胀性弱，揭锅时有股清香气，饭粒完整，晶莹发亮，有光泽，口感软。

陈米是指稻谷经较长时间贮藏后加工碾成的米。稻谷贮藏过程中在温度、水分和微生物的共同作用下，稻米中的游离性脂肪酸、各种有机酸和挥发性羟基化合物增加，会产生陈米气和酸味，原有的清新香气消失。与此同时，米的淀粉组织的细胞膜发生老化，胶体物质变性衰老，米的色泽变得灰暗、无光泽，黏性下降，吸水增加，胀性变大，饭的口感变差，变硬，这是陈米的特性。消费者可以通过以下3个方面进行挑选。

（1）看外观。新粳米色泽呈透明玉色。未熟米粒可见青色（俗称青腰）、新米的"米眼睛"（胚芽部）颜色呈乳白色或淡黄色，陈米则颜色较深或呈咖啡色，米粒表面有灰粉或白沟纹，灰粉或白沟纹越多越陈久。此外，正常抛光的米，摸起来有玻璃珠般圆滑的感觉。摸在手上很粗糙的米有可能是陈米或未抛光的米。但用石蜡处理过或矿物油等抛光的陈米摸起来也跟正常抛光米一样很滑，有时还会有油腻、粘手感，这种情况就较难区分。

（2）闻气味。取少量米粒，用手搓热，然后闻气味。新米有股非常清淡自然的香味，很好闻，不刺鼻，陈谷新轧的米清香味很少，而存放一年以上的陈米，只有米糠味，没有清香。

（3）尝口感。新米比陈米硬，水分低的米比水分高的米硬，晚季稻米比早季稻米硬。挑选时可用牙咬，硬度大的米质量较好，而在煮熟后，熟的新米含水量较高，口感较松，齿间留香；熟米含水最较低，口感较硬的有可能是陈米。

新米与陈米

★便民网，网址链接：http://life.365jilin.com/html/2228619_4.shtml

（编撰人：杜冰；审核人：杜冰）

244. 如何识别小米的优劣？

小米又称粟米，是中国古代的"百谷"之一，也是我国北方人的主要粮食之一。小米的蛋白质含量达9.7%，高于大米，且蛋白质质量优于大米、小麦和玉米，还含有丰富的钙、铁、维生素、胡萝卜素等营养物质、具有很高的营养价值，北方妇女在生育后有用小米加红糖熬粥来调养身体的传统，小米粥有"代参汤"之美称。国标GB/T 11766—2008对小米质量要求进行了规定。

表　小米质量要求

等级			1	2	3
加工精度（%）			≥95	≥90	≥85
不完善粒（%）			≤1.0	≤2.0	≤3.0
杂质（%）		总量	≤0.5	≤0.7	≤1.0
	其中	粟粒	≤0.3	≤0.5	≤0.7
		矿物质	≤0.02		
碎米（%）			≤4.0		
水分（%）			≤13.0		
色泽、气味			正常		

　　优质小米的色泽呈黄色或金黄色，具有光泽。颗粒大小均匀、饱满，表面光清，组织紧密完整，无霉变、无病斑。具有纯正的固有香味、无异味。劣质小米的米粒色泽差、变暗、无光泽，组织疏松，会有结块、虫蛀、霉变或杂质等，有霉味、酸味和其他异味。

　　一般小米呈鲜艳自然黄色，光泽圆滑，轻捏时，手不会染上黄色。如果色泽较深、用手轻捏会染上黄色、并且闻起来有姜黄味或其他异味的小米，则极可能是用姜黄或地板黄等色素染过的。

　　　　　　　　　　　　　　　　（编撰人：杜冰；审核人：杜冰）

245. 如何判别优质大米和问题大米？

　　一般用看、闻、尝的办法来鉴别大米质量的优劣。

　　（1）看外观。①呈淡青白色或精白色，具有光泽，呈半透明状的为新鲜优质大米，表面呈绿色、黄色、黑色、灰褐色，透明度差的为劣质大米。②米粒呈长方形或椭圆形，籽粒大小均匀，坚实丰满，表面光滑、组织紧密完整，允许有少量碎米，但无霉变、无虫害、不含杂质的为新鲜优质大米。米粒不完整，饱满程度差，碎米较多，有爆腰、腹白、有结块、霉粒、表面可见霉菌菌丝、组织疏松的为劣质大米。③看硬度。硬度是由大米中蛋白质含量多少决定的，大米的硬度越高，说明蛋白质含量越高，其透明度也会越好。一般情况下，新米比陈米硬，水分低的米比水分高的米硬，晚米比早米硬。④看腹白。大米腹部常有一个不透明的白斑，白斑在大米粒中心部分被称为"心白"，在外腹被称为"外白"。大米腹白部分蛋白质含量较低，淀粉含量较高。一般含水分过高、收后未经后熟和不够成熟的稻谷，腹白较大。⑤爆腰。爆腰是由于大米在干燥过程中发生急热现象后，米粒内外失去平衡造成的。爆腰米食用时外烂里生，营养价值降低。所以，选米时要仔细观察米粒表面，如果米粒上出现一条或更多条横裂纹，就说明是爆腰米。⑥黄粒。米粒变黄是由于大米中某些营养成分在一定的条件下发生了化学反应，或者是大米粒中微生物繁殖引起的，这样的黄粒米影响香味和口味。

（2）闻气味。用嘴向大米哈热气，然后立即闻其气味，具有纯正的香气味，无霉味、腐败或其他异味的为新鲜优质大米，有霉味、酸味或其他异味的为劣质大米。

（3）尝滋味。做成的饭口感好、香味浓、有韧性、饱腹时间长的为新鲜优质大米；做成的饭口感差、无香味，有霉味、酸味或其他异味的为劣质大米。

（4）用温水冲洗。优质的大米经冲洗不会产生大量杂质。

（5）看硬度。大米的硬度与大米含有的蛋白质有关，硬度越高，含有的蛋白质成分就越高，透明度也高，摸起来有玻璃珠般圆滑的感觉，这样的大米质量较好。

另外，要特别注意含黄曲霉毒素，经矿物油、石蜡抛光处理的有毒米，霉变、变黄、淘米时水面漂油花的有可能是这类大米。

（编撰人：田兴国，徐小艳，谌国莲；审核人：谌国莲）

246. 如何鉴别用油抛光的"劣质大米"或"毒大米"？

有不法商家为了提高劣质大米表面的光亮度，用食用油或者有毒的工业用油对大米进行抛光处理，使抛光后的劣质大米变成"毒大米"，食用后将对人体产生危害。"毒大米"可以用以下方法来鉴别。

（1）看。品质优良的大米呈现特殊的米黄色、半透明；而"毒大米"雪白、晶莹剔透；大米经上油抛光，米的颜色通常不是很均匀，仔细观察会发现米粒有一丝浅黄色。大米的胚部和碎米的断面部分组织结构疏松，营养丰富，是霉菌的滋生场所，即使经过磨米机反复磨光，这些部位也很难除去霉斑，可在阳光下、放大镜下观察是否有霉斑。

（2）闻。取少量大米在手掌上，用手摩擦发热，立即闻气味，质量上呈的大米有清新淡雅的米香味，而"毒大米"有霉味、哈喇味、石蜡味等其他不良气味。

（3）摸。手捻大米，若是好米则手上会沾有些许淀粉，而"毒大米"则手上"一尘不染"，并且还特别滑爽。

（4）泡。用少量热水浸泡大米，一段时间后用手捻大米，"毒大米"会有油腻感，严重时水面还会浮出油斑。"毒大米"的淘米水借助阳光的折射会呈现五彩斑斓的油花。

（编撰人：杜方敏；审核人：高向阳）

247. 如何识别人工色素染色小米？

染色小米是指以失去食用价值的陈米或霉变小米为原料，经过漂洗去霉之后，加入姜黄素、日落黄、柠檬黄、地板黄、胭脂红等色素，与小米均匀混合，经抛光、染色处理，使原来的灰白色变成色泽鲜艳的艳黄色的小米。人们长期食用这种添加合成色素的小米，会对身体造成过敏反应，导致腹泻，并可能致癌。辨别方法如下。

（1）看颜色。新鲜小米，色泽均匀，呈金黄色，富有光泽，用温水清洗时，水不会变黄；染色小米，缺乏光泽，看上去每粒色泽一样，染色小米清洗后洗米水会变黄；可取少量小米置于软白纸上，用嘴哈气使其湿润，然后用纸捻搓小米数次，观察纸上是否有轻微的黄色，如有黄色，说明小米中染有黄色素，因为天然的小米黄色素是不易溶于水的。

（2）识别香味。新鲜小米，有一股小米的正常气味；染色小米，闻上去有色素的异味或陈米味甚至是霉味。

（3）手搓。新鲜小米蘸一点水在手心里搓一搓，小米不变色，手心也不留颜色，染色小米则由黄变灰暗，手心残留有黄色。

（4）看煮后。染色小米的淘米水发黄，小米由黄转灰并有点发白，煮成的小米粥米烂如泥，汤清似水，失去了小米原有的香味、风味、营养成分，食用价值不大。

（5）化学鉴别法。取样品25g置于研钵中，加入25ml的无水乙醇，研磨，取其悬浊液25ml，置于比色管中，然后加入2ml的10% NaOH，震荡，静置片刻，观察颜色变化，如果呈橘红色，说明小米是用姜黄素染色的。

正常小米（戚镇科 摄）　　　　　　染色小米

★辽宁金农网，网址链接：http://www.lnjn.gov.cn/live/health/shcs/2016/7/601006.shtml

（编撰人：田兴国，徐小艳，谌国莲；审核人：谌国莲）

248. 如何减轻稻米重金属污染？

稻米是中国重要的粮食作物，大米在生产加工中的安全非常重要。稻米重金属污染，是稻米不安全的一个重要因素之一。稻米重金属污染类型多样，成因复杂，按污染途径可分为两大部分，即生产途径和加工途径。生产途径是指水稻种植过程中，由于土壤、水、肥料、大气等受重金属的污染和胁迫，重金属通过土壤耕作系统进入稻株，进而在稻米中积累。加工途径指稻谷收割后，在稻谷加工成精米的过程中，由于稻米与加工机械的充分摩擦、接触，加工机械表面的金属离子有可能污染稻米。在生产和加工过程中减轻稻米的重金属污染可以尝试采用以下几种方法。

（1）在水稻种植前，重点检查稻田的土壤、灌溉水的重金属含量。检测周围环境是否适合生产水稻，有无水、大气等环境污染问题。评价稻田种植水稻可能带来的重金属污染风险。

（2）在稻田种植时，尽量不要使用含重金属的肥料，如含镉的磷肥，如长期使用会造成稻米不同程度的镉污染，给人体健康带来风险。

（3）要重视稻米品种的筛选与选育，选择优良的水稻品种。据文献报道，不同类型的水稻对重金属的吸收能力、积累程度是不同的，因此农民在选种水稻时要优先选择对重金属吸收能力、积累能力小的水稻品种。如水稻之父袁隆平发现的水稻亲本去镉技术获得突破，对稻米的选育有重要的影响。

（4）选择合理利用耕作措施。如前茬种植高粱、棉花、亚麻、油菜、绿肥等重金属富积能力较强的经济作物，实行水旱轮作制，可以减轻后茬水稻中稻米重金属的污染。

（5）在稻米加工过程中，因机械设备与稻米会充分接触，特别是砻谷机橡胶带、机械内壁不清洁等可能会造成砷、铅等对稻米的二次污染。因此，在稻米加工过程中要注意加工机械与稻米接触的安全性与洁净性，要注意绿色清洁加工，避免加工过程中造成二次污染。

（编撰人：杜冰；审核人：杜冰）

249. 如何区别面粉的优劣？

面粉的质量可以用感官从以下几个方面来进行辨别。

（1）看色泽。符合国家标准要求的面粉通常情况下呈乳白色或微黄色，精度高的富强粉色泽白净，标准粉稍带黄色，质量差的面粉则色泽较差，若面粉呈雪白、惨白或发青，则说明可能含有添加剂，而且很可能超标准使用。

（2）辨精度。质量好的面粉颗粒均匀、手感细腻，捻搓面粉有绵软的感觉，如面粉表面过于光滑则质量较差。

（3）闻气味。优质的面粉带有小麦的天然香气，略带香甜味，有霉味或其他异味的面粉则质量较差，可能是用陈化粮或保藏不当霉变粮加工而成，或者其中含有超标准的添加剂。

（4）看水分。优质面粉流散性好，摸面粉时手心会有凉爽感，用手抓时面粉会从手缝中自然流出，松手后不成团；流散性能较差则水分含量过高，若已结块说明面粉已变质不再适合食用。

（5）品味道。取少量面粉细嚼，优质面粉味道淡而微甜，做出来的食品有浓郁的麦香味；若有异味、刺喉感、咀嚼时有沙声的为低质、劣质面粉；除了感官评定，面粉的优劣还直接反映在价格上。同一档次的面粉市场售价相差不大，除非是使用陈化粮或非法添加剂降低生产成本，因此价格也是一个评价标准。

（编撰人：林咏姗；审核人：高向阳）

250. 如何识别增白面粉？

增白面粉通常是指生产厂家在面粉中加入增白剂（如过氧化苯甲酰）对面粉中的色素进行氧化作用，使色素消失，面粉及其制品变白。但添加过氧化苯甲酰会影响面粉质量，例如破坏胡萝卜素，摄入过量还会危害消费者健康。可以从以下几点识别面粉中是否使用增白剂。

（1）气味。天然的面粉会带有小麦的清新香气，而加了增白剂的面粉淡而无味，或者带有增白剂过氧化苯甲酰，具有苯甲醛的气味。

（2）色泽。天然面粉中本来含有类胡萝卜素、叶黄素等色素，呈微黄色，使用增白剂的面粉则呈乳白色，若面粉呈煞白甚至发青，说明增白剂添加过量。面粉制品在冷却放置一段时间后或再蒸时，出现褐色斑点，则说明增白剂含量过高或混合不匀。

（3）品质。过量添加过氧化苯甲酰对面粉的筋力和弹性有一定的影响，面粉加入增白剂后，随着贮藏时间的延长，面筋弹性变差，易使面制品出现面条断条、饺子破皮、馒头不起个等。

（4）乙醚提取检测。实验室可用乙醚对面粉中的增白剂进行检测，称取适量小麦粉5.0g，加入无水乙醚20ml，充分振荡，0.5h后，静置观察，通过乙醚提取液颜色的变化即可判定小麦粉产品中是否添加过氧化苯甲酰。添加了过氧化苯甲酰的面粉提取液呈白色，含量越大，提取液越白。

面粉增白前后对比图　　　　面粉增白剂

★网址链接：
http://img1.cache.netease.com/catchpic/F/F1/F1B80008A10DB2A68F5899B5E73ACA92.jpg
http://a3.att.hudong.com/63/38/01300000214331122898388948086_s.jpg

（编撰人：杜方敏；审核人：高向阳）

251. 影响健康易致癌的食物有哪些？

（1）薯条。薯条淀粉含量高，维生素含量少，油炸薯条很容易产生丙烯酰胺，这种物质易致癌，尽量少吃。

（2）变质花生。花生变质后，其表皮会被破坏，容易生长黄曲霉和寄生曲霉等霉菌，这些霉菌都是强致癌物，不要食用。

（3）带皮水果。果皮有农药残留，很少溶于水，不易洗去。另外，果农采用根外追肥的方式给果树施肥，使硝酸盐常常残留在果皮表面，硝酸盐进入人体会在肠道细菌的作用下还原成亚硝酸盐，同时会与食物中蛋白质结合，转化为能够致癌的亚硝胺，容易导致消化道癌症，最好去掉果皮后再食用。

（4）烧焦的肉类。肉类富含蛋白质，如果被烧焦以后，里面的高分子蛋白就会转变成有害的化学物质。另外，肉类中其他高分子物质被烧焦以后，也会产生致癌物。

（5）锅巴、油渣。煮米饭时产生的锅巴、溶过油的油渣里面含有很多多环芳烃类物质，这类物质具有强烈的致癌性。

（6）增白食物。日常中经常食用的包子、花卷、馒头、粉丝、银耳、莲藕等食物，可能会添加一种叫做甲醛合次硫酸钠的增白剂，这种物质会在食品加工的过程中分解成二氧化硫和甲醛，甲醛会与核酸中的氨基和烃基结合在一起，并使之失去活性，影响人体的正常代谢，同时会损伤人体的脏器，尤其是肾脏，长期食用增白的食品会致癌，买食物不要追求"白"。

（7）隔餐菜叶。大部分绿叶蔬菜都含有较高的硝酸盐类，煮熟之后，如果放置的时间过长，硝酸盐会在细菌的分解作用下还原成亚硝酸盐，会致癌，此时即使加热，也无法将里面的亚硝酸盐去除。通常茎叶类蔬菜硝酸盐含量最高，瓜类蔬菜稍低，根茎类和花菜类居中。

（8）咸鱼。咸鱼具有一种独特的香味，但咸鱼含盐量高，食用过多会损害肾脏。另外，咸鱼和其他腌制类食品一样，里面也含有很多亚硝酸盐，进入人体后会分解成亚硝胺，容易诱发癌症，咸鱼还是导致鼻咽癌的凶手之一，长期食用咸鱼的人患鼻咽癌的概率较大。

（9）糖精。糖精仅是一种甜味剂，没什么营养价值，过多食用糖精易引发膀胱癌和肾脏病变。

（10）香肠、火腿肠、火腿肉等。香肠、火腿肠、火腿肉等在制作过程中添加了发色剂亚硝酸钠，被人体吸收以后会与肉类蛋白中的胺结合，形成二甲基亚硝基胺，是一种致癌物。

发芽花生　　　　　　　　烧焦肉类

★玉环网，网址链接：http://yhnews.zjol.com.cn/yuhuan/system/2015/01/14/003045767.shtml
★岱山新闻网，网址链接：http://dsnews.zjol.com.cn/dsnews/system/2012/11/27/015771745.shtml

（编撰人：田兴国，徐小艳，谌国莲；审核人：谌国莲）

252. 常见膨化食品及其对人体的危害有哪些?

膨化早餐食品有速食玉米粉、速食藕粉、速食葛根粉、速食红薯粉、速食板栗粉、膨化大豆蛋白、其他膨化玉米粒、红薯脆片、马铃薯脆片、膨化南瓜片、膨化鱼片、膨化大麦、膨化香蕉片、膨化空心脆片、鲜味虾片等,由于膨化食品经过高温挤压或油炸,原料中成分会遭到破坏或发生一系列变化,很多膨化食品属于高糖、高油脂、高热量和高味精含量,还会添加很多呈味物质和各类添加剂,容易造成饱胀感,影响正常进餐,使营养不均衡。长期大量食用膨化食品会造成油脂、热量吸入高,粗纤维吸入不足,会造成人体脂肪积累,出现肥胖;另外,膨化食品由于其工艺的特殊性,在加工过程中会造成以下对人体有害的影响。

(1)形成丙烯酰胺,会引发多种肿瘤病症。

(2)高温加工,会造成油脂氧化酸败。

(3)需添加较多添加剂,尤其为了形成膨松的效果,需要添加膨松剂,有些膨松剂含铝,人体摄入铝过多,会对人体细胞的正常代谢产生影响,影响一系列生化反应,引发记忆力衰退,引发老年人痴呆。儿童正处于成长和智力发育过程中,铝超标会严重影响儿童的智力发育。摄入过高的铝,还可能导致沉积在骨质中的钙流失,抑制骨生成,发生骨软化症,过多的铝对肾脏会造成伤害,引起肾功能失调、肾衰竭等。

(4)膨化食品加工过程中,需要通过高温的金属管道,金属管道里通常含有铅和锡的合金,在高温的作用下,这些铅会气化,会污染膨化食品,儿童对铅危害的承受能力只是成人剂量的一半,甚至更少,对铅的排泄功能比较弱,所以铅特别容易蓄积在儿童体内,造成长期、慢性的危害。所以,膨化食品虽然味道好,容易咀嚼,但不要给孩子吃太多。

膨化薯片(戚镇科 摄)

虾片(戚镇科 摄)

条状膨化食物(戚镇科 摄)

(编撰人:田兴国,徐小艳,谌国莲;审核人:谌国莲)

253. 农作物容易遭受的污染来源有哪些？

农作物从种植、栽培、收获、采摘、运输、销售、烹调过程中都可能受到有害污染，具体有以下方面。

（1）细菌、霉菌、酵母菌类微生物及其毒素、寄生虫卵、昆虫及其排泄物等都可对农作物造成污染。

（2）有害金属、非金属、有机和无机化合物，如砷、汞、铅、镉、有机氯化物、化学肥料、农药、容器包装材料等造成化学性污染。

（3）放射性污染，主要来源是放射物质的开采、冶炼及国防、生产、生活中的应用与排放。

（4）农药污染，主要为有机磷农药，如敌敌畏、敌百虫等。

（5）施用氮肥时累积在土壤中的硝酸盐进入农作物植株，硝酸盐经硝酸还原酶的作用还原成亚硝酸盐，进入人体会形成致癌的亚硝胺。

（6）空气污染，空气污染物有二氧化硫、碳氢化合物、氮氧化物、臭氧、氟化物、固体粉尘、烟尘、金属微粒、液体烟雾等。

（7）水污染，主要来源于工业中的废水和废渣、农业施用的化肥和农药，污水中含有较普遍的污染物有油类、沥青、酸、碱、有害重金属、氯化物、酚类化合物、氰化物、苯类、致病微生物等。

稻谷（戚镇科 摄）

（编撰人：田兴国，徐小艳，谌国莲；审核人：谌国莲）

254. 如何正确补钙？

"中国人99%缺钙" "小孩缺钙，孕妇缺钙，老年人缺钙"，专家之说，媒体宣传经常可以见到，让你觉得假如不去补钙，肯定会骨质疏松，小孩不补钙就长不高，也不会健康聪明，我们真的要补那么多钙吗？如何正确补钙呢？

的确，现代人缺钙人群比以前多，原因是什么呢？钙是人体内的主要元素之一，含量仅次于碳、氢、氧和氮，其中99%以上的钙分布于骨骼和牙齿中，为骨钙，其余不足1%分布在组织和体液中，体液中的钙称为循环钙。钙作为骨骼中矿物质（占63%）的主体，与有机成分（如胶原蛋白、骨细胞）一起构成骨骼，承担身体的重量。但钙的功能不仅仅与骨骼有关，人体的各种生理活动（包括我们举手投足、面部表情变化）都有钙离子参与，多种活性蛋白（各种酶）的催化反应、细胞膜的完整性和通透性、细胞内生物电信号的传导，都跟钙的调节密切相关。人体缺钙是一个复杂问题，与人类体质酸化、机能细胞功能下降、体内激素、维生素D、降钙素、体内毒素聚积、体内其他离子（如Mg^{2+}、P、CO_3^{2-}）、接触阳光等各种因素有关，钙摄入的减少不是人体缺钙的唯一原因，单纯补钙不仅不能纠正钙的缺乏，反而会干扰其他离子的动态平衡。

骨质疏松不仅仅是因为缺钙，雌激素会抑制骨含量减少，所以女性绝经后，缺乏雌激素，容易骨质疏松，饮食习惯不良是引起骨质疏松的另一个原因，缺乏运动也是一个原因，真要改善缺钙的体质，最好的办法是纠正营养摄入的结构不平衡，减少身体的污染，改变酸性体质，保持血液清洁，多吃甘蓝类蔬菜、牛奶、糙米、小米、海藻类、虾皮、黑芝麻等，少咸、戒烟、少喝咖啡和碳酸饮料，而不是天天吃钙片，补钙的同时适当补充维生素D，促进钙的吸收。现在很多钙片同时含有维生素D，购买时要留心其成分。

 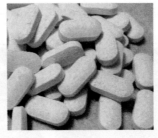

瓶装钙　　　　　　　　　钙粒

★互动百科网，网址链接：http://tupian.baike.com/a4_10_49_2030000115952613189449176787
　4_jpg.html
★数据中心网，网址链接：http://tag.120ask.com/jibing/gzss/679259.html

（编撰人：田兴国，徐小艳，谌国莲；审核人：谌国莲）

255. 为何慎购彩色食品？

通过添加人工色素和天然色素可以制作各类色彩斑斓的彩色食品，如晶莹剔透的果冻、颜色鲜艳的饮料、糕点、罐头、糖果等，这些食品很能吸引儿童的眼球。在这些花枝招展的彩色食品的背后，潜伏着危害人体健康的隐患，尤其是儿童，过量、长期进食这类彩色食品对生长发育是有害的。用于食品中的色素，天然色素提取成本高，价格贵，着色力差，提取过程中难免会混入提取试剂中的有害物质，一般厂家会普遍使用合成色素，但这类色素一般是从石油或煤焦油中提炼，提炼过程中难免会混入苯胺、砷等有毒有害的化学物质，儿童正处于生长发育阶段，各器官还没发育定型，还比较稚嫩柔弱，对外界物质的解毒能力差，长期食用过多，会影响孩子神经系统的冲动传导，从而导致儿童好动、注意力不集中、情绪不稳定、自制力差、行为怪异等症状；还会加重肠胃和肾脏负担，干扰体内正常的代谢反应，使脂肪、蛋白质、维生素等的消化吸收受到影响，因此会使儿童出现食欲缺乏、消化不良、腹痛腹泻等症状。除儿童以外，年老体弱多病，尤其是肝肾功能不全者都应少吃彩色食品。

果冻（戚镇科 摄）

饮料（戚镇科 摄）

糖果（戚镇科 摄）

糕点

★西子湖畔网，网址链接：http://bbs.xizi.com/thread-4242008-1-1.html

（编撰人：田兴国，徐小艳，谌国莲；审核人：谌国莲）

256. 常温酸奶和冷藏酸奶有何不同？

酸奶是将生牛奶杀菌后接种乳酸菌，发酵一定时间以后分装而成，因为里面含有活的乳酸菌，所以需要冷藏，使其中的活菌处于休眠状态，否则，酸奶中活的乳酸菌会继续发酵使产品变酸，影响酸奶的口感和风味，除此之外，如处于常温，其中活的乳酸菌还会因为过度生长而死亡，使酸奶中活菌数量减少，所以冷藏的目的是为了保持酸奶的口感和风味，提供有益肠道健康的有益菌。

常温酸奶也叫巴士杀菌酸牛奶，是将传统工艺生产出来的酸奶再经过一次巴士杀菌，其目的是杀死其中的乳酸菌以及残余的杂菌，阻断酸奶继续在常温下发酵，否则，酸奶在常温下会变酸变稀，杂菌还会使酸奶变质，因此大大延长了酸奶保质期，无须冷藏。常温酸奶除了没有获得乳酸菌外，由于加工过程中会额外添加乳清蛋白，蛋白质含量比冷藏酸奶稍高，其钙含量两者相当。但是，为了保证酸奶在热处理过程中的口感和风味，常温酸奶中通常会添加一些奶油、稳定剂、乳化剂和香精等添加剂，这是与低温酸奶的不同之处，只要使用符合国家标准的添加剂和用量，都是可以放心食用的。

常温盒装酸奶（戚镇科 摄）　　低温瓶装酸奶（戚镇科 摄）

（编撰人：田兴国，徐小艳，谌国莲；审核人：谌国莲）

257. 鲜牛奶的感官及质量鉴别要点有哪些？

取100～150ml的样品乳，置于洁净、干燥的锥形瓶或透明玻璃杯中，将盛有牛奶的容器置于12～20℃水浴中保温10～15min，充分摇匀。

（1）观察色泽、组织状态并闻气味。新鲜牛乳应为乳白色或稍带黄色的均匀乳浊液，无沉淀、无凝块、无杂质，应具有牛乳固有的可口的微甜香味，如果是乳淡色，呈稀薄状态，可能是进行了脱脂或掺水操作，异常的颜色可能是混有血液或细菌繁殖所致，异常的气味或味道可能是牛乳变质或掺假所致。

（2）正常牛乳的密度在20℃时应为1.028～1.032g/ml，掺水会降低牛乳的密度，脱脂会提高牛乳的密度，如同时脱脂和掺水，则不能发现密度的显著变化，此种情况必须结合乳脂的测定以进行检验。

（3）新鲜牛乳，其酸度一般在16～18°T，牛乳放置时间过长，由于乳酸的发酵作用，令乳的酸度明显提高，如果奶牛患有急、慢性乳腺炎，则将使牛乳的酸度降低，一般采用酒精检验法和碱滴定法检验测定。

（4）牛乳中乳糖含量约为4.7%，牛乳放置时间过长，微生物将会发酵乳糖产生乳酸，而使乳糖含量下降，如果不是特别除去乳糖，通过测定乳糖含量可以判断牛乳是否腐败变质。

（5）牛乳有比较稳定的冰点，一般为−0.59～−0.53℃，平均值为−0.56～−0.55℃，牛乳掺伪后，冰点会发生明显的变化，因此，冰点的测定对掺伪的检验是很重要的，如果牛乳样品的冰点低于−0.59℃，说明牛乳中可能掺有电解质或蔗糖、尿素及混有牛尿等物质。

（6）将少许牛奶放入洁净的玻璃器皿中，将器皿倾斜，观察牛奶动向，在往下流动时，如果有沉淀物、结块、异物等现象时，证明牛奶异常。

（7）将牛奶滴入清水中，如果化不开，则为鲜牛奶，化开了那就证明牛奶不纯也不新鲜。

（8）将牛奶迅速摇匀，快速倒入玻璃杯中，再慢慢倒出，玻璃杯内壁就会出现一层白白的挂膜，再用少量清水冲刷两次之后杯壁变为透明，证明此牛奶为鲜牛奶，细菌含量低。

（9）取少许样品装在耐热杯中放入沸水中，5min后取出观察，如果耐热杯内有结块或絮状物产生，则表示牛奶不新鲜或已经变质。

（10）用1～2ml中性酒精和牛乳等量混合，振摇后不出现絮片的牛乳，表明其酸度低于18°T，为新鲜乳，否则为次鲜乳或变质乳。

（编撰人：田兴国，徐小艳，谌国莲；审核人：谌国莲）

参考文献

阿黄. 2001. 哪些水果不宜空腹吃[J]. 新农村（11）：26.

敖礼林. 2005. 猕猴桃果脯和蜜饯加工技术[J]. 小康生活（7）：20.

白杜娟. 2012. 家酿葡萄酒工艺及应注意的问题[J]. 安徽农业科学，40（5）：2 893-2 896.

白凤岐，马艳莉，李笑颜，等. 2014. 6个品种苹果品质及加工适宜性研究[J]. 食品科技，39（9）：66-71.

鲍锦库. 2011. 植物凝集素的功能[J]. 生命科学，23（6）：533-540.

本刊编辑部. 2015. 理性看待水果催熟[J]. 农家参谋（1）：9-12.

蔡佳. 2011. 四招鉴别激素豆芽[J]. 中国工会财会（3）：50.

蔡晓雯，韩陆奇，江千雍. 2005. 嫩肉粉（番木瓜蛋白酶）的研究[J]. 肉类研究（10）：42-44.

仓泽文夫. 1987. 大米的深度加工及其产品[M]. 方思诚等，译. 长沙：中南工业大学出版社.

柴可夫，马纲. 2015. 中华蔬果[M]. 杭州：浙江科学技术出版社.

柴铁劬. 2016. 吃对食物 调好体质[M]. 北京：中国纺织出版社.

常明荣. 2009. 服用中药必须注意饮食禁忌[J]. 齐鲁药事（10）：630.

常晓霞. 2003. 鲜奶新鲜度及掺伪的检验[J]. 监督与选择（2）：55.

陈锋. 2010. 食品腐败变质的常见类型、危害及其控制[J]. 法制与社会（13）：182-183.

陈功. 2010. 试论中国泡菜历史与发展 [J]. 食品与发酵科技，46（3）：1-5.

陈红兵. 1996. 猕猴桃果肉饮料的研究[J]. 食品工业（4）：48.

陈建坤. 1992. 猕猴桃的综合加工技术[J]. 中国食品信息（5）：23-25.

陈建荣. 2001. 哪些水果不宜空腹吃？[J]. 医疗保健器具（7）：56.

陈丽. 2011. 羊胴体产量分级模型初探[J]. 食品科学，36（9）：114-118.

陈丽娟，曾容菊，王延梅. 2012. 多巴及其衍生物黏附性的研究与应用进展[J]. 高分子通报（1）：15-22.

陈瑞剑，杨易. 2012. 中国浓缩苹果汁加工、贸易现状与问题分析[J]. 农业展望，8（11）：45-48.

陈守一，王祖泽，黄琼，等. 2004. 佛手盆景的制作和管理技术（二）[J]. 热带农业科技（4）：44-46.

陈于正，陈上海，邓德增. 1985. 猕猴桃晶简介[J]. 福建医药杂志（3）：64.

陈禹. 2015. 自制天然醋饮·美食·美肤方[M]. 北京：中国纺织出版社.

成训妍. 2013. 草莓酱制作方法[J]. 农家之友（5）：58-58.

程加迁，王俊平. 2018. 蔬菜水果重金属膳食暴露评估中风险权重的确定方法[J]. 食品科学（1）：47-52.

程正载，龚凯，罗灿，等. 2014. 食用油与人体健康[J]. 化学教学（11）：81-86.

池泽玲. 2008. 冷却肉保鲜技术的研究进展[J]. 肉类研究，113（7）：17-19.

褚庆和，甄理. 2000. 21世纪走俏的天然营养保健品——无花果[J]. 山东食品科技（3）：43.

春晨. 2001. 猕猴桃果脯果酱的加工[J]. 新农村（5）：34.

崔淘气，杨新风，刘颖，等. 2012. 如何快速准确推断孕牛预产期[J]. 中国奶牛（5）：60-61.

崔玉川，刘振江. 2006. 饮水·水质·健康[M]. 北京：中国建筑工业出版社.

单铭磊. 2015. 酒水与酒文化[M]. 北京：中国财富出版社.

德力格尔桑. 2002. 食品科学与工程概论[M]. 北京：中国农业出版社.

邓小莉，常景玲，吴羽晨. 2011. 石榴的营养与免疫功能[J]. 食品与药品，13（1）：68-72.

邓源喜，马龙，许晖，等. 2010. 鸡肉保鲜技术的研究进展[J]. 肉类研究，32（4）：42-44.

丁丽玲，卢建兰，林佩霞. 2017. 桃的贮藏保鲜与加工[J]. 新农村（8）：35-36.

丁南林. 1985. 粒粒黄桃汁饮料生产工艺[J]. 食品科学（8）：29-30.

丁正国. 1996. 猕猴桃浓缩汁的生产工艺[J]. 软饮料工业（2）：43-45.

董超. 2007. 农业工程果蔬加工[M]. 北京：北京出版社.

董淑炎. 2009. 中药保健食品加工工艺与配方[M]. 北京：化学工业出版社.

董新海. 2008. 柿汁单宁脱除技术的研究[D]. 西安：陕西师范大学.

都韶婷，金崇伟，章永松. 2010. 蔬菜硝酸盐积累现状及其调控措施研究进展[J]. 中国农业科学，43（17）：3 580-3 589.

杜化俊，陈素清. 2011. 传统地方品牌产品的网络营销推广策略——以鹤兴陈皮酒为例[J]. 价值工程，30（26）：60-61.

杜连启，梁建兰. 2010. 杂豆食品加工技术[M]. 北京：化学工业出版社.

杜玮. 2005. 棉籽油的特性与常用精炼工艺比较[J]. 中国油脂（1）：37-39.

段静霞. 1989. 桃子的贮藏保鲜[J]. 植物杂志（3）：26-27.

段亮亮，郭玉蓉，谢文佩，等. 2011. 苹果浓缩汁加工中香气回收成分分析[J]. 食品工业科技（3）：112-115.

段涛. 2009. 不同菜籽油的理化特性比较及其中甾醇和α-生育酚的提取研究[D]. 重庆：西南大学.

朵建果. 1995. 鲜柿汁加工技术[J]. 山西果树（3）：48.

范志红. 2011-09-06. 催熟剂 催熟水果 不催熟孩子[N]. 中国食品报，（001）.

范志红. 2015. 每天三顿吃安全——范志红的安全食经[M]. 南京：江苏文艺出版社.

范志红. 2016. 吃水果有"禁忌"吗？[J]. 课外阅读（20）：71-72.

房康. 2006. 冷冻饮品的选购与食用有讲究[J]. 美食（5）：7.

付学军. 2006. 洋葱功能成分及其应用研究[D]. 济南：山东大学.

傅德成，张洪明. 2001. 食品质量感官鉴别知识问答[M]. 北京：中国标准出版社.

傅航，韩磊. 2017. 石榴的营养保健功能及其食品加工技术[J]. 黑龙江科技信息（15）：58.

甘权，梁方华. 2012. 食品安全与消费·白酒篇[J]. 标准生活（11）：61.

高艾英，张昊. 2008. 快速识别小麦粉中增白剂是否超标的方法[J]. 中国质量技术监督（11）：68.

高宾，赵丹. 2012. 黄芪的炮制加工[J]. 首都医药，19（7）：52.

高海生. 2002. 食品质量优劣及掺假的快速鉴别[M]. 北京：中国轻工业出版社.

高华. 2000. 酱油质量优劣及真伪鉴别[J]. 监督与选择（2）：35-36.

高华. 2000. 浅谈牛乳质量及掺伪检验[J]. 监督与选择（3）：38-39.

高华君. 2013. 杏李高效栽培专家答疑[M]. 济南：山东科学技术出版社.

高经梁，刘玉兰，高伟梁，等. 2012. 米糠油的加工技术及应用研究进展[J]. 粮食科技与经济，37（5）：49-52.

高静，邱运仁. 2016. 稻米中重金属污染问题研究[J]. 生物技术世界（4）：58.

高翔，姜英杰. 2014. 食品商品学[M]. 北京：中国轻工业出版社.

高翔. 2005. 石榴的营养保健功能及其食品加工技术[J]. 中国食物与营养（7）：40-42.

高振川，李建凡，H. Pettersson. 1988. 日粮总硫葡萄糖苷和致甲状腺肿素前体含量对肉鸡的影响[J]. 中国农业科学（3）：84-90.

高志强. 2008. 安溪油柿柿饼加工工艺的研究[D]. 福州：福建农林大学.

公谱，邓干然，曹建华，等. 2011. 棕榈油的螺旋压榨提取及其性质研究[J]. 热带作物学报，32（6）：1 168-1 171.

顾振宇，励建荣，于平，等. 2000. 大豆致甲状腺肿素去除的研究[J]. 中国粮油学报（1）：33-36.

关文强，张华云，刘兴华，等. 2002. 葡萄贮藏保鲜技术研究进展[J]. 果树学报（5）：326-329.

郭凤领，李俊丽，王运强，等. 2014. 高山野生韭菜资源营养成分分析[J]. 湖北农业科学（22）：5 523-5 525.

郭静. 2010. 苹果脆片加工技术与质量控制[J]. 农产品加工·综合刊（10）：69-70.

郭蕾. 2014-07-20. 再谈"速成鸡"[N]. 中国畜牧兽医报，（001）.

郭丽莉，李昌模，若文靓，等. 2011. 高温条件下食用油脂脂肪酸的变化[J]. 中国油脂，36（10）：16-19.

郭智慧，钟辉，郭斌. 2010. 农民卫生保健丛书 农民营养与食品卫生[M]. 石家庄：河北大学出版社.

国医编委会. 2016. 家庭养生食谱大全[M]. 哈尔滨：黑龙江科学技术出版社.

海涛. 2011. 山药如何保鲜[J]. 农村新技术（16）：75-76.

韩丹丹. 2014. 亚麻籽油提取工艺及α-亚麻酸纯化技术的研究[D]. 长春：吉林农业大学.

韩盛. 2017. 如何挑选优质银耳[J]. 中国防伪报道（3）：20.

韩文凤，魏秋红，杨雯雯，等. 2013. 天然山楂果冻的研制[J]. 保鲜与加工，13（6）：42-45.

韩宇昕，边连全，陈静，等. 2015. 红花籽油的提取方法、化学成分及生物学功能的研究进展[J]. 黑龙江畜牧兽医（21）：61-63.

河北省滦南县农牧局. 2014. 新编农业实用技术问答[M]. 北京：中国农业出版社.

胡国栋. 1998. 开拓分析新技术 增强名酒打假力度——如何鉴别茅台、五粮液、酒鬼酒的真假[J]. 中国酒（1）：26-29.

胡建红. 2000. 猕猴桃加工技术综述[J]. 热带农业工程（4）：5-8.

胡祥林. 2005. 东阳南枣加工工艺及效益分析[J]. 中国果菜（3）：34-35.

胡亚. 2013. 桑葚发育过程中品质的无损伤监测及采后分类、加工技术的研究[D]. 金华：浙江师范大学.

黄诚，周长春，李伟. 2007. 猕猴桃的营养保健功能与开发利用研究[J]. 食品科技，32（4）：51-55.

黄富. 2012. 农作物科学高效施肥原理五学说[J]. 农家参谋（种业大观）（2）：33.

黄书铭. 1998. 猕猴桃蜜饯的加工工艺[J]. 食品科学（6）：60-61.

黄玮婷. 2017. 不同处理方式对草莓贮藏保鲜的影响[J]. 安徽农业大学学报（5）：924-928.

黄晓琴，梁艳，张丽霞. 2007. 奶茶的制作研究[J]. 饮料工业，10（11）：18-21.

黄晓义，路遥. 2011. 大豆油及其衍生物在新能源和新材料中的应用研究进展[J]. 生物质化学工程，45（2）：40-44.

霍丹群，蒋兰. 2012. 百香果功能研究及其开发进展[J]. 食品工业科技（19）：391-395.

季怀锐，刘玉兰，汪学德，等. 2012. 芝麻油磷脂组分及脂肪酸组成分析[J]. 农业机械（15）：34-37.

佳驰. 2004-06-20. 夏日谨防水中毒[N]. 国际商报，（005）.

贾鲁彦. 2014. 猕猴桃果酱加工工艺研究[D]. 杨凌：西北农林科技大学.

贾生平. 2004. 猕猴桃片罐头的加工[J]. 农村实用科技信息（11）：29.

江汉湖. 2012. 食品安全性与质量控制[M]. 北京：中国轻工业出版社.

姜素秀. 1992. 蔬菜的生物学特性及贮藏原理[J]. 食品与机械（1）：18-19.

蒋宁欢，顾欢云，黄怿达. 2015. 酒精鉴别酱油真伪优劣的探讨[J]. 中国调味品（3）：73-75.

金匕辉. 2004-03-11. 孕妇喝水有讲究[N]. 保健时报，（008）.

金东梅，东惠茹. 2002. 野菜[M]. 北京：化学工业出版社.

靳建平. 2013. 七种水果空腹吃最伤胃[J]. 肉类工业（9）：7.

靳取，刘洪杰，朱学谦，等. 1996. 佛手瓜育苗技术[J]. 上海农业科技（4）：6.

阚建全. 2008. 食品化学（第2版）[M]. 北京：中国农业大学出版社.

阚世霞. 2011. 三步挑准优质酱油[J]. 中国质量技术监督（5）：75.

康秀梅，杨烨，张毅. 2010. 石榴育苗技术[J]. 河北果树（2）：55.

亢秉刚. 2006. 桶装水难"桶"天下[J]. 企业标准化（7）：6-11.

孔龙，霍瑞贞. 1994. 多酚氧化酶催化反应的抑制动力学及机理[J]. 应用化学，11（4）：54-57.

孔铭，白映佳，徐金娣，等. 2014. 白芍初加工方法和质量控制研究进展[J]. 世界科学技术-中医药现代化，16（10）：2 248-2 254.

莱瑟斯，董晓黎. 2013. 蘑菇[J]. 中国科技信息（21）：74.

雷时奋. 1995. 论工业酒精[J]. 标准计量与质量（4）：18-21.

雷时奋. 2001. 查假冒工业酒精的有力手段——介绍检测甲醇的快速方法　折光仪法[J]. 中国标准导报（5）：34-35.

冷平. 2004. 柿子脱涩保脆长期保鲜综合配套技术[J]. 农业生物技术学报，12（6）：675.

李本波. 2012. 农药对果蔬安全影响及解决方法浅析[J]. 中国果菜（7）：46-47.

李春. 2008. 酒的保存方法[J]. 广西质量监督导报（1）：6.

李凤珍. 2015. 长期饮用碳酸饮料与青少年骨折的关系[J]. 中国冶金工业医学杂志，32（1）：118-119.

李国基，林劲. 2000. 酿造调味品企业的质量体系[J]. 中国酿造（4）：11-13.

李华田. 1994. 感官鉴别木耳优劣[J]. 绿化与生活（3）：25.

李会平，苏筱雨，王晓红. 2013. 果树栽培与病虫害防治[M]. 北京：北京理工大学出版社.

李记明，白文斌. 1996. 利口酒及其酿造技术[J]. 酿酒科技（6）：63.

李佳，陈新，吴晓霞，等. 2014. 山楂魔芋复合果冻的研制[J]. 农产品加工（学刊）（23）：21-23.

李嘉. 2003-08-08. 喝水不当可"中毒"[N]. 新华每日电讯，（007）.

李剑森，梁骏华，柯碧霞，等. 2013. 2012年广东省食源性疾病监测结果分析[J]. 华南预防医学（6）：10-16.

李江华. 2002. 新鲜蔬菜和水果知识问答[M]. 北京：中国标准出版社.

李金华. 1998. 食用油的优劣鉴别法[J]. 化工之友（2）：26.

李明月，郝雅兰，樊明涛，等. 2014. 石榴酒酿造过程中的多酚及其抗氧化性[J]. 天津农业科学，20（11）：19-23.

李娜娜. 2013. 仙草果冻粉的工艺及特性研究[D]. 天津：天津科技大学.

李平. 2001. 咸蛋的制作方法[J]. 农村经济与科技（4）：42.

李倩. 2009. 引起石榴枯萎病和甘薯黑斑病的甘薯长喙壳菌菌株生物学特性的比较研究[J]. 菌物学报，28（2）：189-196.

李倩. 2015. 甘薯长喙壳菌的多样性及其产生挥发性有机化合物的活性研究[M]. 北京：中国农业大学出版社.

李倩. 2016. 怀山药糖类物质和有效成分的分离纯化结构鉴定及活性评价[D]. 广州：华南理工大学.

李荣. 2008. 用化肥催生的豆芽吃不得[J]. 农村百事通（11）：57.

李瑞，夏秋瑜，赵松林，等. 2009. 棕榈油的功能性质及应用[J]. 中国热带农业（2）：31-34.

李树殿. 1985. 石榴的扦插育苗法[J]. 河北农业科技（3）：33.

李晓娟. 2007. 果品机械损伤及运输包装的研究[J]. 中国包装（5）：83-86.

李晓青，韩丽. 2006. 大樱桃贮藏保鲜技术[J]. 保鲜与加工，6（5）：25.

李昕. 2015. 青少年课外知识全知道[M]. 北京：中国华侨出版社.

李永波，潘英. 2007. 如何减少蔬菜农药残留对健康的危害[J]. 中国食物与营养（4）：14-15.

李玉. 2015. 不同保鲜方法对佛手瓜贮藏期间氨基酸含量变化的影响[J]. 食品与发酵工业，41（10）：197-203.

李远志. 1995. 无花果果酱研制[J]. 农村实用工程技术（10）：22.

李占争. 1993. 酒类知识大全[M]. 北京：气象出版社.

李哲. 2013. 舌尖上的"毒食"——越吃越恐怖的n种食物[M]. 杭州：浙江大学出版社.

李正英，陈锦屏. 2003. 苹果汁醋酸发酵过程中的物质变化及其饮料的研制[J]. 食品科学，24（4）：87-90.

连小燕，钟振声. 2011. 3种方法提取的玉米胚芽油理化性能差异研究[J]. 安徽农业科学，39（35）：21 747-21 750.

粮食科技与经济编辑部. 2003. 专家释疑浸出油和压榨油[J]. 粮食科技与经济（5）：42.

廖宜梅. 2015. 沙糖橘留树保鲜采前落果预防技术[J]. 南方农业，9（15）：7-8.

林菲. 2013. 柿子保鲜及脱涩技术研究[D]. 福州：福建农林大学.

林建国. 1999. 无花果的营养保健价值及市场前景[J]. 专业户（12）：47.

林锦珠. 2009. 浅谈工业酒精的中毒及预防[J]. 化学工程与装备（7）：200-201.

林丽文，辛勤. 2012. 芹菜素药理作用的研究进展[J]. 中国热带医学（8）：1 023-1 026.

林英辉，郭瑞涵，翁益平. 2003. 论啤酒主要浑浊的形成机理[J]. 啤酒科技（10）：10-11.

凌如端. 1991. 无花果酱简易加工技术[J]. 山西果树（2）：42-43.

刘昌勇. 2005. 橄榄油化学组成及应用综述[J]. 林产化工通讯（6）：1 005-3 433.

刘晨阳. 2015. 洋葱如何储藏保鲜[J]. 农家顾问（9）：54.

刘德忠. 1995. 饮料新品—果蔬奶茶及其生产技术[J]. 江苏食品与发酵（1）：25-29.

刘冬，李世敏，张家年. 2001. 柿饼贮藏工艺研究[J]. 果树学报（3）：168-171.

刘共华. 2007-05-14. 吃水果的学问[N]. 卫生与生活报，（006）.

刘海霞，刘俊栋. 2007. 羊皮的剥取与初加工方法[J]. 江西畜牧兽医杂志（5）：53.

刘浩强，李鸿筠，向可海，等. 2014. 保鲜剂对柑橘贮藏病菌的敏感性及贮藏保鲜效果[J]. 食品科学，35（4）：210-214.

刘静波，庞勇. 2010. 绿色食品[M]. 长春：吉林出版集团有限责任公司.

刘军. 2006. 如何鉴别米的优劣[J]. 中国技术监督（3）：53.

刘丽兰. 2011. 水果致儿童过敏18例分析[J]. 社区医学杂志，9（22）：79-80.

刘楠. 2015. 食用油的注意事项及选购窍门[J]. 中国防伪报道（10）：104-106.

刘容，孙卫东. 2016. HACCP体系在豇豆腌制加工中的应用[J]. 中国调味品，41（10）：87-89.

刘世珍. 2003. 中华猕猴桃的营养价值[J]. 中国食物与营养（5）：47-48.

刘爽. 2011. 樱桃果酒的酿造及其综合加工研究[D]. 武汉：华中农业大学.

刘晓莉，姜少娟. 2014. 山楂果胶提取工艺的研究[J]. 黑龙江农业科学（10）：107-112.

刘心恕. 1997. 农产品加工工艺学[M]. 北京：中国农业出版社.

刘彦武. 2004. 桃子的包装贮藏保鲜技术[J]. 农产品加工（7）：23-24.

刘易. 2016. 中成药中氰苷类有毒成分的筛查、定量测定和体外转化研究[D]. 北京：中国人民解放军军事医学科学院.

刘玉兰，陈刘杨，汪学德，等. 2011. 国产芝麻和进口芝麻及加工芝麻油品质对比[J]. 农业机械学报，42（1）：150-153.

刘玉兰，钟雪玲，汪学德，等. 2012. 冷榨芝麻油与浸出精炼芝麻油品质差异研究[J]. 中国油脂，37（12）：5-9.

刘玉田，孙祖莉. 2010. 果蔬深加工技术[M]. 济南：山东科学技术出版社.

刘玉田. 2002. 淀粉类食品新工艺与新配方[M]. 济南：山东科学技术出版社.

柳承芳，刘乐承. 2014. 茭白保鲜技术研究进展[J]. 湖北农业科学，53（24）：5 916-5 919.

隆旺夫. 2006. 无花果脯、果酱的加工[J]. 山西果树（5）：51-52.

楼明，张红娟. 1995. 无花果酱生产工艺[J]. 食品工业（5）：51-53.

卢亚婷，王勇，陈合. 2006. 我国柿饼加工技术的研究进展[J]. 保鲜与加工（2）：1-3.

卢沿钢. 2011. 中日韩三国泡菜加工工艺的对比[J]. 食品与发酵科技（2）：6-7.

陆美英, 吴融. 1986. 上海酱菜加工技术[J]. 上海农业科技（2）: 35-36.

路海. 2003. 无花果果酱的加工技术[J]. 中国农村小康科技（9）: 29.

罗美庄. 2010. 如何吃食用油更利于健康[J]. 基层医学论坛, 14（25）: 845-846.

罗群鹏. 2008. 如何鉴别优劣面粉[J]. 中国质量技术监督（6）: 77.

罗晓妙, 陈安均. 2004. 猕猴桃酒的酿造与质量控制[J]. 酿酒科技（4）: 75-77.

雒晓铃. 2001. 食用植物油的感官鉴别及对其过氧化值测定方法的探讨[J]. 大众标准化（10）: 47-48.

吕培霖, 李成义, 王俊丽. 2016. 红花籽油的研究进展[J]. 中国现代中药, 18（3）: 387-389.

吕维成. 2016. 果蔬贮藏技术[M]. 南京: 江苏凤凰科学技术出版社.

吕晓岩. 2010. 啤酒酿造过程中浑浊的成因及解决办法[J]. 酿酒科技（8）: 57-58.

马建烈. 2016. 厚朴栽培及采收加工技术[J]. 特种经济动植物, 19（3）: 34-36.

马栎. 2012. 玉米胚芽油制取工艺及综合利用研究进展[J]. 食品研究与开发, 33（12）: 237-240.

马秋玲. 2015. 绍兴地区蔬菜和水果中农药残留污染及其原因分析和控制对策[D]. 杭州: 浙江大学.

马腾. 2012. 味精少一点, 健康多一天[J]. 农产品加工（1）: 7.

马云, 高学琴, 宋玉萍. 2000. 白术采收加工和炮制[J]. 时珍国医国药（4）: 307.

马志英. 2012. 冷冻饮品选对才能放心凉[J]. 生命与灾害（8）: 12-14.

孟景春, 汤倩明. 1998. 夏季进补清心解暑[M]. 南京: 南京出版社.

孟庆国. 2008. 如何预防毒蘑菇中毒[J]. 中国食用菌, 27（3）: 65.

米兰芳. 2009. 橙汁加工品种综合品质分析与评价[D]. 武汉: 华中农业大学.

敏涛, 时文, 瑶卿. 1992. 水果蔬菜的保健价值与食用禁忌[M]. 南昌: 江西科学技术出版社.

牟水元. 2014. 米豆腐的制作方法[J]. 农村百事通（21）: 74.

穆春芳, 鲍晨炜, 罗之纲. 2012. 饮用水感官评价的研究现状[J]. 食品科学, 37（5）: 77-81.

倪小英, 覃世民, 梅广, 等. 2014. 稻米重金属污染及其治理研究进展[J]. 粮食与饲料工业（8）: 7-10.

倪永华. 2006-11-15. 喝红葡萄酒真的有益健康吗？[N]. 科技日报, （002）.

聂继云, 毋永龙, 李海飞, 等. 2013. 苹果品种用于加工鲜榨汁的适宜性评价[J]. 农业工程学报, 29（17）: 271-278.

聂继云. 2013. 苹果的营养与功能[J]. 保鲜与加工, 13（6）: 56-59.

聂少平, 蔡海兰. 2012. 铁皮石斛活性成分及其功能研究进展[J]. 食品科学, 33（23）: 356-361.

宁全. 1984. 怎样选购银耳[J]. 中国食品（2）: 12.

牛红红, 何智勇, 蔡红梅, 等. 2016. 减少蔬菜农药残留方法建议[J]. 黑龙江农业科学（12）: 99-101.

牛洁. 2010. 不同山药营养成分分析及品质鉴定[D]. 呼和浩特: 内蒙古农业大学.

农村科学致富丛书编写组. 1985. 农副产品贮藏与加工[M]. 北京: 海洋出版社.

欧阳建勋. 2011. 米糠油资源开发应用探讨[J]. 粮食科技与经济, 36（3）: 24-26.

潘良孝. 1993. 蘑菇的鉴别[J]. 广西林业（2）: 11.

彭珊珊, 许柏球. 2008. 食品掺伪鉴别检验[M]. 北京: 中国轻工业出版社.

钱玉梅, 高丽萍, 张玉琼. 2003. 采后草莓果实的生理生化特性[J]. 植物生理学报, 39（6）: 700-704.

秦俭. 2017. 现代物流技术在果蔬保鲜中的应用研究[J]. 电子商务（8）: 5-6.

任海伟, 李雪, 唐学慧. 2011. 亚麻籽粒及其油脂的特性分析与营养评价[J]. 食品工业科技, 32（6）: 143-145.

任健. 2010. 食品工艺实验原理与技术[M]. 哈尔滨: 哈尔滨工程大学出版社.

山本敏雄, 杨金生. 1989. 无花果的营养或分与药用价值[J]. 国外农学（果树）（4）: 19-20.

上海市退（离）休高级专家协会农林生物专业委员会. 2015. 农产品安全知识和选用技巧[M]. 上海: 上海科学技术出版社.

尚冰. 2009. 食盐的质量鉴别[J]. 中国质量技术监督（4）: 65.

尚永彪, 唐浩国. 2007. 膨化食品加工技术[M]. 北京: 化学工业出版社.

邵娜娜, 齐爽. 2012. 鉴别新陈大米, 识别有毒大米[J]. 生物技术世界（1）: 12-13.

申屠文月, 陈秉初. 2006. 金华佛手果实贮藏保鲜技术研究[J]. 浙江农业科学（5）: 525-527.

沈李龙. 2014. 健康饮水指南[M]. 北京: 中国质检出版社.

沈益民. 1999. 谈谈增白面粉食品[J]. 粮食与油脂（4）: 47.

沈裕生. 1981. 猕猴桃晶的加工[J]. 中国果树（4）: 31-32.

沈裕生. 2002. 樱桃的加工[J]. 果农之友（3）: 53-54.

沈兆敏, 辛衍军, 蔡永强. 2014. 晚熟柑橘品种及无公害栽培技术问答[M]. 北京: 中国农业出版社.

生吉萍, 孙志健, 申琳, 等. 1999. 无花果的营养和药用价值及其加工利用[J]. 农牧产品开发（3）: 10-11.

盛会.2012.吃水果要善于把握时机[J].健康向导，18（5）：46.

盛敏达.2006.月季育苗技术[J].安徽农学通报（6）：148.

施宝珠，段旭昌，吴烨婷，等.2017.柿饼干制过程的生理生化变化规律研究[J].现代食品科技（9）：1-7.

施泽荣.2015.机场昆虫学基础[M].合肥：合肥工业大学出版社.

石昌来，朱本宏.2011.谈科学吃盐与人体健康[J].中国井矿盐（1）：41-43.

石昌来，朱本宏.2017.浅谈食盐分类与科学选用[J].盐科学与化工（6）：18-21.

石锦芹，黄绍华，温辉梁，等.2002.柿叶茶加工技术研究[J].食品工业（6）：46-48.

石汝娟.2011.芹菜苹果汁复合饮料的制作[J].农村新技术：加工版（4）：51-51.

石杏琴，徐阿德.1986.糖水猕猴桃罐头生产工艺探讨[J].中国果品研究（2）：12-13.

食品伙伴网.影响调味品质量的因素[J/OL].网址链接：http://news.foodmate.net/2004/05/15340.html.

史凡.2011.花生保鲜法[J].农产品加工（8）：16.

史致国，金红云.2015.农药与农作物有害生物综合防控[M].北京：中国农业科学技术出版社.

世凡.2001.怎样制作无铅皮蛋[J].福建农业（6）：15.

帅良，廖玲燕.2017.不同保鲜膜包装对百香果采后贮藏品质的影响[J].食品工业（12）：180-183.

帅良，杨玉霞.2016.海藻酸钠涂膜对百香果贮藏品质的影响[J].食品工业科技（13）：332-339.

松柏.2002.不要吃太烫的食物[J].农村电气化（9）：50.

苏德林，丛丽.2008.饮用水感官评价及工程技术[M].北京：化学工业出版社.

苏鹤，杨瑞金，赵伟，等.2015.低盐咸蛋的腌制工艺及其品质研究[J].食品与机械，31（1）：186-189.

隋海霞，支媛，刘海波，等.2011.芹菜素舒张血管作用及其机制研究[J].卫生研究（4）：416-419.

孙承业.2016.蘑菇中毒现况及防治重要节点[C].2016中国南华野生菌大会.12-17.

孙佳，胡彦，丁友芳，等.2017.马鲁拉油与6种植物油理化性质、脂肪酸组成、营养物质比较[J].中国油脂，42（2）：38-41.

孙清廉.2014.吃水果也有禁忌[J].品牌与标准化（7）：87.

孙寿源.1999.食品选购400问[M].石家庄：河北科学技术出版社.

孙树杰.2013.核桃营养价值及功能活性研究进展[J].中国食物与营养，19（5）：72-74.

孙素群.2016.食品毒理学（第二版）[M].武汉：武汉理工大学出版社.

孙仲伟，曾汇.2003.药酒[M].武汉：湖北科学技术出版社.

汤慧民，普春红，郑楠，等.2013.无花果苹果复合果酱的研制[J].食品研究与开发，34（6）：42-45.

唐莉.2008.解读GB 15037—2006《葡萄酒》及选购[J].消费导刊（10）：213.

唐冉.2014.葡萄酒与烈酒地理标志保护问题研究[D].烟台：烟台大学.

唐瑞丽，高玛珑，袁先雯，等.2015.大豆油抗氧化储藏研究[J].粮食科技与经济，40（4）：37-41.

滕仁明.2007.食源性疾病（一）概述[J].中国社区医师（4）：46-47

滕葳，柳琪，郭栋梁.2003.蔬菜感官质量判定方法的探讨[J].食品研究与开发（5）：95-101.

田海鹰.1997.如何鉴别面粉优劣[J].农村科技开发（7）：38.

田晓菊.2007.石榴发酵酒加工工艺的研究[D].西安：陕西师范大学.

万定良，黄来法.1988.配制型猕猴桃果汁汽酒——香槟啤酒[J].食品科学（7）：26-28.

万山.2003.正确食用蔬菜，避免农药中毒[J].中国标准化（4）：79.

汪洋.2014.过期的食物不能吃——绿色饮食[M].长春：吉林人民出版社.

汪志铮.2014.黑木耳的鉴别和选购[J].科学种养（8）：59.

王岸娜，王璋.2003.猕猴桃澄清果汁加工工艺研究[J].食品科技（3）：54-56.

王保忠，张彦青，段开红.2012.啤酒中浑浊物质的鉴定[J].中国酿造，31（2）：107-110.

王春艳，王海林，谢长林，等.2012.刀豆氨酸的提取及测定方法的优化[J].中国农学通报，28（24）：311-316.

王大宁，董益阳，邹明强.2006.农药残留检测与监控技术[M].北京：化学工业出版社.

王大为.2007.发酵型人参酒加工工艺的研究[D].长春：吉林农业大学.

王德富.2013-09-17.米豆腐制作[N].湖南科技报，（007）.

王德胜.2008.我国学生宿舍室内空气品质与人体健康的关系研究[D].天津：天津大学.

王迪轩.2016.莲藕保鲜贮藏数法[J].湖南农业（9）：27.

王桂清.2002.糖水猕猴桃片罐头[J].农技服务（6）：34-35.

王宏勋，任莉莉，张晓昱.2009.苹果、苦瓜、芹菜复合汁保健饮料的研制[J].食品科技，34（3）：68-72.

王金凤.1997.佛手瓜育苗新方法[J].农村科技开发（6）：10.

王久增.1987.培育野生酵母酿造猕猴桃酒[J].食品科学（9）：44-46.

王乐锡. 1985. 中华猕猴桃食品加工技术[J]. 食品科学（12）：28-33.

王莉. 2012. 生鲜果蔬采后商品化处理技术与装备[M]. 北京：中国农业出版社.

王路平, 李金源. 2016. 碳酸饮料对骨质疏松、颌骨骨折影响的研究进展[J]. 中外医学研究, 14（13）：162-164.

王璐琳. 1994. 食菜与防止农药中毒[J]. 农村科技（7）：17.

王萌蕾. 2013. 加工和贮藏对果蔬营养成分变化及抗氧化活性影响的研究进展[J]. 现代食品科技, 29（3）：692-697.

王蒙, 冯晓元, 戴莹, 等. 2014. 樱桃果实褪黑素及其营养功能研究进展[J]. 食品科学, 35（19）：307-311.

王沛, 毕金峰, 方芳, 等. 2010. 苹果脆片品质评价技术现状及展望[J]. 食品与发酵工业（9）：138-142.

王求淦. 1988. 厚朴的采收与加工[J]. 中药通报（8）：16.

王群. 2015. 芹菜素调控巨噬细胞自噬与凋亡防治动脉粥样硬化的机制研究[D]. 广州：南方医科大学.

王舒. 2015. 石榴营养成分和保健功能的研究进展[J]. 海峡药学, 27（4）：37-39.

王松良. 2001. 国内外绿色食品研究与开发进展[J]. 福建农业大学学报, 30（1）：103-108.

王涛. 2015. 炎炎夏日谨慎选购冷饮[J]. 农村百事通（13）：60.

王伟平, 黎妮. 2016. 稻米重金属污染风险及控制[J]. 食品科学技术学报, 34（5）：12-20.

王伟英, 邹晖, 陈永快. 2011. 铁皮石斛的综合利用与展望[J]. 中国园艺文摘（1）：189-192.

王卫. 2011. 百姓食品安全与营养指南[M]. 成都：四川科学技术出版社.

王文平, 王明力, 周文美. 2005. 猕猴桃果茶加工工艺的研究[J]. 贵州工业大学学报（自然科学版）（4）：31-33.

王喜. 2009. 夏季饮食"水果化"不可取[J]. 就业与保障（6）：54.

王晓丽. 2014. 舌尖上的安全[M]. 北京：化学工业出版社.

王晓妍. 2015. 液态乳感官评定方法的研究[D]. 哈尔滨：黑龙江东方学院.

王轩, 毕金峰, 刘璇, 等. 2012. 高新技术在浓缩苹果汁加工中应用进展[J]. 食品与发酵工业, 38（6）：139-143.

王雅丽. 2015. 亚麻籽产品中氰苷的去除和SDG的释放及其定量分析研究[D]. 呼和浩特：内蒙古大学.

王延锋, 刘姿彤. 2015. 怎样鉴别优劣黑木耳[J]. 农村百事通（14）：65.

王言和. 2011. 佛手瓜贮藏保鲜方法[J]. 农村新技术（16）：66.

王远会, 曾志红, 刘玉英. 2007. 佛手小果嫁接盆景的制作与管理[J]. 南方农业（园林花卉版）（1）：68-71.

王云志. 2006. 喝豆浆的多种禁忌[J]. 农民科技培训（5）：44.

王增. 2000. 调味、美食与健康[M]. 长春：吉林出版社.

王志远. 2015. 月季扦插育苗技术[J]. 现代农业科技（16）：174-175.

王竹天, 王君. 2015. 食品安全标准实施与应用[M]. 北京：中国质检出版社.

韦莉. 2015. 蚕豆病患病因素的探讨[J]. 大家健康（学术版）, 9（13）：72.

韦群. 2016. 中国橙汁加工产业的发展战略与成本控制问题研究[D]. 重庆：西南大学.

位亚丽. 2013. 中药配伍禁忌理论文献研究[D]. 北京：中国中医科学院.

魏坚. 2006-04-19. 注意容易引发中毒的蔬菜水果[N]. 新华日报,（D02）.

魏振承, 唐小俊, 张名位, 等. 2011. 花生油加工和相关技术研究进展及展望[J]. 中国粮油学报, 26（6）：118-122.

温新宇, 孙卫红, 熊书剑. 2015. 枇杷果实的保鲜技术及现状研究[J]. 北方园艺（21）：197-201.

文兰. 1992. 黑木耳真伪优劣的识别[J]. 新疆技术监督（2）：44.

文连奎. 2007. 软枣称猴桃酒加工工艺的研究[D]. 长春：吉林农业大学.

吴斌, 闫师杰, 王文生. 2016. 新疆葡萄贮运保鲜现状与产业技术提升途径[J]. 保鲜与加工, 16（4）：1-5.

吴建民, 田俊华. 2005-09-03. 佛手盆景的栽培（上）[N]. 中国花卉报,（007）.

吴莉宇, 徐志, 袁宏球, 等. 2008. 热带水果质量安全评价体系研究与分析[J]. 中国热带农业（4）：26-28.

吴鸣. 2008. 浅谈调味品感官品评与品评员的培训方法[J]. 中国酿造（21）：102-105.

吴天祥. 1999. 猕猴桃果汁啤酒的加工技术[J]. 中国农村科技（4）：34-35.

武杰. 2009. 葡萄采后生理生化特征及贮藏保鲜的研究进展[J]. 安徽农业科学, 37（23）：11 183-11 185.

席晓剑. 2016. 莲藕贮藏保鲜"四法"[J]. 乡村科技（12）：27.

肖功年, 张懋, 彭建, 等. 2003. 草莓气调、涂膜、臭氧等的保鲜研究[J]. 食品工业科技（4）：71-73.

肖功年, 张懋, 彭建, 等. 2003. 气调包装（MAP）对草莓保鲜的影响[J]. 食品工业科技（6）：68-71.

肖力. 2018. 食用油等级越高并非越有营养[J]. 农村新技术（1）：56-57.

肖秀芝. 2003. 食用油的选购与食用[J]. 山东食品科技（9）：24.

小亮. 2003. 药前药后禁食蔬果[J]. 人人健康（4）：45.

晓呈. 2005. 怎样选购啤酒[J]. 新农村（10）：23.

谢琳，王晓君，刘彭，等. 2008. 感官检验法鉴别市售纯牛乳制品热处理方式的探讨[J]. 乳业科学与技术（4）：179-182.

谢明霞. 2006-05-25. 喝红葡萄酒要"三适一常"[N]. 健康时报，（017）.

谢小花，陈静，安晓婷，等. 2017. 桑葚的化学成分和功效作用研究进展[J]. 吉林工程技术师范学院学报，33（9）：85-87.

解增友，唐崇明，沈荣立. 2009. 桶装水饮用安全的途径[J]. 中国质量技术监督（9）：62-63.

熊晋三. 1985. 糖制果品加工技术简述[J]. 河南农林科技（8）：23-24.

徐怀德. 2002. 药食同源新食品加工[M]. 北京：中国农业出版社.

徐曼. 2005. 专家教你选购食用油[J]. 农村百事通（23）：57.

徐同成，杜方岭，刘丽娜，等. 2014. 微波加热对热榨和冷榨花生油理化性质的影响[J]. 粮油食品科技，22（1）：42-46.

徐维盛，马姗婕，等. 2014. 七个不同产地山楂的营养成分分析和抗氧化能力评价[J]. 营养学报（3）：282-287.

徐文秀，郭玉平. 2013. 柿叶茶营养成分分析[J]. 食品工业，34（1）：189-192.

徐晓艳，杨锡仓. 2014. 甘肃民间黄芪加工炮制方法简介[J]. 甘肃中医学院学报，31（3）：88-89.

许尔银，秦君兰. 2010. 月季育苗与管理[J]. 农村科技（8）：77.

许红. 1986. 果冻粉和果冻粉制造[J]. 食品科学（11）：39-40.

许明贞，马林，黄聪，等. 1998. 广州市蔬菜农药残留监测与蔬菜农药中毒现状分析[J]. 中国公共卫生（12）：36-37.

薛希武. 1984. 柿子脱涩保鲜技术的研究[J]. 陕西化工（3）：9-12.

荀春，许铭. 2012. 浅谈食盐质量安全管理[J]. 云南化工，39（1）：60-63.

闫国华，张开春，周宇，等. 2008. 樱桃保健功能研究进展[J]. 食品工业科技（2）：313-316.

闫丽华. 2012. 冷冻饮品清凉诱惑的背后[J]. 大众标准化（6）：20-22.

闫文杰，宁佳妮，安慧，等. 2010. 任发政鸡蛋保鲜技术研究进展[J]. 中国食物与营养（10）：31-34.

严奉伟，吴光旭. 2001. 水果深加工技术与工艺配方[M]. 北京：科学技术文献出版社.

严建刚. 2004. 芹菜黄酮提取及其抗氧化与降血脂作用研究[D]. 杨凌：西北农林科技大学.

严双红. 2006-01-02. 酒的保存[N]. 中国医药报，（B06）.

颜丽菊. 2014. 杨梅安全优质丰产高效生产技术[M]. 北京：中国农业科学技术出版社.

杨朝崴. 2010. 水果过敏及其过敏原基因组学研究进展[J]. 果树学报，27（2）：281-288.

杨冬梅. 1995. 食油的食用禁忌[J]. 食品科技（3）：34.

杨建磊. 2009. 基于三维荧光光谱的白酒分类鉴别系统研究[D]. 苏州：江南大学.

杨静. 2012. 柿子综合加工技术研究[D]. 杨凌：西北农林科技大学.

杨莉，陈玲，赵素娟，等. 2017. 泡渍豇豆脆性的质构仪检测方法[J]. 食品与发酵工业（12）：209-213.

杨茜然，李凌飞. 2014. 猕猴桃果酱的研制[J]. 食品与发酵科技（3）：104-107.

杨世军. 2007. 甜香核桃仁加工技术[J]. 农村新技术（10）：35.

杨伟军. 1996. 板栗深加工工艺[J]. 食品工业（5）：45-47.

杨潇，陈祥贵，等. 2006. 营养型猕猴桃果汁酒的开发[J]. 食品研究与开发（5）：89-91.

姚英政，董玲，陈开燕，等. 2017. 核桃油加工技术[J]. 四川农业科技（9）：41-42.

叶东琛，王丽萍. 2016. 红富士苹果贮藏保鲜技术研究进展[J]. 保鲜与加工，6（16）：135-138.

一凡. 2002. 慎买化肥催生豆芽[J]. 质量指南（21）：16.

佚名. 1998. 海鲜与水果不可同食[J]. 产品可靠性报告（11）：25.

佚名. 2000. 马铃薯及其有害成分龙葵素（二）[J]. 食品研究与开发（1）：51.

佚名. 2007. 为什么说食用粗盐比专吃精盐对健康更有好处？[J]. 农业工程技术：农产品加工（11）：63.

佚名. 2011. 空腹时不能吃的水果[J]. 北方园艺（10）：127.

佚名. 2012. 全脂乳粉与脱脂乳粉有区别[J]. 社区（34）：59.

佚名. 2012. 糖水猕猴桃罐头的加工方法[J]. 农村·农业·农民（6）：58.

佚名. 1999. 浅析白酒、工业酒精、食用酒精、甲醇及其它[J]. 城市技术监督（2）：41.

佚名. 2006. 食用油的食用禁忌[J]. 质量探索（12）：49.

佚名. 2007. 压榨油是否真的优于浸出油[J]. 大众科技（1）：190.

佚名. 2008. 喝红葡萄酒的妙处[J]. 天津社会保险（1）：79.

佚名. 2009. 介绍几种柑橘贮藏保鲜方法[J]. 果农之友（1）：44.

佚名. 2009. 调味品的感官鉴别要点有哪些[J]. 中国酿造（1）：127.

佚名. 2010. 夏季饮食多注意七种水果不可多吃[J]. 中国粮食经济（6）：63-64.

佚名. 2010. 选购葡萄酒应学会辨色闻香[J]. 食品与发酵科技（5）：86.

佚名. 2010. 饮用豆浆几大禁忌[J]. 中国酿造（6）：110.

佚名. 2011. 葡萄酒的选购[J]. 品牌与标准化（3）：31.

佚名. 2011. 夏季食绿豆有讲究[J]. 农业工程技术（农产品加工业）（6）：58-60.

佚名. 2012. 喝豆浆的九大好处和七种禁忌[J]. 农业工程技术（农产品加工业）（3）：60-61.

佚名. 2012. 如何选购饮用水[J]. 中国环境科学，32（7）：1 287.

佚名. 2012. 糖水猕猴桃罐头的加工方法[J]. 农村·农业·农民（B版）（6）：58.

佚名. 2013. 纯净水基础上再加工矿物质水≠天然矿泉水[J]. 人事天地（6）：66.

佚名. 2013. 喝绿豆汤的五个禁忌[J]. 乡村科技（7）：43.

佚名. 2013. 七种水果空腹吃最伤胃[J]. 猪业科学，30（4）：135.

佚名. 2013. 柿饼的制作方法[J]. 农村百事通（10）：35.

佚名. 2014. 食用油选购指南[J]. 中国防伪报道（4）：125-126.

佚名. 2016. 教你如何选购白酒[J]. 中国防伪报道（3）：124.

佚名. 2016. 科学饮水，健康饮水的要点[J]. 农村实用技术（2）：64.

佚名. 2016. 选购食用油的要领是什么？[J]. 农家参谋（11）：31.

易文浩，钟桦. 1991. 中华猕猴桃果酱生产工艺研究[J]. 食品工业科技（3）：39-42.

殷莉. 2005. 樱桃贮藏保鲜技术[J]. 保鲜与加工（3）：44.

殷晓丽，李婷婷，刘东亮，等. 2011. 豆凝集素研究进展[J]. 中国生物工程杂志，31（7）：133-139.

应本友. 2006. 枇杷果实程序降温贮藏保鲜技术研究[D]. 杭州：浙江大学.

于新，刘丽. 2014. 传统米制品加工技术[M]. 北京：中国纺织出版社.

于新，杨鹏斌. 2014. 米酒米醋加工技术[M]. 北京：中国纺织出版社.

于新. 2012. 腌菜加工技术[M]. 北京：化学工业出版社.

于新怡. 2017. 压榨油未必比浸出油更健康[J]. 首都食品与医药，24（7）：46.

于忠春. 1991. 中国酒类知识大全[M]. 沈阳：春风文艺出版社.

余芳，施英. 2010. 你不可不知的掺假食品100招[M]. 南京：江苏科学技术出版社.

余盛. 2013. 食用油营销第1书[M]. 中华工商联合出版社.

俞晔，曹文忠. 2005. 食用油选购马虎不得[J]. 中国检验检疫（5）：62.

贠建民，张卫兵，赵连彪. 2007. 调味品加工工艺与配方[M]. 北京：化学工业出版社.

袁建国. 浅析食品腐败变质的危害及应对措施[J]. 理论研究（14）：53.

袁淑荣. 2005-04-12. 新陈蔬菜种的感官鉴别[N]. 瓜果蔬菜报，（006）.

圆小歆. 2013. 健康饮水有学问[J]. 绿色中国（6）：76-78.

曾洁. 2009. 中国酒类地理标志保护制度研究[D]. 北京：中国农业科学院.

曾宪科. 2002. 农副产品综合利用与开发粮食作物[M]. 广州：广东科学技术出版社.

曾宪科. 2004. 农副产品深加工利用100例[M]. 广州：广东科学技术出版社.

张宝善，田晓菊，陈锦屏，等. 2008. 石榴发酵酒加工工艺研究[J]. 西北农林科技大学学报（自然科学版），36（12）：172-180.

张彬，李国华. 2014. 如何科学合理地补充水分[J]. 中国学校体育（4）：62.

张春. 2001. 大米质量的感官判定[J]. 啤酒科技（6）：38.

张春萍，徐俐. 2010. 三种天然涂膜液对枇杷保鲜效果的研究[J]. 食品科技，35（2）：35-39.

张福. 1988. 谈酱油、食醋、酱和酱菜的感官鉴定[J]. 中国调味品（7）：25-26.

张浩玉，张柯，孙卫华. 2011. 我国樱桃深加工开发利用现状[J]. 广东农业科学，38（9）：80-82.

张建才. 2013. 山楂发酵酒生产工艺优化研究[D]. 秦皇岛：河北科技师范学院.

张建军. 1995. 苹果汁芳香物质的研究——传统蒸发、精馏工艺回收苹果汁芳香物质[J]. 食品与发酵工业（2）：9-16.

张雷. 2015. 关于饮用水[J]. 标准生活（6）：12-15.

张磊. 2003-11-24. 名优白酒让百姓真假难辨[N]. 中国消费者报，（B02）.

张立军. 2012. 关于食用油的优劣鉴别法分析[J]. 中国科技财富（15）：268.

张璐娜，朱建林. 2008. 一起豆角皂甙中毒的调查分析[J]. 中外医疗（14）：142.

张鹏，刘学文，伍学明. 2010. 添加剂在调味品中的应用与发展趋势[J]. 中国调味品（3）：105-106.

张倩，胡金涛，王晓芳，等. 2016. 无花果果脯的加工工艺研究[J]. 落叶果树（5）：46-47.

张强. 2016. 蔬菜抽样及保鲜技术研究进展[J]. 食品工程（3）：10-14.

张绍均，牛江梅，孙翔. 2001. 一起生豆浆致食物中毒的调查分析[J]. 宜春医专学报（1）：62.

张水华，余以刚. 2010. 食品标准与法规[M]. 北京：中国轻工业出版社.

张庭维. 2014. 食品安全160问常用食品的选购与食用[M]. 北京：金盾出版社.

张宪宇. 1998. 石榴酒发酵工艺初探[J]. 酿酒科技（1）：53-54.

张小春. 1994. 胖听罐头的鉴别方法[J]. 监督与选择（11）：38.

张晓东. 2013. 玉竹的初加工与储藏[J]. 湖南农业（7）：27.

张艳. 2003. 山楂果丹皮的制作[J]. 农产品加工（9）：25.

张晔. 2017. 味精安全食用量有新说法[J]. 农村·农业·农民（B版）（8）：33.

张正海，李爱民，苗高健，等. 2011. 白术采收与加工技术[J]. 农村新技术（20）：43.

赵宝椿. 1994. 冬日晨练后勿吃过烫食物[J]. 体育世界（1）：40.

赵红. 2005. 十字花科蔬菜害虫生物防治研究进展[J]. 湖北植保（6）：34-38.

赵建京. 2017. 三类油常换着吃[J]. 老年世界（3）：60.

赵纳鹏. 1998. 红枣汁饮料的加工技术[J]. 河北农业科技（3）：37.

赵瑞雪，李欣，边玲玲. 2009. 过量饮用味精对人身体的影响[J]. 科学大众（7）：141.

赵文斌. 2014. 食盐质量发展研究[J]. 中国标准导报（5）：70-74.

郑亚琴. 2009. 浓缩苹果汁加工中酶作用及贮藏稳定性研究[J]. 食品科学，30（22）：92-95.

郑永华. 1989. 樱桃的保鲜及加工利用[J]. 今日科技（11）：35-37.

郑云郎. 2015. 食用油脂与人体健康[J]. 中学生物教学（14）：68-70.

郑中朝. 2007. 波杂肉羊屠宰性能及肉品质研究[J]. 中国草食动物，27（5）：21-24.

中国农业百科全书蔬菜卷编辑委员会，中国农业百科全书编辑部. 1992. 中国农业全书（蔬菜卷）[M]. 北京：农业出版社.

中国营养学会. 2016. 中国居民膳食指南（2016）[M]. 北京：人民卫生出版社.

中国营养学会. 2016. 中国居民膳食指南2016版科普版[M]. 北京：人民卫生出版社.

中华人民共和国卫生部. 2008. GB/T 27303-2008 罐头食品生产企业标准[S]. 北京：中国标准出版社.

中华人民共和国卫生部. 2014. GB 2760-2014 食品添加剂使用标准[S]. 北京：中国标准出版社.

中华人民共和国卫生部. 2015. GB 7098-2015 罐头食品[S]. 北京：中国标准出版社.

中华人民共和国卫生部. 2017. GB 2762-2017 食品中污染物限量[S]. 北京：中国标准出版社.

仲山民，杨凯，王超，等. 2015. 不同种类油茶籽油的品质分析与比较[J]. 经济林研究，33（2）：26-33.

周道奇. 2002-07-12. 以色列科学家培育出杂交无毛鸡[N]. 北京科技报，（003）.

周情操. 2007. 豇豆泡制加工适性评价及脆性研究[D]. 武汉：华中农业大学.

周日兴. 1994. 草莓果茶的生产工艺[J]. 食品科学（9）：22-23.

周雁，傅玉颖. 2009. 食品工程综合实验[M]. 杭州：浙江工商大学出版社.

周颖. 1998. 猕猴桃的加工技术[J]. 农村实用科技信息（11）：24.

周泽义，胡长敏，王敏健，等. 1999. 中国蔬菜硝酸盐和亚硝酸盐污染因素及控制研究[J]. 环境科学进展（5）：1-13.

周正蜀. 2013. "中国白酒金三角（川酒）"地理标志产品保护研究[D]. 成都：西南财经大学.

朱宝镛，章克昌. 2000. 中国酒经[M]. 上海：上海文化出版社.

朱蓓薇，孙玉梅，孙浩，等. 1995. 苹果汁醋酸发酵饮料的试验研究[J]. 食品科学，16（10）：40-43.

朱本浩，俄立谦. 2015. 食盐种类多 选用讲科学[J]. 解放军健康（2）：38-38.

朱立新，李光晨. 2015. 园艺通论[M]. 北京：中国农业大学出版社.

朱秋萍. 1995. 义乌南枣的历史与加工技术[J]. 浙江农村技术师专学报（Z1）：81-83.

朱振宝，刘梦颖，易建华，等. 2015. 不同产地核桃油理化性质、脂肪酸组成及氧化稳定性比较研究[J]. 中国油脂，40（3）：87-90.

祝晓光. 2015. 板栗的贮藏保鲜技术[J]. 中国林副特产，137（4）：69-70.

卓秀英. 2014. 矿泉水质量安全及测试方法分析[J]. 广东化工，41（15）：142.

邹礼根. 2013. 农产品加工副产物综合利用技术[M]. 杭州：浙江大学出版社.

邹艳，李丹，孟佳，等. 2017. 碳酸饮料与骨丢失关系的Meta分析[J]. 预防医学，29（3）：221-225.

Goldstein I J，Hughes R C，Monsigny M，et al. 1980. What should be called a lectin?[J]. Nature，285（5 760）：66.

Sharon N，Lis H. 1989. Lectins as cell recognition molecules[J]. Science，246（4 927）：227-234.

Teixeira-Sá D M A，Reicher F，Braga R C，et al. 2009. Isolation of a lectin and a galactoxyloglucan from Mucuna sloanei seeds[J]. Phytochemistry，70（17）：1 965-1 972.